大型长距离有压供水工程理论与实践

于洋　杨春霞　马经童　编著

中国水利水电出版社
www.waterpub.com.cn
·北京·

内 容 提 要

本书共分为七个章节，第一章为概述，主要介绍了长距离供水工程的作用及意义、总体规划和总体布置。第二章为长距离供水工程过渡过程计算，介绍了过渡过程中流体的运动方程、连续方程、特征线方程、明满流计算方程和过渡过程计算的边界条件、初值计算等。第三章为长距离供水工程水锤防护研究，介绍了水锤防护研究的目的及意义、水锤现象及其危害、国内外研究历史和现状、研究理论及分析计算方法以及长距离供水工程水锤防护措施。第四章为供水工程管道充水过程基本理论，介绍了充水基本过程、充水过程一维数值计算模型、充水过程运动特性与规律分析、充水过程气相变化过程及基于CFD的三维充水模拟方法。第五章为单支线长距离供水工程过渡过程计算实例，介绍了单管支线停泵过渡过程计算实例和双管支线停泵过渡过程计算实例。第六章为系统长距离供水工程水锤防护实例，介绍了大型长距离多分水口供水工程。第七章为复杂系统长距离供水工程充水过程实例，介绍了采用一维方法对充水过程进行计算的工程实例，以及采用三维数值方法对典型管道进行充水的计算分析、对水流冲击管道内截留气团的分析。

本书可供从事或者涉及长距离供水工程规划、设计、运行维护的工程技术人员和高等院校的教师及学生参考。

图书在版编目（CIP）数据

大型长距离有压供水工程理论与实践 / 于洋，杨春霞，马经童编著. -- 北京 : 中国水利水电出版社，2024.4

ISBN 978-7-5226-1895-1

Ⅰ. ①大… Ⅱ. ①于… ②杨… ③马… Ⅲ. ①大型－长距离－给水工程－研究 Ⅳ. ①TU991

中国国家版本馆CIP数据核字(2023)第209954号

书　名	**大型长距离有压供水工程理论与实践** DAXING CHANGJULI YOUYA GONGSHUI GONGCHENG LILUN YU SHIJIAN
作　者	于　洋　杨春霞　马经童　编著
出版发行	中国水利水电出版社 （北京市海淀区玉渊潭南路1号D座　100038） 网址：www.waterpub.com.cn E-mail：sales@mwr.gov.cn 电话：(010) 68545888（营销中心）
经　售	北京科水图书销售有限公司 电话：(010) 68545874、63202643 全国各地新华书店和相关出版物销售网点
排　版	中国水利水电出版社微机排版中心
印　刷	天津嘉恒印务有限公司
规　格	184mm×260mm　16开本　9.75印张　237千字
版　次	2024年4月第1版　2024年4月第1次印刷
定　价	**68.00**元

前　言

在实现强国的道路上，我国一直致力于改善国内水资源不平衡的现状，实现水资源高效优质的配置，为此修建了南水北调、引滦入津、引江济淮、滇中引水等大型长距离供水工程。这些供水工程的特点是跨度长、供水流量大、泵站扬程高、所处地形起伏复杂。这些供水工程首次运行前的充水过程、运行过程中的水泵启闭以及阀门动作等，会导致管道内部水流压力的变化。压力变化剧烈时，可能会影响工程的安全运行。因此，开展大型长距离有压供水工程理论与实践的研究，分析充水方式、过渡过程中阀门的动作规律、防护措施等对长距离供水工程水锤的影响，对于保障供水工程运行安全具有一定的指导意义。

本书共分为七个章节，第一章为概述，主要介绍了长距离供水工程的作用及意义、总体规划和总体布置，主要由李倩、陈龙、赵雪莹编写。第二章为长距离供水工程过渡过程计算，介绍了过渡过程中流体的运动方程、连续方程、特征线方程，同时介绍了明满流的计算方程和过渡过程计算的边界条件、初值计算等，主要由于洋编写。第三章为长距离供水工程水锤防护研究，主要介绍了水锤防护研究的目的及意义、水锤现象及其危害、国内外研究历史和现状、研究理论及分析计算方法以及长距离供水工程水锤防护措施，主要由于洋编写。第四章为供水工程管道充水过程基本理论，介绍了充水基本过程、充水过程一维数值计算模型、充水过程运动特性与规律分析、充水过程气相变化过程及基于 CFD 的三维充水模拟方法，主要由于洋编写。第五章为单支线长距离供水工程过渡过程计算实例，主要介绍了单管支线停泵过渡过程计算实例和双管支线停泵过渡过程计算实例，主要由于洋编写。第六章为系统长距离供水工程水锤防护实例，以大型长距离多分水口供水工程为例，介绍了其恒定流计算、无防护措施停泵、空气阀防护方案、单向塔和调压井联合防护方案的分析过程，主要由马经童、任子伟编写。第七章为复杂系统长距离供水工程充水过程实例，介绍了采用一维方法对充水过程进行计算的工程实例，以及采用三维数值方法对典型管道进行充水的计算分析、对水流冲击管道内截留气团的分析，主要由杨春霞、闫飞宇编写。全书由于洋、杨春霞、马经童统稿，郑源教授主审。

本书内容全面，章节次序与内容安排合理，具有较强的实用性。本书可供从事或者涉及长距离供水工程规划、设计、运行维护的工程技术人员和高等院校的教师及学生参考。

作者

2024年3月

目 录

第一章　概　　述

第一节　长距离供水工程的作用及意义

水是人类社会赖以生存的物质基础。地球上的淡水资源是有限的，随着人口的增长、经济的发展和人类物质文化水平的提高，水资源在某些区域或流域出现短缺的现象逐渐突显出来。特别是在降水量偏少而经济发展较快的半湿润半干旱地区，水资源的严重不足阻碍了社会经济的发展。我国水资源丰富，然而时空分布不均。例如，华北平原年均降水量一般为500～800mm，属半湿润地带，由于地势平坦、光热资源充足、矿产资源丰富、社会经济发展快速、人口密集，因此，在我国政治、经济、文化、工农业生产等方面都占有重要地位，但却是我国水资源承载力与经济社会发展极不相适应的地区，形成了典型的资源型缺水局面。随着每年华北平原对水资源需求的快速增长，当地的供水能力已严重不足，水环境也随之恶化，因此必须从外流域引进新的水资源才能解决可持续发展的问题。实施长距离、跨流域供水，以水资源的可持续利用保障经济社会的可持续发展，是当前我国迫切需要解决的重大问题，也将是未来我国水利建设的一大特点。

长距离供水一般涉及跨流域调水。跨流域调水是指修建跨越两个或数个流域的供水（调水）工程，将水资源较丰富流域的水调到水资源紧缺的流域，以改变缺水地区的生活、生产条件和生态环境。跨流域调水是改变区域间水资源分配不均、优化大范围内水资源配置的重要战略举措。

世界各国对长距离、跨流域调水都十分重视。据统计，目前世界上调水工程有100余项。国外著名的供水工程有美国的中央河谷、加州调水、科罗拉多水道和洛杉矶水道等远距离供水工程，澳大利亚的雪山工程，巴基斯坦的西水东调工程等。俄罗斯的供水工程更是世界著名。

我国已建、在建及规划的长距离供（调）水工程有南水北调、引滦入津、引黄济青、引黄入晋、东深供水、引大入秦、东北北水南调、引江济淮、滇中调水等。

一、南水北调工程

在我国，南水北调特指从长江流域上、中、下游三条线路引水的工程，即通常所称的西线、中线和东线工程。西线向黄河上游供水，中线和东线共同向华北平原供水。

通过三条调水线路与长江、黄河、淮河和海河四大江河的联系，构成以“四横三纵”为主体的总体布局，以利于实现我国水资源南北调配、东西互济的合理配置格局。南水北调是跨流域、跨省市的调水工程，是缓解我国北方水资源严重短缺、优化配置水资源的重大战略性基础设施，关系到经济社会可持续发展和子孙后代的长远利益。规划的东线、中线和西线工程到2050年调水总规模为448亿m^3，其中东线148亿m^3，中线130亿m^3，西线 170 亿 m^3。工程将根据实际情况分期实施。

（1）东线工程：从长江下游扬州抽引长江水，利用京杭大运河及与其平行的河道逐级提水北送，沟通起调蓄作用的洪泽湖、骆马湖、南四湖、东平湖。出东平湖后分两路输水一路向北，在位山附近经隧洞穿过黄河；另一路向东，通过胶东地区输水干线经济南输水到烟台、威海，输水主干线长约 1156km。东线工程分三期实施，逐步扩大调水规模并延长输水线路，第一期工程抽江水量 87 亿 m^3，已于 2013 年 11 月 15 日正式通水。

（2）中线工程：中线工程分为两期：一期工程多年平均调水量 95 亿 m^3，后期工程（2030 年）调水量 130 亿 m^3。一期工程从加坝扩容后的汉江丹江口水库陶岔渠首闸引水，沿唐白河流域西侧，过长江流域与淮河流域的分水岭方城垭口后，经黄淮海平原西部边缘，在郑州以西穿过黄河，沿京广铁路西侧北上，可基本自流到北京、天津，供水目标主要为北京、河北、河南等地区主要城市生活和工业用水，兼顾农业和生态用水。一期工程主要由水源工程、输水总干渠工程和汉江中下游治理工程三大部分组成，其中输水工程全长 1432km。中线工程已于 2014 年 12 月 12 日正式通水。

（3）西线工程：在长江上游通天河、支流雅砻江和大渡河上游筑坝建库，开凿穿过长江与黄河的分水岭巴颜喀拉山的输水隧洞，调长江水入黄河上游。主要供水目标为解决青、甘、宁、内蒙古、陕、晋等六省（自治区）黄河上中游地区和渭河关中平原的缺水问题。结合黄河干流上的骨干水利枢纽工程的兴建，还可以向邻近黄河流域的甘肃河西走廊地区供水，必要时也可向黄河下游补水，目前仍在进行前期工作。

二、引滦入津

20 世纪 50 年代后，河北省和北京市的工农业迅速发展，各支流汇入海河的水量日趋减少，难以满足天津市的工农业及居民生活用水之需，春季水荒尤为严重，必须从外流域引水缓解缺水矛盾。引滦入津是跨流域的大型供水工程，自大黑汀水库开始，通过输水干渠经迁西、遵化进入天津市蓟县于桥水库，再经宝坻区至宜兴埠泵站，全长 234km。

三、引黄济青

引黄济青是一项将黄河水引向青岛的跨流域、远距离输水工程。该工程从黄河下游山东省博兴县打渔张处引黄闸引水，利用明渠向南输送黄河水至青岛，解决青岛市及工程沿线地区缺水问题。线路全长 290km，于 1992 年竣工。该工程投入运行以来，缓解了青岛工农业生产和居民生活用水的紧张局面。同时，减少了沿海地区地下水开采量，从而扼制了海水入侵和地面沉降趋势，兼顾了环境效益与生态效益。

四、引黄入晋

引黄入晋位于山西西北部，从黄河干流的万家寨水库取水，分别向太原、大同和朔州 3 个能源基地供水，设计年引水量 12 亿 m^3，引水线路总长约 450km。一期工程向太原年供水量 3.2 亿 m^3；二期工程向朔州、大同年供水量 5.6 亿 m^3；最终向太原年供水量 6.4 亿 m^3。一期工程已于 2003 年 10 月建成通水。

五、东深供水

1963年，香港遭遇历史罕见的特大旱灾。为解决香港水荒的问题，1964年我国政府拨专款兴建东深供水工程。东深供水工程于1965年3月建成并正式向香港供水。为了满足香港、深圳和东莞等地不断增长的用水需求，并从根本上解决供水水质问题，20世纪70年代以来，该工程进行了4次扩建与改造。东深供水工程北端从东莞桥头镇的东江河畔引水，向南输水至深圳市深圳水库，全长83km。香港用水的70%～80%，深圳用水的50%以上、东莞沿线八镇用水的80%左右，都来自东深供水工程。

六、引大入秦

为解决兰州市永登县秦王川地区干旱缺水的问题，甘肃省于1995年建成引大入秦工程。该工程西起天祝县天堂寺青海与甘肃交界处的大通河，东至永登县秦王川，地跨甘、青两省的四地（市、县、区），年引水量4.43亿m^3，规划灌溉面积86万亩，是目前我国规模最大的跨流域自流灌溉工程，其总干渠、干渠和支渠全长884.3km，渡槽、倒虹吸40余座，隧洞77处（总长达110km）。渠首设计引水流量32m^3/s，加大引水流量36m^3/s。

七、东北北水南调

为促进我国东北地区经济与社会发展，改善辽河流域中、下游及吉林省和内蒙古自治区缺水问题，规划将松花江流域的部分水量调往辽河。该工程由双辽引水，通过大体平行于辽河的运河至营口，可使黑龙江、松花江、松辽运河和辽河成为南北贯通的内河航线，并可与海运相连接。该工程实施后，年均调水约70亿m^3，基本解决辽宁省、吉林省、内蒙古自治区的工农业和人们生活用水问题，并可改善沿线高含氟地下水地区的饮用水问题。

八、引江济淮

此工程规划从长江北岸凤凰颈和裕溪口抽引江水，供水目标以城市供水为主，兼顾农业灌溉补水、水生态环境改善，并可沟通长江、淮河两大水系之间的航运通道。该工程分西、东两条线，分别从兆河和巢湖闸进入巢湖，再穿过江淮分水岭进入淮河，全长约300km，其中新开挖的河道长约100km。近期规划调水量5亿m^3，远期规划调水量约10亿m^3。

九、滇中调水

此工程规划由金沙江虎跳峡河段引水，向云南的大理、楚雄、昆明、曲靖、玉溪、红河、丽江所辖的49个县（市、区）供水。这一地区的主体部分即为滇中地区，是云南省政治、经济和文化中心。滇中地区地处金沙江、澜沧江、红河、南盘江（属珠江水系）四大水系的分水岭地带，集水面积小、降水少、蒸发大，是长江流域少有的干旱缺水地区。滇中调水工程以向滇中地区城市生活和工业供水为主，兼顾生态和农业用水。全线各类建筑物总长755.44km，其中输水总干渠总长664.24km，改善灌溉面积63.6万亩，设计每年平均引水量 34.03 亿 m^3，向滇池、杞麓湖和异龙湖补水 6.72 亿 m^3。

长距离、跨流域供水的鼻祖是我国的京杭大运河。京杭大运河是世界古代水利史上的奇迹，全长 1794km。北起北京，南止杭州，始凿于公元前 5 世纪的春秋末期，经过多个朝代的开挖、整治与完善，形成现今的运河走向。京杭大运河连通北京、天津、河北、山东、江苏、浙江四省两市，使我国东西向的钱塘江、长江、黄河、海河水系沟通，成为南北运输的重要通道。京杭大运河为综合性利用河道，具有排洪排涝、灌溉输水、向北调水、通航等功能，在我国历史上起到的促进社会经济发展的作用无可比拟，也给后代留下了巨大的财富。

已建的若干著名调水工程正在发挥其巨大且不可替代的作用。

第二节　长距离供水工程的总体规划

长距离供水工程具有规模大、输水距离长、布置复杂、投资大等特点，一般都涉及跨大流域调水的问题，需要重新分配相关流域的水资源，并在取得巨大效益的同时提出能够缓解不利于社会生活及生态环境影响的措施。

因此，在进行长距离供水工程规划时，必须全面分析水量平衡关系，综合协调地区间可能产生的矛盾和环境问题，统筹兼顾水源区和受水区的用水需要，防止对生态环境造成破坏，合理确定工程规模。

长距离供水工程设计应遵照国家的方针、政策，符合已批复的流域综合规划和水资源规划，并和地区水利工程规划密切结合、相互协调。按照《中华人民共和国水法》，流域综合规划是根据经济社会发展需要和水资源开发利用现状编制的开发、利用、节约、保护水资源和防治水害的总体部署，跨流域供水工程是满足上述规划所确定目标的水资源配置工程。因此，跨流域供水工程设计必须符合流域综合规划的安排，并以保证水源区的用水为前提，对利益受到影响的水源区应采取措施给予合理补偿。长距离供水工程规划需协调好以下利益或关系：

（1）水源区与受水区的利益协调。从水源区向受水区调水后，水源区的生产、生活用水及生态与环境用水会受到一定影响，而受水区得到调水后，可显著改善当地缺水状况。但同时应采取必要措施减少不利影响、扩大有利影响，使水源区与受水区经济社会实现共同的可持续发展。

（2）资源环境与经济社会发展协调。长距离供水的根本目标是改善和修复受水区的生态环境，同时，在保证水源区可持续发展的基础上高度重视水源区的生态建设与环境保护。长距离供水工程应处理好经济社会发展与自然生态保护、资源及环境承载能力之间的关系。

（3）调水规模与水资源合理配置协调。在充分考虑节水、治污和挖潜的基础上，本着适度偏紧的原则，合理配置受水区的生活、生产、生态用水，做好水源区与受水区的水资源供需平衡分析，合理确定调水规模。

（4）近期与远景的协调。受水区的需水量增长是一个动态过程，节水、治污和配套工程建设需要一定的周期，生态建设和环境保护也需要有一个观察和实践的过程。长距离供水工程宜分期实施，正确处理好近期与远景的关系。

一、论证工程建设的必要性与可行性

调查分析受水区水资源开发利用的现状、用水结构和节水水平及存在的主要问题，分析水资源对国民经济的制约作用及水资源过度开发导致的生态与环境问题。根据国民经济发展、保护和改善生态环境对水资源的要求，通过水资源短缺对受水区经济可持续发展的影响以及生态环境状况与水资源的关系，从社会、技术、经济、生态与环境等方面论证工程建设的必要性。

根据流域综合规划和水资源规划，在充分考虑水源区生活用水、工农业用水、生态与环境用水发展的前提下，考虑技术经济条件并分析工程建设的可行性。在分析可行性时，应强调水源区用水优先权。

二、确定工程任务与规模

长距离供水工程的任务可分为水源工程的任务（水源方案比选等）、输水工程的任务、受水区工程的任务和补偿工程的任务等。在确定各项任务时，长距离供水应与流域规划、区域发展规划相协调。

工程规模是长距离供水工程规划的核心内容，也是供水工程设计的基本依据。工程规模主要为水源工程建设规模、调水量、供水工程建设规模等。确定规模的步骤如下。

1. 拟订受水区的范围

一般在描述工程建设必要性时所涉及的缺水地区就是受水区的范围。受水区范围的确定还与水源有关，在水源不能满足受水区的要求时，应减小供水范围。此外，受水区范围的确定往往还取决于技术、经济的可行性。

2. 选择合适的水源

水源首先应有充足的水量，并可外调，这是前提条件；其次，应在技术上可行、在经济上合理，调出水量后所引起的环境与社会影响较小。

3. 建立水资源配置模型

长距离供水工程是一项大规模的水资源系统工程，涉及水源区、受水区和输水通过区三大块的用水、供水问题（输水通过区可划入受水区）。应将受水区、水源区作为一个整体，建立系统网络节点图，提出水源区与受水区的用水对象及其用水过程，确定各个区域中的水源点及其长系列的来水过程。

水资源配置模型大体上可分为优化模型和模拟模型。优化模型是在一定的最优准则下寻求配置方案，对于长距离供水而言就是工程建设规模；模拟模型则是拟订配置方案，计算相应的效果，对于长距离供水而言，就是输入一定的工程规模，计算受水区供水的满足程度及水源区用水受影响程度，如果结果不能令人满意，则修正工程规模、受水区范围，重新进行计算，直至成果能为各方接受为止。实际应用中，一般采用模拟模型。

4. 确定长距离供水工程规模

拟订各种工程规模方案，制定运行调度规则，利用水资源模拟模型计算各用水部门的供水保证率、引水点以下的流量过程、引水点以下各用水户供水保证率。上述成果反映出长距离供水工程对受水区的效益、对水源区的影响。

三、长距离供水对水源区的影响分析及补偿措施

1. 供水的影响分析

影响分析的内容有供水对水源水库原有效益的影响和对供水点下游河道的影响。

2. 供水工程影响补偿措施安排原则

确定补偿的基本原则是恢复调水水源的功能和原有效益，主要是恢复原有用水户的供水保证率，恢复水体水质的基本功能，使之达到调水前的状态。必须说明的是，这种状态是指水源区规划水平年的用水状态，也就是说，要给水源区留足未来发展所需的水资源量。

3. 主要的补偿措施

调整水源水库的任务，保证主体用水户的供水，对效益受到影响的次要用水户予以经济补偿；调水后，河道水体的纳污能力下降，相关单位应承担由此而增加的减排设施建设投资；对受到调水影响的取水设施、航道等进行改建。

第三节 长距离供水工程的总体布置

长距离供水工程是解决我国北方地区资源性或水质性缺水问题的重要途径和工程措施，目前国内长距离供水工程的主要任务包括城市供水、工业供水、农业灌溉和生态补水等。工程总体布置应结合受水区水资源配置方案拟定，从社会、技术、经济、环境、迁占等多方面进行比选。线路的总体布置和走向选择要充分考虑地形地质条件、建筑物型式，根据水源点和受水区的分布位置，初步选择可能的多条输水线路；分别对各线路的全线压力线、控制点水位或压力及总体控制指标进行分析研究；结合输水方式、地形、工程地质、施工、交通运输等条件，根据技术上的需要和条件的可能，经多方案综合经济技术比较后选择。工程总体布置还应从经济、节能、降低工程技术难度等方面综合考虑工程与受水区供水系统的衔接方式，尽量采取重力流输水方式，优先利用输水线路附近的水库，特别是工程末端的调蓄水库调蓄。

一、线路选择

供水线路的选择是多方案比较的前提，是确定最优线路的基础，应遵循以下原则：

（1）线路走向应根据供水方式、地形、工程地质和交通运输等条件，经多方案比较后选择。应尽可能利用地形条件，优先选用重力流输水方案完成输水任务。

（2）线路力求短而顺直，以减少线路长度和避免转弯过多增加水力损失，尽量避免经过地形起伏过大地区，尽量减少泵站数量。

（3）为便于施工和管理，输水线路应尽可能沿已建道路的边侧敷设，尽量避免通过城市工业区、开发区和村庄，减少拆迁，少占农田和不占良田。

（4）为保证安全运行，便于维护，输水管道线路选择应尽量避免与各种障碍物或不良基础地段的交叉，原则上从较远处以较小的偏角绕过。

（5）为防止土壤对输水管线的腐蚀，管线应避免穿过腐蚀性大、导电率高的地段。

（6）长距离供水线路通过矿区时，需要调查地下矿藏的分布和开采情况，通过相关部门的压矿评定，对采空区和塌方区不设永久性输水管线。

（7）长距离供水选线应考虑开挖与回填的土方量平衡，避免远距离运送土方，在岩石地区施工时要考虑到沿线就近取土回填的可能。

（8）长距离供水管线在山丘区岩石地区选线时，考虑到管沟需要爆破施工，其线路必须保证与附近高压供电线、铁路、高速公路或居民区有一定的安全距离。

二、供水方式

供水方式的选择是长距离供水系统总体优化的重要内容，以保证供水水质和水量安全为主要条件，兼顾运行调度管理、工程造价和运行费用等技术经济因素，通过多方案比较确定。长距离供水输水方式包括无压重力供水、有压重力供水、加压供水、重力和加压组合供水等几种。

1. 无压重力供水

大型长距离供水工程无压重力供水常采用明渠、暗渠和非满管的管道输水。当输水地形高差足够、地形适宜且输送水量较大时，可采用明渠输水方式；当输水量较小时，不宜采用明渠输水方式。但对于山丘区的输水工程，因地形复杂等因素，采用明渠输水往往易出现高填方与深挖方，既不经济也不安全。除此以外，明渠输水方式线路还要尽量避开容易有水质污染的河道和地区；明渠输水方式存在永久占地多、对当地灌排系统影响较大、蒸发和渗漏损失大、水质不易保证、工程管理难度大、冬季输水等诸多问题。因此，长距离供水工程在地形高差足够时可采用无压重力暗渠输水方式，其构造形式有明渠加盖板、箱涵或圆管三种。渡槽属无压重力输水形式，通常作为明渠输水工程的跨越工程。隧洞作为穿越工程，可进行无压重力输水和有压重力输水。

2. 有压重力供水

大型长距离供水往往需要消耗大量的电能，日常运转费用高，而有压重力流输水恰巧具备节约能源的优点。因此，当有足够可利用的输水地形高差时，优先选择有压重力输水方式。选择重力输水时，如果充分利用地形高差使输送设计流量时所用管径最小，可获得最佳经济效益。管道和隧洞均可实现有压重力输水，与明流输水隧洞相比，利用隧洞进行有压重力流输水时压力洞可以最大限度地利用水头、减小过水断面；并且在运行上，正常引水期压力洞操作简单，流量能够随上游压力自动调节。

3. 加压供水

大型长距离供水工程地势起伏大、地形复杂、线路长，当没有可利用的输水地形高差时，应当选用水泵加压输水方式。根据地形高差、管线长度、管材的承压能力及设备动力情况，沿管线设置不同数量的中途加压泵站。在长距离压力流输水设计中，本着安全、节约、便于施工和有利于维护管理的原则，应尽量减少加压泵站的级数。随着我国经济社会的发展，与供水工程相关的水泵、管材及各类阀门和附件的生产技术都得到了快速提高，使得大型长距离供水工程沿途不设或少设泵站的高压输水系统成为可能。

4. 重力和加压组合供水

在地形复杂的情况下，当可利用输水地形高差较小，或仅用重力输水不够经济，或管径过大流速过低时，可选用重力和加压组合输水方式。

三、水力计算

长距离供水工程管（渠）道的水头损失按照《室外给水设计规范》（GB 50013—2018）的规定计算。压力管道的管径和输水方式对工程投资和安全运行都有很大影响，选择时可用经济管径公式或界限流速法初选，再进行综合经济技术比较后选定。压力输水管道还应对各种运行工况进行水头损失校核计算。

第四节　本　章　小　结

长距离供水工程针对性地解决了各地域水资源分配不均，部分地区供水不足的问题，促进了社会的经济快速发展，改变了缺水地区的生活、生产条件和生态环境。我国建设了多项长距离供水工程，如南水北调、引滦入津，引黄济青、引黄入晋、东深供水和引大入秦等。已建的若干著名供水工程正在发挥其巨大且不可替代的作用。

由于长距离供水工程具有规模大、输水距离长、布置复杂、投资大等特点，一般都涉及跨流域调水的问题，因此必须全面分析水量平衡关系，综合协调地区间可能产生的矛盾和环境问题。长距离供水工程的总体规划依次有论证工程建设的必要性与可行性、确定工程任务与规模、分析对水源区的影响与补偿措施几个步骤。

长距离供水线路的总体布置和走向选择要充分考虑地形地质条件、建筑物型式，根据水源点和受水区的分布位置，初步选择可能的多条输水线路；分别对各线路的全线压力线、控制点水位或压力及总体控制指标进行分析研究；结合输水方式、地形、工程地质、施工、交通运输等条件，根据技术上的需要和条件的可能，经多方案综合经济技术比较后选择。工程总体布置还应从经济、节能和降低工程技术难度等方面综合考虑工程与受水区供水系统的衔接方式，尽量采取重力流输水方式，优先利用输水线路附近的水库调蓄，特别是工程末端的调蓄水库。本章还说明了线路选择应遵循的原则、常用的输水方式和水力计算参考标准。

第二章　长距离供水工程过渡过程计算

第一节　运　动　方　程

运动方程是从有压输水管道水体中选取隔离体，应用牛顿第二定律$\sum F = ma$建立的。

作用在有压输水管道水体中隔离体上的力如图 2-1 所示。其长度为δ_x，在各种力的作用下，使水体沿x轴作轴向流动。为简便起见，在以下的公式推导中，下标x和t代表对x和t的偏导数，如$P_x = \partial P / \partial x$。变量上边加一点代表对时间的全导数，如$\dot{V} = \mathrm{d}V/\mathrm{d}t$。作用于隔离体上的力有：上游侧横截面上的压力$P_{\mathrm{A}}$；下游侧横截面上的压力$P_{\mathrm{A}} + (P_{\mathrm{A}})_x \delta_x$；由于管道截面面积增加而引起的对水体的轴向压力$\left(P + P_x \dfrac{\delta_x}{2}\right) A_x \delta_x$，其中$\left(P + P_x \dfrac{\delta_x}{2}\right)$为中间截面的压强；重力在$x$轴向的分力为$\left(A + \dfrac{A_x}{2}\delta_x\right)\delta_x y \sin\alpha$，其中$\left(A + \dfrac{A_x}{2}\delta_x\right)$为平均截面；阻止水体流动的管壁摩擦力为$\pi D \delta_x \tau_0$，其方向与水体流动方向相反，其中$\tau_0$为管壁摩擦应力。所有这些力之和应等于隔离体内水体的质量m乘以加速度a，其中$m = \left(A + \dfrac{A_x}{2}\delta_x\right)\delta_x \rho$，$a = \dfrac{\mathrm{d}V}{\mathrm{d}t}$。

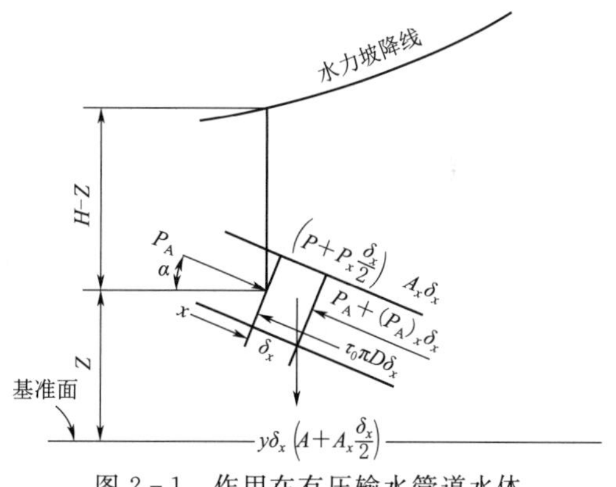

图 2-1　作用在有压输水管道水体中隔离体上的力

根据牛顿第二定律，有

$$P_{\mathrm{A}} - [P_{\mathrm{A}} + (P_{\mathrm{A}})_x \delta_x] + \left(P + P_x \frac{\delta_x}{2}\right) A_x \delta_x + \left(A + \frac{A_x}{2}\delta_x\right)\delta_x r \sin\alpha - \pi D \delta_x \tau_0$$

$$= \left(A + \frac{A_x}{2}\delta_x\right)\delta_x \rho \dot{V} \tag{2-1}$$

忽略高阶微量，式（2-1）变为

$$P_{\mathrm{A}} - [P_{\mathrm{A}} + (P_{\mathrm{A}})_x \delta_x] + P_{\mathrm{A}x}\delta_x + A\delta_x r \sin\alpha - \pi D \delta_x \tau_0 = A\delta_x \rho \dot{V} \tag{2-2}$$

展开式（2-2），并将其各项除以质量m，并经整理得

$$\frac{P_x}{\rho} - g\sin\alpha + \frac{4\tau_0}{\rho D} + \dot{V} = 0 \tag{2-3}$$

因密度 ρ 和水头 H 相比变化甚小，故可当作常量。由图 2-1 可得

$$P=\rho g(H-Z) \tag{2-4}$$

由于 $\sin\alpha=-\frac{\delta Z}{\delta x}=-Z_x$，因此可得

$$P_x=\rho g(H_x-Z_x)=\rho g(H_x+\sin\alpha) \tag{2-5}$$

将式（2-5）代入式（2-3），得

$$\frac{\rho g(H_x+\sin\alpha)}{\rho}-g\sin\alpha+\frac{4\tau_0}{\rho D}+\dot{V}=0$$

化简后，得

$$gH_x+\frac{4\tau_0}{\rho D}+\dot{V}=0 \tag{2-6}$$

管壁摩擦应力 τ_0 一般采用稳定流态同样流速时的摩擦应力，根据流体力学理论得

$$\tau_0=\frac{\rho f V^2}{8} \tag{2-7}$$

式中　f——达西-维斯巴哈摩擦系数。

将 τ_0 值代入式（2-6），得

$$gH_x+\dot{V}+\frac{fV}{2D}|V|=0 \tag{2-8}$$

这是运动方程中最容易应用的一种表达形式。在摩阻项内引入绝对值符号，以便使水体摩擦力与流速方向相反。

因流速 V 是时间 t 和坐标 x 的函数，故有

$$\dot{V}=\frac{\mathrm{d}V}{\mathrm{d}t}=\frac{\partial V}{\partial t}+V\frac{\partial V}{\partial x} \tag{2-9}$$

如将式（2-9）改写成一般微分形式，则有

$$\frac{\partial V}{\partial t}+V\frac{\partial V}{\partial x}+g\frac{\partial H}{\partial x}+\frac{f}{2D}V|V|=0 \tag{2-10}$$

式（2-10）是计算水锤的基本方程式之一，是一元流的运动方程。

第二节　连　续　方　程

本节就金属、混凝土等可以假定为线性弹性变形的小变形材料的管道推导微分形式的连续方程，并假定水体密度的相对变化量很小。

推导连续方程示意图如图 2-2 所示，为推求连续方程，从管道中选取两个非常接近的横截面，以此作为隔离体，因为管道可以沿轴向变形，所以两截面间的距离 δ_x 是个变量，它仅是时间的函数。单位时间流入正在移动的隔离体内的净质量，应等于该隔离体内水体质量的增长率。因此有

$$\rho A(V-U)-\{\rho A(V-U)+[\rho A(V-U)]_x\delta_x\}=\frac{\mathrm{d}}{\mathrm{d}t}(\rho A\delta_x) \tag{2-11}$$

$\frac{\mathrm{d}}{\mathrm{d}t}=\frac{\partial}{\partial t}+U\frac{\partial}{\partial x}$为正在移动的隔离体的全导数，并且有

$$U_x = \frac{1}{\partial x} + \frac{\mathrm{d}}{\mathrm{d}t}\delta_x \qquad (2-12)$$

故连续方程变为

$$(\rho AV)_x - (\rho AU)_x + \frac{\mathrm{d}}{\mathrm{d}t}(\rho A) + \rho UA_x = 0 \qquad (2-13)$$

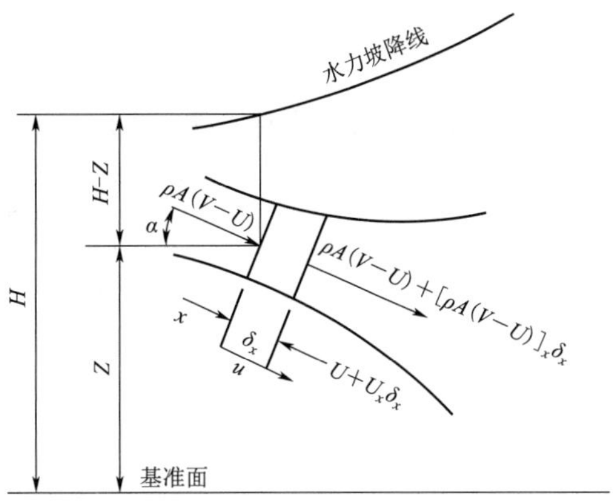

图 2-2 推导连续方程示意图

展开式（2-13），有

$$\rho AV_x + \rho VA_x + AV\rho_x - \rho AU_x - \rho UA_x - AU\rho_x + \rho_t A + \rho A_t + U\rho A_x + UA\rho_x + AU_x = 0 \qquad (2-14)$$

整理式（2-14），有

$AV\rho_x + \rho_t A + \rho VA_x + \rho A_t + \rho AV_x = 0$，即

$$\frac{\partial}{\partial x}(\rho VA) + \frac{\partial}{\partial t}(\rho A) = 0 \qquad (2-15)$$

这是一元不稳定流动连续方程的一般形式，将在以后分析水锤问题时应用。

如认为水体不可压缩和过水断面保持恒定，则式（2-15）可简化为

$$\frac{\partial}{\partial x}(VA) = 0$$

即

$$VA = f(t) \qquad (2-16)$$

式中　$f(t)$——时间函数。

式（2-16）说明在某一特定瞬间，流量是沿程不变的。不考虑水体压缩时，有压引水道中的不稳定流动就属于这种情况。

为求水锤计算的连续方程，以 ρA 除以式（2-15）得

$$\frac{V\rho_x}{\rho} + \frac{\rho_t}{\rho} + \frac{V}{A}A_x + \frac{A_t}{A} + V_x = 0 \qquad (2-17)$$

ρ 和 A 的全导数为

$$\dot{\rho} = V\rho_x + \rho_i，\dot{A} = VA_x + A_t \qquad (2-18)$$

代入式（2-17），连续方程变为

$$\frac{\dot{\rho}}{\rho} + \frac{\dot{A}}{A} + V_x = 0 \qquad (2-19)$$

在式（2-19）中第一项表示水体的可压缩性，第二项表示管壁材料的弹性，最后一项是任意时刻隔离体内进入量和流出量之差。

水体体积弹性模量可用全导数表示为

$$K = \frac{\dot{P}}{\dot{\rho}/\rho} \qquad (2-20)$$

由此得

$$\frac{\dot{\rho}}{\rho}=\frac{\dot{P}}{K} \tag{2-21}$$

如忽略了轴向变形的影响，则有

$$\frac{\dot{A}}{A}=\frac{1}{\pi D^2/4}\pi D\varepsilon_T\ \frac{D}{2}=2\varepsilon_T=\frac{2}{E}\sigma_T \tag{2-22}$$

式中　ε_T——环向应变；

$\varepsilon_T\frac{D}{2}$——半径增长值；

$\pi D\varepsilon_T\frac{D}{2}$——面积增长值 $\dot{A}$。

将式（2-20）、式（2-22）代入式（2-19），得

$$V_x+\frac{\dot{P}}{K}+\frac{2}{E}\sigma_T=0 \tag{2-23}$$

而

$$\sigma_T=\dot{P}\ \frac{D}{2e} \tag{2-24}$$

式中　e——管壁厚度。

将式（2-24）代入式（2-23），得

$$V_x+\frac{\dot{P}}{K}\left(1+\frac{KD}{Ee}\right)=0 \tag{2-25}$$

波速 a 定义为

$$a=\sqrt{K/\rho}\Big/\sqrt{1+\frac{KD}{Ee}} \tag{2-26}$$

将波速 a 代入式（2-25），则得

$$V_x=\frac{\rho}{\rho a^2}=0 \tag{2-27}$$

由式（2-5）可展开 $\dot{P}$ 的表达式，得

$$P_x=\rho g(H_x+\sin\alpha) \tag{2-28}$$

$$\dot{P}=VP_x+P_t=V\rho g(H_x+\sin\alpha)+\rho gH_i \tag{2-29}$$

将 $\dot{P}$ 值代入方程（2-7）后，得

$$\frac{a^2}{g}V_x+V(H_x+\sin\alpha)+H_i=0 \tag{2-30}$$

式（2-30）是小变形管路的连续方程，如将式（2-30）改写为一般微分形式，则得

$$\frac{a^2}{g}\frac{\partial V}{\partial x}+V\left(\frac{\partial H}{\partial x}+\sin\alpha\right)+\frac{\partial H}{\partial t}=0 \tag{2-31}$$

式（2-31）即为连续性方程，由于式（2-31）中的第二项与第一项、第三项相比是较小的，故在解析法和图解法中常将该项省略，这样，式（2-31）简化成为

$$\frac{a^2}{g}\frac{\partial V}{\partial x}+\frac{\partial H}{\partial t}=0 \tag{2-32}$$

第三节 特征线方程

特征线方法是目前求解长距离供水管道系统水力瞬变常用的数值计算方法。特征线方法具有许多优点：稳定性准则可以建立；边界条件易编程，可以处理很复杂的系统，可以适用于各种管道水力瞬变分析；在所有差分法方法中具有较好的精度。下面介绍由 Wylie 和 Streeter 等提出的特征线方法。

目前在管道计算中常用的方法是特征线法，大部分计算软件也都是利用特征线法来编程。

令式（2-10）等于 $L1$，式（2-31）等于 $L2$，则取线性因子 c，使 $L1$、$L2$ 满足 $L_1+cL_2=0$，即

$$\left[\frac{\partial H}{\partial x}(V+cg)+\frac{\partial H}{\partial t}\right]+c\left[\frac{\partial V}{\partial x}\left(V+\frac{a^2}{cg}\right)+\frac{\partial V}{\partial t}\right]+V\sin\alpha+\frac{cf}{2D}V|V|=0 \tag{2-33}$$

根据微分法则

$$\frac{\mathrm{d}H}{\mathrm{d}t}=\frac{\partial H}{\partial t}+\frac{\partial H}{\partial x}\frac{\partial x}{\partial t},\frac{\mathrm{d}V}{\mathrm{d}t}=\frac{\partial V}{\partial t}+\frac{\partial V}{\partial x}\frac{\partial x}{\partial t} \tag{2-34}$$

令$\frac{\mathrm{d}x}{\mathrm{d}t}=V+cg=V+\frac{a^2}{cg}$，可解得 c 的两个值，即

$$c=\pm\frac{a}{g} \tag{2-35}$$

将其代入式（2-6）中，有

C^+：

$$\begin{cases}\frac{\mathrm{d}H}{\mathrm{d}t}+\frac{a}{g}\frac{\mathrm{d}V}{\mathrm{d}t}+V\sin\alpha+\frac{af}{2gD}V|V|=0\\ \frac{\mathrm{d}x}{\mathrm{d}t}=V+a\end{cases} \tag{2-36}$$

C^-：

$$\begin{cases}\frac{\mathrm{d}H}{\mathrm{d}t}-\frac{a}{g}\frac{\mathrm{d}V}{\mathrm{d}t}+V\sin\alpha-\frac{af}{2gD}V|V|=0\\ \frac{\mathrm{d}x}{\mathrm{d}t}=V-a\end{cases} \tag{2-37}$$

又由于一般情况下 $V\ll a$，故有

C^+：

$$\begin{cases}\frac{\mathrm{d}H}{\mathrm{d}t}+\frac{a}{g}\frac{\mathrm{d}V}{\mathrm{d}t}+V\sin\alpha+\frac{af}{2gD}V|V|=0\\ \frac{\mathrm{d}x}{\mathrm{d}t}=a\end{cases} \tag{2-38}$$

C^-：

$$\begin{cases}\dfrac{\mathrm{d}H}{\mathrm{d}t}-\dfrac{a}{g}\dfrac{\mathrm{d}V}{\mathrm{d}t}+V\sin\alpha-\dfrac{af}{2gD}V|V|=0\\[2ex]\dfrac{\mathrm{d}x}{\mathrm{d}t}=-a\end{cases}\tag{2-39}$$

通过式（2-36）～式（2-39），将两个偏微分方程转化成了全微分方程。式（2-38）和式（2-39）中的上式称为特征线方程，下式称为沿特征线成立的相容性方程。

相容性方程在 $x-t$ 平面上可表示为如图 2-3 所示的图形，若设置管道长度为 L，过渡过程计算的时间步长为 Δt，将管道分成 $\Delta x=\Delta t/a$ 的若干段，可以得到特征线网格，如图 2-4 所示。

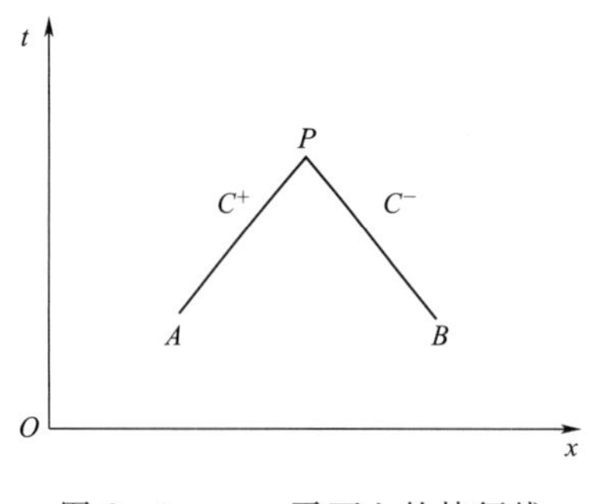

图 2-3　$x-t$ 平面上的特征线

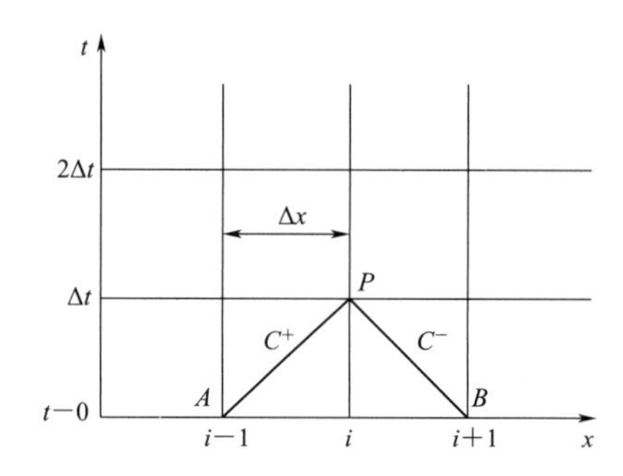

图 2-4　$x-t$ 特征线网格

图 2-3、图 2-4 中，AP、BP 上的点都满足特征线方程。将管道流量 $Q=VA$ 代入特征线方程，并沿特征线 C^+ 进行积分，可得：

$$C^+:H_P=H_A-\frac{a}{gA}(Q_P-Q_A)-\frac{f|Q_A|Q_P\Delta x}{2gDA^2}\tag{2-40}$$

同理，沿特征线 C^- 进行积分，可得：

$$C^-:H_P=H_B-\frac{a}{gA}(Q_P-Q_B)+\frac{f|Q_B|Q_P\Delta x}{2gDA^2}\tag{2-41}$$

为使计算机可以根据公式进行有序和简便的运算，给定 P 点的参数角标为 P_i，A 点的参数角标为 P_{i-1}，B 点的参数角标为 P_{i+1}，将式（2-12）、式（2-13）简化为

$$C^+:H_{Pi}=C_{\mathrm{P}}-B_{\mathrm{P}}Q_{Pi}\tag{2-42}$$

$$C^-:H_{Pi}=C_{\mathrm{M}}+B_{\mathrm{M}}Q_{Pi}\tag{2-43}$$

其中，

$$C_{\mathrm{P}}=H_{i-1}+BQ_{i-1}\tag{2-44}$$

$$B_{\mathrm{P}}=B+R|Q_{i-1}|\tag{2-45}$$

$$C_{\mathrm{M}}=H_{i+1}-BQ_{i+1}\tag{2-46}$$

$$B_{\mathrm{M}}=B+R|Q_{i+1}|\tag{2-47}$$

$$B=\frac{a}{gA}\tag{2-48}$$

$$R=\frac{f\Delta x}{2gDA^2} \tag{2-49}$$

联立求解式（2-42）和式（2-43）得

$$Q_{Pi}=\frac{C_P-C_M}{B_P-B_M} \tag{2-50}$$

需要注意的是，截面 i 是 x 方向的任意网格交点，有时称为管内计算截面。在每一个截面上的带下标的 H 和 Q，它在前一时步的数值总是已知的。计算当前时刻未知水头 H 和流量 Q，H_P、Q_P 表示当前计算时刻的水头和流量。在管路计算中，如果给定已知的管路边界条件，就可以通过式（2-42）、式（2-50）计算 t 时刻断面 i 的流量 Q_i 和 P_i。

第四节　明满流计算方程

具有自由表面的液体流动称为明渠流动。若尾水隧道出口水位在某一范围内时，隧洞中可能会出现明满流的过渡过程。考虑沿渠道的横向流入（流出）运动，明渠非定常流动的微分方程如下。

连续方程

$$v\frac{\partial A}{\partial x}+\frac{\partial A}{\partial t}+A\frac{\partial A}{\partial x}=q \tag{2-51}$$

动量方程

$$g\frac{\partial h}{\partial x}+\frac{\tau_0}{\rho R}-g\sin\alpha+2v\frac{\partial v}{\partial x}+\frac{v^2}{A}\frac{\partial A}{\partial x}+\frac{v}{A}\frac{\partial A}{\partial x}+\frac{\partial v}{\partial t}=0 \tag{2-52}$$

式中　α——渠道底面与水平方向夹角，(°)；
R——水力半径，m；
h——水深，垂直于底面来测量，m；
ρ——密度，kg/m^3；
q——渠道单位长度上的横向输入流，m^3/s；
v——流速，m/s；
A——过水断面面积，m^2；
τ_0——切向应力，Pa。

引入曼宁方程 $J_f=\frac{n^2v^2}{R^{4/3}}$ 所定义的能量坡度线的斜率 J_f

$$\frac{\tau_0}{\rho R}=gJ_f \tag{2-53}$$

式中　n——曼宁粗糙度系数。

式（2-51）和式（2-52）构成明渠非恒定流动的基本微分方程。将 $v=Q/A$ 代入式（2-51）得

$$\frac{\partial A}{\partial t}+\frac{\partial Q}{\partial x}=q \tag{2-54}$$

对于棱柱形断面的渠道有

$$\frac{\partial A}{\partial t}=\frac{\mathrm{d}A}{\mathrm{d}h}\frac{\partial h}{\partial t}+\frac{\partial A}{\partial t}=\frac{\mathrm{d}A}{\mathrm{d}h}\frac{\partial h}{\partial t}=B\frac{\partial h}{\partial t}$$

B 为过水断面的顶宽，是 h 的函数，于是有

$$B\frac{\partial h}{\partial t}+\frac{\partial Q}{\partial x}=q \tag{2-55}$$

把 $v=Q/A$ 代入式（2-53），再利用式（2-55）得

$$\frac{g}{\cos\alpha}\frac{\partial h}{\partial x}+g(J_{\mathrm{f}}-\sin\alpha)+\frac{2Q}{A^2}\frac{\partial A}{\partial x}-\frac{Q^2}{A^3}\frac{\partial A}{\partial x}+\frac{1}{A}\frac{\partial Q}{\partial t}=0 \tag{2-56}$$

对棱柱形断面$\frac{\partial A}{\partial x}=\frac{\partial A}{\partial h}\frac{\partial h}{\partial x}=B\frac{\partial h}{\partial x}$，则有

$$\frac{1}{gA}\frac{\partial Q}{\partial t}+\frac{2Q}{gA^2}\frac{\partial Q}{\partial x}+\left(\frac{1}{\cos\alpha}-\frac{BQ^2}{gA^3}\right)\frac{\partial h}{\partial x}=\sin\alpha-J_{\mathrm{f}} \tag{2-57}$$

因此适用于棱柱形断面缓坡明渠的非恒定流动的微分方程为

$$\begin{cases}B\dfrac{\partial h}{\partial t}+\dfrac{\partial Q}{\partial x}=q\\ \dfrac{\partial Q}{\partial t}+\dfrac{2Q}{A}\dfrac{\partial Q}{\partial x}+\left(\dfrac{gA}{\cos\alpha}-\dfrac{Q^2}{A^2}B\right)\dfrac{\partial h}{\partial x}=gA(\sin\alpha-J_{\mathrm{f}})\end{cases} \tag{2-58}$$

式（2-58）为双曲形偏微分方程组，可以用特征线法求解，将式（2-58）的连续方程乘以因子 l 后加到动量方程上，得

$$\frac{\partial Q}{\partial t}+\left(l+\frac{2Q}{A}\right)\frac{\partial Q}{\partial x}+Bl\left[\frac{\partial h}{\partial t}+\frac{1}{Bl}\left(\frac{ga}{\cos\alpha}-B\frac{Q^2}{A^2}\right)\frac{\partial h}{\partial x}\right]=-f+ql \tag{2-59}$$

其中，$f=-gA(\sin\alpha-J_{\mathrm{f}})=-gA\left(\sin\alpha-\dfrac{n^2|Q|Q}{A^2R^{4/3}}\right)$。

由于微分法则

$$\frac{\mathrm{d}Q}{\mathrm{d}t}=\frac{\partial Q}{\partial t}+\frac{\mathrm{d}x}{\mathrm{d}t}\frac{\partial Q}{\partial x},\frac{\mathrm{d}h}{\mathrm{d}t}=\frac{\partial h}{\partial t}+\frac{\mathrm{d}x}{\mathrm{d}t}\frac{\partial h}{\partial x} \tag{2-60}$$

把式（2-59）化为常微分方程，必须满足$\dfrac{\mathrm{d}x}{\mathrm{d}t}=l+\dfrac{2Q}{A}=\dfrac{1}{BL}\left(\dfrac{gA}{\cos\alpha}-B\dfrac{Q^2}{A^2}\right)$，因此可以得到两个特征线方程

$$\frac{\mathrm{d}x}{\mathrm{d}t}=c^{\pm}=\frac{Q}{A}\pm\sqrt{\frac{gA}{B\cos\alpha}} \tag{2-61}$$

代入式（2-59）中可得常微分方程

$$\frac{\mathrm{d}Q}{\mathrm{d}t}+B\left(-\frac{Q}{A}\pm\sqrt{\frac{gA}{B\cos\alpha}}\right)\frac{\mathrm{d}h}{\mathrm{d}t}=-f+q\left(-\frac{Q}{A}\pm\sqrt{\frac{gA}{B\cos\alpha}}\right) \tag{2-62}$$

式中　C^+、C^-——正波与负波的波速。

沿两个特征线方向，可把原来的一对偏微分方程变成两对全微分方程组。

沿 C^+ 方向
$$\begin{cases}\dfrac{\mathrm{d}x}{\mathrm{d}t}=\dfrac{Q}{A}+\sqrt{\dfrac{gA}{B\cos\alpha}}\\ BC^-\dfrac{\mathrm{d}h}{\mathrm{d}t}-\dfrac{\mathrm{d}Q}{\mathrm{d}t}=f+qC^-\end{cases} \tag{2-63}$$

沿 C^- 方向

$$\begin{cases}\dfrac{dx}{dt}=\dfrac{Q}{A}-\sqrt{\dfrac{gA}{B\cos\alpha}}\\ BC^+\dfrac{dh}{dt}-\dfrac{dQ}{dt}=f+qC^+\end{cases}\tag{2-64}$$

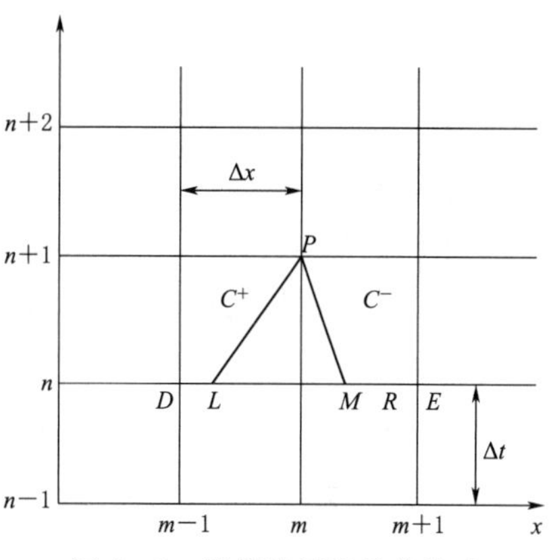

图 2-5　明渠特征线差分格式

将式（2-63）、式（2-64）差分化，明渠特征线差分格式如图 2-5 所示。

设 n 及 n 以下（如 $n-1$）的时层上各网格结点其 h、Q 是已知的，由 $n+1$ 的时层待求点 $P(m, n+1)$ 向已知时层 n 作顺、逆特征线 C^+ 及 C^-，与 n 的时层的交点为 L、R。式（2-62）、式（2-63）分别化为二差分方程组，有

沿 C^+ 方向

$$\begin{cases}x_P-x_L=C^+\Delta t\\ BC^-(h_P-h_L)-(Q_P-Q_L)=(f+qC^-)\Delta t\end{cases}\tag{2-65}$$

沿 C^- 方向

$$\begin{cases}x_P-x_R=C^-\Delta t\\ BC^-(h_P-h_R)-(Q_P-Q_R)=(f+qC^+)\Delta t\end{cases}\tag{2-66}$$

在计算过程中采用算术平均值近似，则有

$$\begin{cases}x_P-x_L=\overline{C^+_{P,L}}\Delta t\\ \overline{(BC^-)_{P,L}}(h_P-h_L)-(Q_P-Q_L)=[\overline{f_{P,L}}+\overline{(qC^-)_{P,L}}]\Delta t\end{cases}\tag{2-67}$$

$$\begin{cases}x_P-x_R=\overline{C^-_{P,R}}\Delta t\\ \overline{(BC^+)_{P,R}}(h_P-h_R)-(Q_P-Q_R)=[\overline{f_{P,R}}+\overline{(qC^+)_{P,R}}]\Delta t\end{cases}\tag{2-68}$$

式中　C、f、$qC^{\pm}$ 上加“—”表示两点的平均值。

而 R、L 点的 h、Q 可用 D、M、E 三点的值的二次插值得到。式（2-67）和式（2-68）是用特征线迭代法求解测流堰的明渠流动的基本方程。

各点的溢流流量 q 计算如下

$$q=\xi(h-h_0)^{3/2}\tag{2-69}$$

式中　ξ——溢流系数；

h_0——溢流堰高；

h——水深。

如果假定明渠长为 s，则整个明渠上的溢流流量为

$$q_s=\int_0^s q\,ds\tag{2-70}$$

第五节　边　界　条　件

单管的任何一段，只有一个相容性方程可用。对上游端，式（2-43）沿 C^- 特征线成立，而对下游边界，式（2-42）沿 C^+ 特征线成立。这是两个关于 Q_P 和 H_P 的线性方程，每一个方程把瞬变期间管内流体的整个特性和影应传到相应边界上。每一种情况都要一个辅助方程来规定 Q_P 和 H_P，或者规定它们之间的关系，也就是说辅助方程将边界的情况传给管子。下面给出一些常见边界的求解方法。

一、起端和末端水库边界

由于一般水库的面积比较大，可将液面高程看作常数。对于连接上游水库的管道，只有下游特征线方程，设上游水位为 H_0，则管道起端节点有

$$H_q^j = H_0^{j+1} \tag{2-71}$$

代入下游特征线方程式（2-18）得

$$Q_q^j = \frac{H_q^j - C_M}{B_M} \tag{2-72}$$

对于连接下游水库的管道，只有上游特征线方程，设下游水位为 H_s，则管道末端节点有

$$H_m^j = H_s^{j+1} \tag{2-73}$$

代入上游特征线方程式（2-42）得

$$Q_m^j = \frac{C_P - H_m^j}{B_P} \tag{2-74}$$

式中　上标 j、$j+1$——两个先后的时间层；

H_q、Q_q——管道起端的高程和流量；

H_m、Q_m——管道末端的高程和流量。

二、阀门边界

为分析方便，取阀门中点水平面作为测压管水头的基准线。在一般情况下，通过阀门孔口的流量为

$$Q_P = (C_d A_G)_r \sqrt{2gH_P} \tag{2-75}$$

式中　Q_P——阀门流量；

C_d——流量系数；

A_G——阀门开启面积；

H_P——阀门进口的压力水头，即 p/γ。

在阀门孔口全开条件下，定常流时的阀门流量为

$$Q_r = (C_d A_G)_r \sqrt{2gH_r} \tag{2-76}$$

式中　下标 r——阀门全开工况；

H_r——阀门全开时阀门进口的压力水头。

若定义无量纲阀门流量系数为

$$\tau=\frac{C_d A_G}{(C_d A_G)_r} \tag{2-77}$$

则阀门孔口方程可以写成

$$Q_P=Q=\tau Q_0\sqrt{\Delta H/\Delta H_0} \tag{2-78}$$

管道连接如图 2-6 所示。对于管线中的阀门，把阀门前方管道中的参数用下标 1 表示，阀门后方管道中的参数用下标 2 表示，同时应用 C^+ 和 C^- 方程以及阀门孔口方程，对于正向流动有

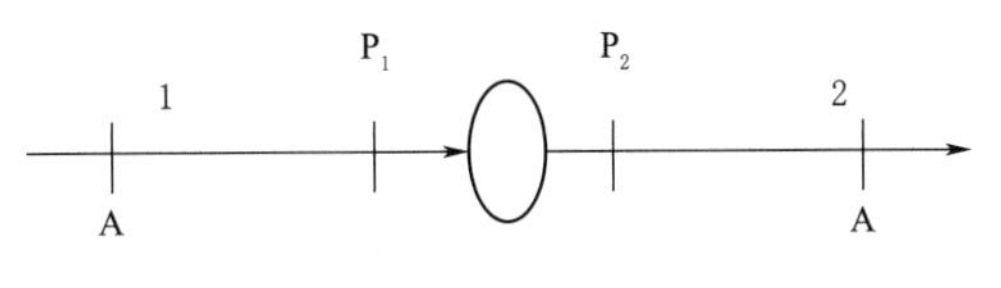

图 2-6　管道连接

$$\begin{cases} H_{P_1}=C_{P_1}-B_1 Q_{P_1} \\ H_{P_2}=C_{M_2}+B_2 Q_{P_2} \\ Q_{P_1}=Q_{P_1}=Q_P=\dfrac{\tau Q_0}{\sqrt{\Delta H_0}}\sqrt{H_{P_1}-H_{P_2}} \end{cases} \tag{2-79}$$

式中　H_{P_1}、Q_{P_1}——上游管道末端最后一个截面处下一时刻的压头和流量；

H_{P_2}、Q_{P_2}——下游管道始端 1 截面下一时刻的压头和流量。

由以上方程组解得

$$Q_P=-C_V(B_1+B_2)+\sqrt{C_V^2(B_1+B_2)^2+2C_V(C_{P_1}-C_{M_2})} \tag{2-80}$$

其中

$$C_V=Q_0^2\tau^2/2\Delta H_0 \tag{2-81}$$

当 $C_{P_1}-C_{M_2}<0$ 时，将发生负向流动，这时的孔口方程为

$$Q_P=-\frac{\tau Q_0}{\sqrt{\Delta H_0}}\sqrt{H_{P_2}-H_{P_1}} \tag{2-82}$$

由此可得

$$Q_P=C_V(B_1+B_2)-\sqrt{C_V^2(B_1+B_2)^2-2C_V(C_{P_1}-C_{M_2})} \tag{2-83}$$

当阀门在管道下游末端启闭时，同时应用 C^+ 方程、阀门孔口方程和边界条件，有

$$\begin{cases} H_2=H_d \\ Q_2=0 \\ H_{P_1}=C_{P_1}-B_1 Q_{P_1} \\ Q_{P_1}=Q_P=\dfrac{\tau Q_0}{\sqrt{\Delta H_0}}\sqrt{H_{P_1}-H_{P_2}} \end{cases} \tag{2-84}$$

其中　H_d 为阀门后下游水库水位，于是有

$$Q_P=-C_V B_1+\sqrt{C_V^2 B_1^2+2C_V(C_{P_1}-H_{P_2})} \tag{2-85}$$

对负向流动有

$$Q_P=C_V B_1-\sqrt{C_V^2 B_1^2-2C_V(C_{P_1}-H_2)} \tag{2-86}$$

三、闸门边界

因闸门装在明渠之间，闸门方程需要和明渠的端部条件联合处理，而且应当考虑流动反向的可能性。假设闸门处于淹没出流的条件，忽略通过闸门的流体加速或减速的影响，则瞬变过程中仍然可以使用定常态的闸门方程，即

$$Q_0=\xi_0\sqrt{2g\Delta H_0} \tag{2-87}$$

式中　Q_0——闸门流量；

ΔH_0——闸门前后水位差；

ξ_0——与闸门开度、流速系数、闸宽、收缩系数、闸门孔数相关的反映闸门流量的系数。

与阀门模型类似，定义阀门的开度。将闸门方程（2-87）和与其相连明渠断面的特征方程联立求解可得到闸门两边水位及过闸门流量。

四、管道连接

管道连接（包括串联、关联、分叉和汇合）的边界条件应满足连续方程和能量方程。以图 2-6 所示串联情况为例，由流量连续有

$$Q_P=Q_{P_1}=Q_{P_2} \tag{2-88}$$

根据能量方程有

$$H_{P_1}+\frac{Q_{P_1}^2}{2gA_{P_1}^2}-KQ_P|Q_P|=H_{P_2}+\frac{Q_{P_2}^2}{2gA_{P_2}^2} \tag{2-89}$$

式中　H_{P_1}、$\frac{Q_{P_1}^2}{2gA_{P_1}^2}$——相应断面的测压管水头和速度水头；

$KQ_P|Q_P|$——水头损失；

K——局部水头损失系数，绝对值保证了流动反向时也成立；

H_{P_2}、$\frac{Q_{P_2}^2}{2gA_{P_2}^2}$——相应断面的测压管水头和速度水头。

如果忽略水头损失和断面间的速度水头差，则式（2-89）可写成 $H_{P_1}=H_{P_2}$，即测压管水头相等。

对多管的分叉和汇合所形成的边界条件，同样可以按连续方程和能量方程来给出。一般来说，局部损失系数不易确定，并且局部损失很小，可以忽略。

五、明渠连接

与管道连接一样，明渠连接的边界条件也要满足连续方程和能量方程。以图 2-7 所示的串联情况为例。（图中 P_1、P_2 代表上、下游管道，P 代表明渠，A 为结点）由流量

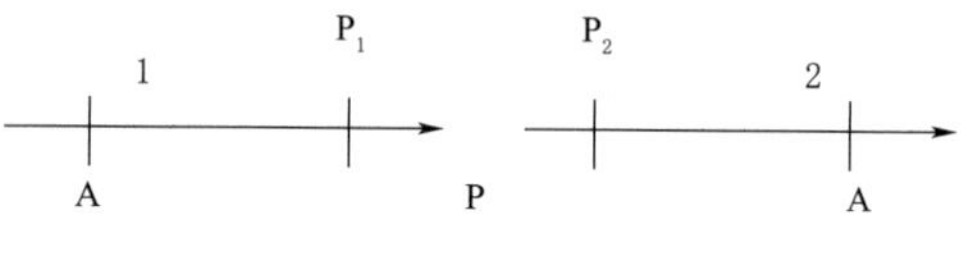

图 2-7　明渠连接

连续有

$$Q_P = Q_{P_1} = Q_{P_2} \tag{2-90}$$

不考虑过水断面扩张或收缩产生的速度水头差和水头损失，则水面线连续，有

$$\frac{h_{P_1}}{\cos\alpha_1} + z_{P_1} = h_{P_2} + z_{P_2} \tag{2-91}$$

式中 h_P——水深；

z_P——底面高程；

α——倾角。

若底面为缓坡，则有

$$h_{P_1} + z_{P_1} = h_{P_2} + z_{P_2} \tag{2-92}$$

对多明渠的交叉和汇合所形成的边界条件，同样可以按连续方程和能量方程来给出。

六、泵转轮边界

由于泵站在动态过程中可能通过多种工况区，泵特性的描述采用 Suter 提出的方法，以便于进行多种工况的过渡过程计算，将迭代插值计算与 Suter 提出的泵特性描述相结合求解。

1. 泵的无量纲相似特性

泵有 4 个特性参数：扬程 H、流量 Q、转矩 T 和转速 N。这 4 个量中若已知流量 Q、转速 N 的情况下，则可以通过水泵特性曲线来得到扬程 H、转矩 T。在进行水锤计算时，作了两个基本假定：

（1）定常状态特性曲线也适用于非定常状态。在非定常状态，虽然 N 和 Q 都随时间变化，但可由它们的瞬时值确定 H 和 T。

（2）在相似工况下，对于几何相似的水泵特性参数有以下关系

$$\frac{H_a}{H_b} = \left(\frac{D_a}{D_b}\right)^2 \left(\frac{N_a}{N_b}\right)^2, \frac{Q_a}{Q_b} = \left(\frac{D_a}{D_b}\right)^3 \left(\frac{N_a}{N_b}\right), \frac{M_a}{M_b} = \left(\frac{D_a}{D_b}\right)^5 \left(\frac{N_a}{N_b}\right)^2 \tag{2-93}$$

对同一台水泵，即 $D_a = D_b$，相似关系可以简化为

$$\frac{H_a}{H_b} = \left(\frac{N_a}{N_b}\right)^2, \frac{Q_a}{Q_b} = \left(\frac{N_a}{N_b}\right), \frac{M_a}{M_b} = \left(\frac{N_a}{N_b}\right)^2 \tag{2-94}$$

根据以上假设，Suter、Marxhal、Flesxh 等提出用无量纲数表示水泵特性

$$WH(x) = \frac{h}{\alpha^2 + v^2}, WM(x) = \frac{\beta}{\alpha^2 + v^2} \tag{2-95}$$

其中

$$h = \frac{H}{H_r};$$

$$\alpha = \frac{N}{N_r};$$

$$v = \frac{Q}{Q_r};$$

$$\beta = \frac{T}{T_r};$$

$x=\pi+\tan^{-1}\dfrac{v}{\alpha}$；

H——泵的扬程，m；

T——泵的力矩，N·m；

n——泵的转速，r/min；

Q——泵的流量，m^3/s；

下标 r——额定值。

2. 压头平衡方程

管道中的泵如图 2－8 所示（图中 A 为结点），在时间增量 Δt 末瞬间，经过泵的压头平衡方程为

$$H_{PS}+t\,dh=H_{PU} \tag{2-96}$$

式中　H_{PS}——吸水侧最后一截面处的压头；

$t\,dh$——泵的扬程；

H_{PU}——出水侧第一截面处的压头。

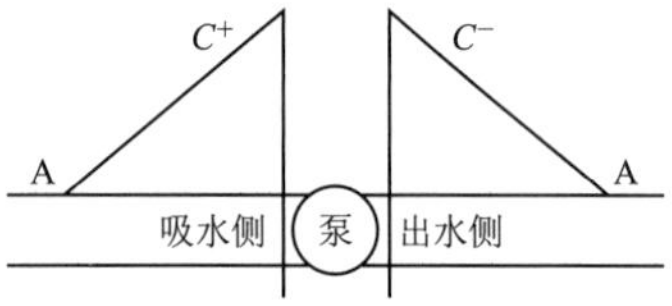

图 2－8　管路中的泵

相容性方程为

$$H_{PS}=C_P-B_S Q_{PS} \tag{2-97}$$

其中　C_P、C_M 根据式（2－42）、式（2－44）计算。

连续方程为

$$Q_{PS}=Q_{PU} \tag{2-98}$$

式中　Q_{PS}——吸水侧最后一截面处的流量；

Q_{PU}——出水侧第一截面处的流量。

根据泵特性得到的动力压头公式为

$$t\,dh=H_r h=H_r(\alpha^2+v^2)WH\left(\pi+\tan^{-1}\frac{v}{\alpha}\right) \tag{2-99}$$

已知的 $WH(x_i)$ 是以离散点的形式表示的，在 0～2π 范围内，将 x 等分为间隔 $\Delta x=\dfrac{2\pi}{88}$ 的 88 份，则整个无量纲全特性曲线就被离散为 89 对数据点：$WH(x_i)$ 和 $WB(x_i)$，其中 $i=1，2，\cdots，89$。计算时，x 不一定刚好落在存储的离散点上，因此需要通过线性插值的方法计算 $WH(x_i)$ 和 $WB(x_i)$。

例如，由某一组 α 和 v 构成的 x 落在 x_i 和 x_{i+1} 之间，实际的 $WH(x)$ 与 x_i 对应的为点 M，与 x_{i+1} 对应的点为 N，用直线段 MN 代替 M、N 两点间的实际曲线。点 M 的无量纲坐标为 $\left(I=\dfrac{x_i}{\Delta x}+1，WH(I)\right)$，点 N 的无量纲坐标为 $\left(I+1=\dfrac{x_{i+1}}{\Delta x}+1，WH(I+1)\right)$，其中，坐标 I 与 $I+1$ 均是整数，$WH(x)$ 的插值计算如图 2－9 所示。

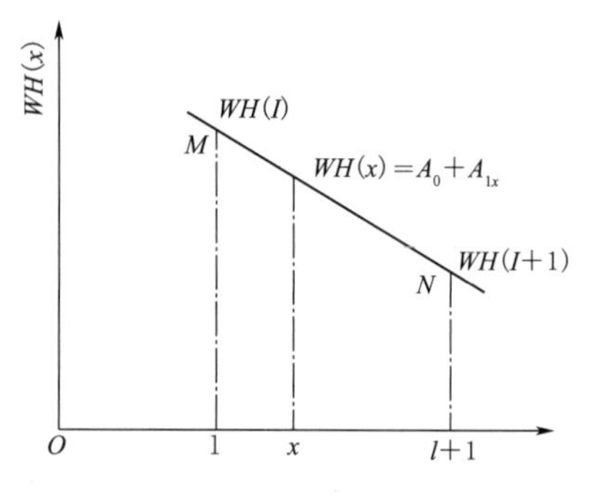

图 2－9　$WH(x)$ 的插值计算

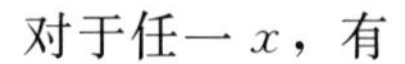

对于任一 x，有

$$WH(x)=A_0+A_1x \tag{2-100}$$

其中，

$$A_1=\frac{WH(I+1)-WH(I)}{\Delta x} \tag{2-101}$$

$$A_0=WH(I+1)-IA_1\Delta x \tag{2-102}$$

因而有

$$t\mathrm{d}h=H_r(\alpha^2+v^2)\left[A_0+A_1\left(\pi+\tan^{-1}\frac{v}{\alpha}\right)\right] \tag{2-103}$$

将式（2-103）代入式（2-99）得出以 v 和 α 作为未知数的压头平衡方程为

$$F_1=HPM-BSQ\mathrm{v}+H_r(\alpha^2+v^2)\left[A_0+A_1\left(\pi+\tan^{-1}\frac{v}{\alpha}\right)\right]=0 \tag{2-104}$$

式中　$HPM=C_P-C_M$，$BSQ=(B_S+B_U)Q_r$。

3. 转速变化方程

泵的转速变化是由所加的不平衡转矩引起的。当掉电发生时，由轴输入的转矩为 0，作用在叶轮上的转矩及其他摩擦力矩将使转速发生变化，故转矩方程为

$$T=-\frac{WR_g^2}{g}\frac{\mathrm{d}\omega}{\mathrm{d}t} \tag{2-105}$$

式中　W——旋转部件及进入该部分的液体重量；

ω——角速度；

R_g——旋转质量的回旋半径。

对式（2-105）进行离散化，令下标 0 表示 Δt 开始时的值，无下标的量表示 Δt 末时刻的值，则式（2-105）可离散成

$$\frac{T_0+T}{2}=-\frac{WR_g^2}{g}\frac{\omega-\omega_0}{\Delta t} \tag{2-106}$$

因为

$$\beta_0=\frac{T_0}{T_r},\ \beta=\frac{T}{T_r},\ \omega=N_r\frac{2\pi\alpha}{60}$$

所以式（2-105）可写成

$$\beta=\frac{WR_g^2}{g}\frac{N_r}{T_r}\frac{\pi}{15}\frac{(\alpha_0-\alpha)}{\Delta t}-\beta_0 \tag{2-107}$$

由于 $\beta=(\alpha^2+v^2)WB(x)$，类似于求压头公式，计算中要用到全特征曲线中的 $WB(x)$ 曲线，因而有

$$\beta=(\alpha^2+v^2)\left[B_0+B_1\left(\pi+\tan^{-1}\frac{v}{\alpha}\right)\right] \tag{2-108}$$

其中，

$$B_1=[WB(I+1)-WB(I)]/\Delta x \tag{2-109}$$

$$B_0=WB(I+1)-IB_1\Delta x \tag{2-110}$$

设

$$C_B=\frac{WR_g^2}{g}\frac{N_r}{T_r}\frac{\pi}{15\Delta t} \tag{2-111}$$

最后可得转速变化方程为

$$F_2=(\alpha^2+v^2)\left[B_0+B_1\left(\pi+\tan^{-1}\frac{v}{\alpha}\right)\right]+\beta_0+C_B(\alpha-\alpha_0)=0 \tag{2-112}$$

式（2-104）和式（2-112）构成了关于 v 和 α 的封闭方程，如果泵的全特性曲线已知，就可根据方程求解 v 和 α。

该方程组可以用 Newton-Raphson 法求解，求解的出发方程式为

$$\begin{cases}F_1+\dfrac{\partial F_1}{\partial v}\Delta v+\dfrac{\partial F_1}{\partial v}\Delta\alpha=0\\[2ex]F_2+\dfrac{\partial F_2}{\partial v}\Delta v+\dfrac{\partial F_2}{\partial v}\Delta\alpha=0\end{cases} \tag{2-113}$$

七、空气阀边界

空气阀按照其低于大气压系统进气、高于大气压系统排气的物理特点建立模型，用差分法求解。

通用的空气阀模型都作以下四个假定：

（1）空气等熵地流入流出空气阀。

（2）由空气阀流入管道的空气仍留在它可以排出的空气阀附近。

（3）管道内液体表面高度基本不变，空气体积和管段里液体体积相比很小。

（4）管道内空气的温度始终不变。

流过空气阀的空气流量取决于外界大气的绝对温度 T_a、绝对压力 P_a 以及管道内节点的绝对温度 T 和绝对压力 P。

根据管道内绝对压力的不同，空气阀的空气质量流量分为四种情况：

空气以亚声速流进

$$\dot{m}=C_1S_1\sqrt{7P_a\rho\left[\left(\frac{P}{P_a}\right)^{1.4286}-\left(\frac{P}{P_a}\right)^{1.7143}\right]},\ P_a>P>0.53P_a \tag{2-114}$$

空气以临界流速流进

$$\dot{m}=C_1A_1\frac{0.686}{\sqrt{RT_0}}P_0,\ P\leqslant 0.53P_a \tag{2-115}$$

空气以亚声速流出

$$\dot{m}=-C_2S_2\sqrt{\frac{7}{RT}\left[\left(\frac{P}{P_a}\right)^{1.4286}-\left(\frac{P}{P_a}\right)^{1.7143}\right]},\ \frac{P_a}{0.528}>P>P_a \tag{2-116}$$

空气以临界速度流出

$$\dot{m}=-C_2S_2\frac{0.686}{\sqrt{RT}}P,\ P\geqslant\frac{P_a}{0.528} \tag{2-117}$$

式中　$\dot{m}$——空气质量流量；

　　ρ——空气质量；

下标 1、2——空气阀内空气流动方向，1 为流入，2 为流出；

C、S——空气阀流量系数和孔口面积；

R——气体常数。

八、水池边界

对引水工程中泵站前后的进水池和出水池及沿程无压水池作如下假定：

（1）水池的边壁是刚性的。

（2）水池中水体惯性可以忽略。

（3）过渡过程状态水头损失可按稳定状态来确定。

根据这三个假定，水池方程可以写为

$$\begin{cases} H_C = Y_S + f_S Q_S |Q_S| + Z_S \\ Q_S = \dfrac{dY_S}{dt} A_S + q \end{cases} \tag{2-118}$$

式中 H_C——水池底部的测管水头；

Q_S——流入水池的流量；

Y_S——水池内水柱高度；

f_S——流入流出水池的流量损失系数；

Z_S——水池底部高程；

A_S——水池截面面积；

q——溢流流量，对非溢流式水池而言，$q=0$。

若水池底部和管道相连，则相应的边界方程为

$$\begin{cases} Q_{P_1} = Q_{P_2} + Q_S \\ H_{P_1} = H_{P_2} = H_C \end{cases} \tag{2-119}$$

式中 下标 1、2——水池底部上、下游管道断面。

式（2-118）、式（2-119）与水池相连管道断面的特征线方程式（2-42）、式（2-43）联立即可求解得到各个未知数。

第六节 初 值 计 算

只有确定了稳定状态下管道各节点的流量、水头以及各元件的相应参数，才能在此基础上进行瞬变迭代。因此，稳态计算即初值计算是过渡过程计算的基础。计算系统初值的方法有两种：一种是将整个系统看作一个流体网络，将管道、明渠、水泵等元件看作阻抗，采用流体网格的计算方法，计算系统稳态运行时各节点的水头、流量值，称为虚拟阻抗流体网格计算法；另一种是从系统的零流量状态算起，即以系统的零流量状态为初值，用动态的方法计算泵启动稳定下来后系统中各点的水头、流量值，称为零流量状态法。虚拟阻抗流体网络计算法计算简便、计算时间短，可以计算复杂网络结构系统的初值，但是对于比较复杂的、具有多明渠系统的稳态初值计算容易不收敛，难以计算出稳态值。零流

量状态法计算时间较长，但对于各种复杂的系统均可求解其稳态初值。

一、虚拟阻抗流体网络计算法

虚拟阻抗流体网络计算模型就是采用流体网络计算方法对系统进行初值计算，将所有元件看作阻抗。流体网格可以看作由一系列单元组成，单元之间以一定数量的结点相连。

以管道单元（如图 2-10 所示）为例，规定水从 k 流向 j 时管道流量为正，设 H_k^i、H_j^i 分别为单元 i 连接于结点 k、j 的结点水头，Q_k^i、Q_j^i 分别为单元 i 连接于结点 k、j 的结点流量，规定从结点流出流量为正，由能量守恒定律可得

$$\begin{cases} Q_k^i = K^i \Delta H^i = K^i (H_k^i - H_j^i) \\ Q_j^i = -K^i \Delta H^i = -K^i (H_k^i - H_j^i) \end{cases} \tag{2-120}$$

式中　K^i——通过损失系数求得。

令管道损失系数为 S^i，则有

$$\Delta H^i = S^i Q_k^{i2} \tag{2-121}$$

$$K^i = \frac{1}{S^i Q_k^i} \tag{2-122}$$

式（2-122）用矩阵形式表示为

$$\begin{bmatrix} Q_k^i \\ Q_j^i \end{bmatrix} = K^i \begin{bmatrix} +1 & -1 \\ -1 & +1 \end{bmatrix} \begin{bmatrix} H_k^i \\ H_j^i \end{bmatrix} \tag{2-123}$$

式（2-123）简写为 $\overline{Q^i} = \overline{K^i}\,\overline{H^i}$，其中单元结点流量矢量为 $\overline{Q^i} = \begin{Bmatrix} Q_k^i \\ Q_j^i \end{Bmatrix}$，单元特征矩阵为 $\overline{K^i} = K^i \begin{bmatrix} +1 & -1 \\ -1 & +1 \end{bmatrix}$，单元结点水头矢量为 $\overline{H^i} = \begin{Bmatrix} H_k^i \\ H_j^i \end{Bmatrix}$。

在流体网络中任一结点均需要满足流量连续方程：连接此结点的所有单元从结点流出流量之和等于输入该结点的流量之和（若是消耗，则为负值）。

对任一结点有

$$\sum_{i=1}^{N} Q_m^i = C_m \tag{2-124}$$

式中的“$\sum$”为对结点 m 有贡献的所有 N 单元求和。由各结点的流量平衡方程可将各单元的流量平衡方程合并成总体方程组，简写为

$$\overline{KH} = \overline{C} \tag{2-125}$$

式中　$\overline{H}$——流体网格水头矢量，由流体网络各结点的水头组成；

$\overline{C}$——流体网络的输入矢量，由流体网格各结点处的输入流量（若是消耗，则为负值）组成；

$\overline{K}$——流体网络特性矩阵。

$\overline{K}$ 由单元特性矩阵扩充而成，每个单元有两个连接点，由单元特性方程可知，在流体网络特性矩阵中每个单元有 4 个基值，对如图 2-10 所示的单元，单元 i 只对 j、k 两点

有贡献，对其他结点的贡献为0，将单元的系数 K^i 叠加到流体网络特性矩阵 $\overline{K}$ 的（k，k）、（j，j）位置上，将系数 $-K^i$ 叠加到（k，j）、（j，k）位置上，考虑所有的单元即形成流体网格特性矩阵 $\overline{K}$。由矩阵形成过程可知，矩阵为带状对称稀疏矩阵，解方程组时可利用该特性来节省计算机内存和计算时间。

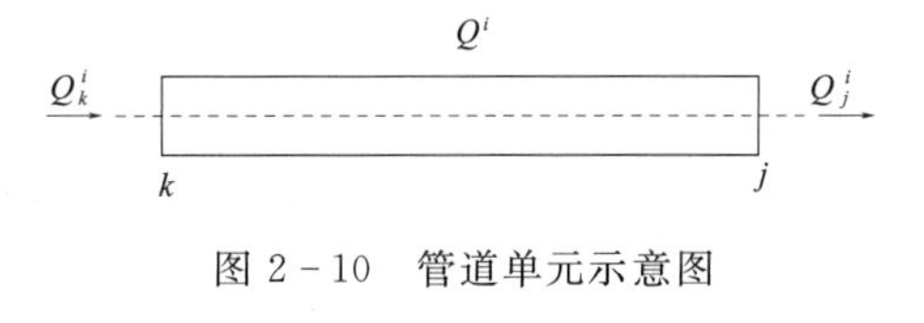

图 2-10　管道单元示意图

对于流体网格总体方程组，必须引进适当的边界条件来求解。对任一结点 m 有两种可能的边界条件，或者规定结点输入（或消耗）C_m，或者规定水头值 H_m。在流体网络计算时，为了求解方程组，结点边界条件必须至少规定有一个水头已知。由于流体网格特征方程组中的系数 K^i 与流量有关，计算中先给定管道的流量，通过迭代计算，前后两次的流量计算值相差在给定误差范围内，以此来求得非线性方程组的解。

二、零流量状态启动法

水力系统的稳态，可以从零流量状态下启动，经历一定的过渡过程到达，采用动态计算模型计算，从仿真的角度说是通过对该系统的过渡过程计算出其稳态初值。简言之，从零流量状态出发计算到达所需的稳态，就是零流量状态启动法求取初值。

对于明渠和管道较长、结构复杂的输水系统，采用零流量状态启动法可以比较方便地计算其初值。因为明渠较长，其起点和终点间高程变化较大，所以为了减少计算量，可以在明渠中间设置一些开启后阻抗系数很小的闸门以使明渠中各点的水位与稳态设计值接近，使系统较快地达到稳态，节省计算时间。

第七节　本　章　小　结

本章主要介绍了长距离供水过渡过程的方程与理论知识，主要包括运动方程、连续方程、特征线方程、明满流计算方程、边界条件和初值计算方法。

特征线方法是目前求解长距离供水管道系统水力瞬变最常用的数值计算方法。特征线方法的优点主要有：可以建立稳定性准则；边界条件很容易编程实现，可以处理很复杂的系统，可以适用于各种管道的水力瞬变分析；在所有差分法方法中具有较好的精度。同时，还详细阐述了两种初值计算方法：虚拟阻抗流体网格计算法和零流量状态启动法。虚拟阻抗流体网络计算法计算简便、计算时间段，可以计算复杂网络结构系统的初值，但是对于比较复杂的、具有多明渠系统的稳态初值计算容易不收敛，难以计算出稳态值。零流量状态启动法计算时间较长，但对于各种复杂的系统均可求解其稳态初值。

第三章　长距离供水工程水锤防护研究

第一节　研究的目的及意义

由于我国工业的迅速发展、人民生活水平的提高和城镇化进程的加快，城市的需水量近年来快速增加，就近取水已远远不能满足人民生活和生产的需要，加之我国水资源时空分布又极不均匀，由此带来的水资源供需矛盾日益加剧，很大程度上制约了社会经济的发展和人民生活水平的提高，为满足用水需求、确保供水，以南水北调工程为显著标志的跨流域调水、远距离输水系统越来越多。

此类长距离供水工程通常是在几十千米以外甚至更远的水源取水，受地形、泵、阀、水锤防护装置及其他障碍物（如河流、公路等）的影响，其管线往往呈现出起伏变化复杂的特点，因而极易在管道中出现气体释放、空穴流、水柱分离等复杂的水力瞬变现象。由此产生的水锤压力可能导致管道爆裂或凹瘪破坏。这种现象将使整个输水系统无法安全运行，严重影响取水输水工程的正常运行和人民生命财产的安全。因此，输水工程在设计时，都应事先做水锤分析，并预测和模拟事故工况下机组的转速、流量、水锤的发生和传播规律，其中除了考虑正压水锤以外，还必须重视负压水锤，考虑在管道的某些部位可能会发生气体释放，产生空穴流和液柱分离等气液两相瞬变流情况。

目前，国内外有关流体瞬变流的研究已深入到液气两相瞬变流问题，同时如何更加经济、有效地防止水锤事故，根据实际情况寻找最优的防护对策也是一个长期的研究课题。

对长距离泵站供水系统的水力瞬变进行全面的理论分析和预测，从而采取安全可靠、管理方便、经济实用的水锤防护措施，是优化工程设计，确保工程安全运行的关键，对于保障生活生产用水及社会经济发展，具有非常重要的实际意义和理论价值。

第二节　水锤现象及其危害

一、水锤现象及成因

水锤波理论：当压力管道内流体（水）的流速发生急骤变化时，在水流本身存在的惯性作用下管道的压力发生改变，通过流体本身在管道内进行传播，这就是水锤波的传播。这种波具有传播快速的特点。水锤波本质上是管内流体瞬变流动形成的一种压力波。

根据水锤波理论，水锤现象的实质是管道内水体流速的改变，导致水体的动量发生急剧改变而引起作用力变化的结果。管道在输水过程中，由于阀门突然开关、水泵突然启停车等原因，使水的流速发生变化，从而引起压强急剧升高和降低的交替变化，这种变化以一定的速度向上游或下游传播，并且在边界上发生反射。由于水流具有动能和一定程度的压缩性，因此在极短的时间内流量的巨大变化将引起对管道的压强过高和过低的冲击。压力冲击将使管壁受力而产生噪声，犹如锤子敲击管道一样，故称为水锤。水锤的破坏力极强，大幅波动的压力冲击波，极易导致管道因局部超压而破裂、损坏设备和引起水泵反转等，是工程最大的安全隐患之一，因此在长距离的供水工程中，一定要考虑如何消减水锤压力，采取有效的防护措施。只有这方面做到位，才能保证供水工程的安全有效运行，保证人民的生命财产不受损失。在水锤引起的供水工程安全事故中，由负压引起的水锤破坏是泵站系统中最容易出现的。为此，要着重考虑这方面的问题，把水锤压力消减到安全可控的安全范围之内。

二、水锤分类

在实际工程中，一般将水锤分为以下三类。

(1) 阀门关闭时产生的水锤。阀门突然关闭时，靠近阀门处水的流速骤降为0，压力骤然升高，使这部分水体受到压缩，管道发生膨胀；同时后面的水由于惯性仍以原来的流速向阀门处运动，流速迅速降至0，水压力升高，又出现水体压缩和管壁膨胀。这样的过程依次向管道起点处传播，当这种升压过程传播到管道起点处时，管道中水的流速变为0，管道中水体的动能全部转化为水压缩和管道变形的弹性势能。此时，在管道进口处首先泄压，这种过程又向阀门处传播，管道中的压力恢复。水继续向管道入口处运动，因阀门关闭，无水流补充，因此阀门处压力降低，水体膨胀，管壁收缩。这种运动达到管道入口处时，水流速为0。此时管道处于收缩状态，这时管道外的压力大，水体必然向管道内充填，使水的体积和管道复原到最初状态。以后将重复增压—复原—降压—增压运动。水锤以水锤波的形式从阀门传到管道进口处，再从管道进口处传到阀门，并反复地进行着，直至阻力作用使这种能量消耗殆尽。

(2) 突然停泵时产生的水锤。突然停泵后，压水管道中的水在惯性作用下，继续做减速运动，但由于管道侧压力高，水很快出现倒流；同时为避免叶轮倒转损坏设备，水泵出口处常安装有止回阀，这样，倒流的水将会在止回阀前产生很高的升压，形成水锤。而在一些地势起伏大的输水管线中，突然停泵后，管线驼峰点将变成分水点，管内水流在重力作用下分别向两侧流动，从而在局部造成压力下降。研究表明，压力下降到－10m水柱时，液体就会局部汽化，进而产生空穴流和水柱分离等气液两相瞬变流的情况，在这一过程中随着气泡的溃灭、液柱的分离和再弥合的撞击，压力会骤然升高，形成危害极大的断流弥合水锤。

(3) 管道中有空气时产生的水锤。输水管道中常常会有空气，一般情况下，管道中存在的少量气泡能随水流前进，并不足以产生较大的水锤危害。但在长距离供水管线的驼峰点，空气容易形成大气囊：先是迫使水流在狭窄的管道中以较大的流速通过；之后，在空气不断增加和前后压力的作用下，气囊迅速径向发展直至阻塞水流，形成“类闭阀”水锤；最后，前后压力增大到一定程度，气囊开始向下游流动变形，使水流重新开通，很快空气又会重新向高处聚集，再次形成气囊。这种由气囊导致水流的反复阻塞和开通的气阻水锤与开（闭）阀水锤非常类似，但阀门关闭再打开需一定时间，而且需要人为控制；气囊则会在压力复杂变化的管道中迅速形成和破灭，产生的水锤波则不断叠加，危害更大。

三、水锤的危害及安全事故实例

总的来说，水锤的危害可分为管线及配件破坏、水泵破坏和其他破坏等。水锤压力过高，会引起管道强烈振动，管道断开，阀门损坏，严重时甚至造成爆管；水锤压降过低会损坏管道接头，导致接头泄漏，破坏管道护衬材料，使用寿命减短。水锤还会使水泵的密封破坏，使叶轮形成气蚀，给叶轮造成极大的损害；同时破坏泵体减震装置，使泵的噪声增大，效率降低，增加了泵的电耗成本；有时还会使叶轮反转，损坏连接轴、电机及其他水泵。水锤引发的倒流流量过大时，会使吸水井水位骤升淹没泵房；管网管线的水压、水量降低，无法达到正常供水要求。在某些特殊工程，如火力发电厂循环供水系统中，水锤会造成冷却塔凝汽器顶部的局部断流，并且产生较高的升压，对凝汽器顶部的冷却水管产生损害。人们还特别将泵站水锤的危害列为泵站“三害”（即水锤、泥沙、噪声）之首。

在我国，水锤事故在各地均有不同程度发生，根据各地 200 次以上有记录的水锤事故调查可以看出：泵站中多数水锤事故，轻则水管破裂，由于止回阀上顶盖或壳体被打坏而大量漏水，造成暂时的供水中断；重则酿成泵站被淹毁、泵船沉没等惨剧，个别的还因泵站水锤事故，造成冲毁铁路路基、损坏设备，甚至人员伤亡。但是，如实地彻底查明起因是件相当困难的事情；仅从技术角度看，水锤成灾也是越来越复杂化、综合化、跨专业和非典型化了，请看下列实例。

西柏坡电厂补给水系统由黄壁庄水库引水，经长 12.23km 的 DN700 补给水管道送至厂区，然后分别供应冷却塔和工业用水。管道投入运行以后，从 1992 年 12 月开始，先后发生了 14 次爆管事故。对补给水系统的水锤计算分析并结合现场了解情况得出的结果表明，系统多次爆管是因设计不当产生了水柱分离及断流弥合水锤。1995 年 7 月 8 日长沙五水厂发生特大淹机停水事故，这次事故导致供水能力为 30×10^4t 的长沙市五水厂停产 4 天，长沙东区 30 万居民在酷暑季节停水 3 天，有的地方缺水 4～5 天，给居民生活和部分企业的生产带来严重困难。水锤防护措施不足，水泵断电后产生了严重的水柱分离，空泡溃灭水锤压力 1.5MPa 以上，是酿成事故的主要原因。

包钢加压泵站负责将一次净化系统处理的水经过加压，送至 17km 之外的厂区。其 3 号机组启动 15s 左右后发生水锤事故，出水管地沟盖板被掀开，大量涌水，判断为出水管爆裂，此时紧急关闭吸水闸，同时关闭泵组，由于事故点出水量大，吸水闸关闭至一半时，泵房内水已升至操作人员胸部，人员被迫撤离，最终泵房被淹。虽然有备用泵站，采取措施得当，没有影响生产，但直接抢修费用达 65 万元。分析其主要原因是泵体在停运、重新启动前，管道内会存有一定量的气体，而该泵站的逆止阀前管线有高差，长度为 20m，内存气体较多，所需排气时间较长，且该泵站的排气方式是通过开泵来进行。当在管道中的气体没有排尽而压水阀门开启过快的状态下，启动水泵，压力和水泵转速都在变化，管道中的流速剧增，这时母管中是压力为 0.9MPa 的高压水流，两股水流同时作用于空气团，随着压缩空气团作用的增加，最终空气团溃灭，两股水柱彼此相撞，产生瞬间压力变化，造成管道震动，形成启泵水锤。

第三节　国内外研究历史和现状

一、综述

19世纪初，由于输送水而引发的水锤现象，已经引起了相关学者的高度重视。按照输水方式不同，水力过渡可分为压力管道水力过程、明渠水力过程和明满交替水力过程。研究水力瞬变过程是从探讨声波在空气中的传播和波在浅水中的传播，以及血液在动脉中的流动开始的。但是，这些问题在弹性理论、微积分学以及偏微分方程的方法建立以前，都未能获得精确的解决。

Newton在他的名著《原理》中，提出了关于声波在空气中和水波在渠道中的传播结果。他用水在U形管中的震荡与摆对比，推导出渠道中的水波波速公式。Lagrange则推导出了明渠中波速的正确公式，其形式为$a=\sqrt{gd}$，其中d为渠道水深。Euler建立了更为详细的弹性波传播理论并推导出了波传播的偏微分方程。

1789年Monge提出了偏微分方程的图解法，并提出了特征线法。1808年，Laplace指出了声音在空气中的理论波速与实验值差异的原因。他推导得出理论波速在绝热情况下比恒温条件下大约增加20%。

Ybung研究了血液的流动、阻力损失、弯曲损失和压力波在管中的传播。Helmholtz指出，水在管道中的压力波速度较其在无围限的水中高。他同时指出，差别是由于管壁有弹性所引起的。1869年，Riemann提出并应用三元运动方程和它的简化一元形式到振动棒和声波运动领域。Weber研究了弹性管中的不可压缩流体的流动并做了决定压力波速度的试验。他还建立了压力波的运动方程和连续方程，这些方程是我们研究水锤的基础。Maxey为确定在水中和水银中的压力波速度进行了广泛试验，得出的波速结论是：压力波的速度与振幅无关；在水银中比在水中要大三倍：与管路的弹性成正比。Resal提出了运动方程、连续方程以及二阶波方程。他用Maxey试验结果来验证他的分析研究。1877年Rayleigh勋爵出版了他的关于声波理论的书，总结了早先的研究和他自己的研究成果。

Korteweg是第一个同时考虑利用管壁弹性和液体弹性来确定波速的人。

Menabrea是最早（1858年）研究水锤问题的人。Menabrea测试了控制水锤的空气室和安全阀的使用，他利用能量原理，考虑了管壁和流体的弹性，导出了波速公式，说明了水锤的基本理论，从此奠定了弹性水锤的理论基础。Michaud研究水锤问题，并设计和使用了空气室及安全阀。Gromeka在分析水锤中第一次将阻力损失考虑进去。但是，他假定了液体是不可压缩的以及阻力损失与水流流速成正比。

1897年，Joukowski分别用三种不同管径和长度的水管做了大量试验，并根据其试验和理论研究，发表了关于水锤基本理论的经典报告，提出了同时考虑水流和管壁弹性的波速公式。他又利用能量守恒和连续条件得出了速度减小与由此引起的压力升高的关系，讨论了压力波沿管道的传播和来自支管开敞段的反射，研究了空气室、调压室及弹簧安全阀对水击压力的影响，讨论了阀门关闭速度变化对水击压力的影响，同时发现在关阀时间$T\leqslant zL/a$（L为管长，a为波速）时，水锤压力升高达到最大值。

Allievi由最初一些原理得出水锤的普遍理论并于1904年发表。他推导的运动方程比Korteweg的更为正确。他指出，运动方程中的VV_X相与其他相相比是不重要的，可以略去。他介绍了两个无因次参数，即Allievi常数和阀门关闭特性。Allievi得出阀门处压力升高的计算公式并提出了阀门均匀关闭和开启所产生的压力升高和降低的图表。Allievi还研究了阀门有节奏的动作并证明了压力不会超过两倍静水头。Joukowski和Allievi的理论主要用于20世纪初的20年里。

Wood介绍了分析水锤的图解法。1928年，Lowy独立得出并介绍了相同的图解法。他还研究了阀门周期性开动引起的共振和逐渐打开阀门和导叶引起的压力降低。他分析时，在基本偏微分方程中计入了阻力项而考虑了阻力损失。Schnyder在分析连有离心泵的管道水锤压力中，计入了全水泵特性。他是第一个在图解分析中计入阻力损失的研究者。Bergeron将图解法引申用于确定管道中间断面状态。1938年，Angus提出了分叉管水击压力计算的图解法。

1933年，ASCE和ASME联合发起在美国芝加哥召开了一次水锤专题讨论会，发表了若干关于压力水管和排水管道中水锤分析的论文。

另一次关于水锤的讨论会是在1937年召开的ASME年会上进行的。这次会议提出了关于空气室和阀门的分析，包含全水泵特性以及计算值与量测值的比较等方面的论文。在管道水击分析中，Wood通过限性化阻力项，使用了Heaviside的微积分运算，在这之后Rich使用了拉普拉斯变换来分析管道中的水击。

Ruus第一个提出确定阀门关闭顺序的方法，称为阀门的最优关闭，它使最大压力保持在规定限制范围内。其后，Cabelka、Franc和Streeter各自提出了这个概念，随后把它推广到复杂管道系统并用计算机来计算。

1953年，Gray介绍了计算机进行水锤分析的特征线法。Lai把它应用于他的博士论文中，并且他和Streeter合作的论文是最早发表这种方法和用计算机分析瞬变流的论文。其后，Streeter发表了许多关于特征线法的论文并同Wylie一起于1967年撰写了一本水力瞬变教科书，即《液体瞬变》（*Hydraulic Transients*）。该书出版以后，人们又进行了很多的研究工作，并在流体流动数值计算方面取得了很大的进展。1978年，该书的增订本在美国出版，其内容已经扩展，包括的内容超出了基本水锤分析的范围，故将书名改为《瞬变流》（*Fluid Transients*）。1979年，加拿大M. H. Choudry又撰写了一本名为《实用水力过渡过程》（*Applied Hydraulic Transients*）的书，其中包含了自己的论文集及一些新的观点。日本秋元德三教授于1972年出版了《水击与压力脉动》一书，1981年我国出版了其中文版，该书的日文新版于1988年出版。

水锤防护研究方面，Wylie、Streeter等一起研究了有压输水管道系统水锤防护的多种装置，包括单、双向调压塔，水锤消除器，气压罐，空气阀，止回阀等防护装置。Lee等对伴有气穴泵系统，水力控制阀及空气阀特性对压力波动的影响进行了研究。Stephenson对空气阀对水锤压力的影响进行了研究。

我国在水力过渡过程方面的研究起步较晚。20世纪60年代，王守仁和龙期泰等做了大量的实验，为后期水锤计算防护奠定了基础。特别是对下开式水锤消除器的研究，为其在70年代的普及使用起到了很好的指导作用。栾鸿儒等对利用爆破膜防止泵站水锤进行了试验研究，提出了膜片材料及厚度选择的计算方法。

20 世纪 80 年代初期，随着上述两本书 *Hydraulic Transients* 和 *Applied Hydraulic Transients* 中译本的出版，我国进行瞬变流研究的科技人员越来越多。

刘竹溪、刘光临等将计算机技术用于国内的泵站水锤研究中。刘光临等利用比例率对推求全特性曲线存在的误差等方面问题进行了研究；利用矩形正交多项式最小二乘曲面拟合数学模型和计算机仿真技术，提出了一种新的计算机仿真预测水泵全特性曲线的方法。

栾鸿儒等在泵站水锤试验和计算方面做了大量的工作，发表的论文对我国常用的两阶段关闭蝶阀、逆止阀和微阻缓闭阀等在工程中的正确应用起到了指导作用。刘光临等将特征线法应用于工程实际，通过研究，对两阶段关闭蝶阀在事故停泵时的关闭过程进行了优化等。杨晓东、朱满林等在缓闭止回阀、液控蝶阀方面进行了研究。

刘光临等对调压塔防护水锤特性进行了研究。刘梅清等对单向调压塔防护水锤特性进行了大量的研究工作。

刘梅清、杨晓东、朱满林和郑源等对空气阀防护水锤方面的特性、应用条件进行了研究和探讨。

刘华孔、刘梅清等对空气罐防护水锤进行了研究。

金锥指出选择转动惯量较大的水泵机组或增装惯性飞轮是水锤防护的治本之道，并给出了具体选择惯性飞轮的方法。

索丽生等对水锤进行了理论研究，开展了许多水锤方面的分析；在水电站压力引水系统水力过渡过程研究方面做了大量工作，为调压室在工程中的应用提供了理论基础。

王学芳等主要从事工业管道中水锤的分析和研究，其研究涉及密闭输油，火电厂、核电厂和化工厂的热力交换和循环系统、热水供应系统，长输水管线中安装空气进排气阀对空泡溃灭水锤的影响及其特性。

二、气液两相瞬变流的研究

长距离供水管道系统受地形、泵、阀、水锤防护装置及其他障碍物（如河流、公路等）的影响，其管线往往呈现出起伏变化复杂的特点，因而极易在管道中产生气体释放、空穴流、液柱分离等复杂的水力瞬变现象。因此，将气液两相瞬变流的研究概况单独列出。

1. 气体释放

对于有压管道系统中出现气体释放的研究是从 20 世纪 60 年代初开始的，起初的工作仅限于静态过程。在瞬变流动过程中，压力是变化的，且液体在低压过程中将释放气体，因此含气量也是变化的。Schweitzer 指出，一般液体都能溶解一定量的气体，这些溶解于液体的气体在低压条件下会释放气体，在新的压力条件下达到新的溶解平衡状态，即著名的亨利定律。Swaffield 提出按亨利定律计算气体释放量。由于在瞬变流过程中的压力是随着时间变化的，因此他假设了一个气体释放系数。影响此系数的因素很多，主要因素为流体的挠动度、原气体的含量、气核或气泡半径、压力波动幅度及气体溶解系数等，要做定量计算是极其困难的。Driels 对气体释放和重新吸收做进一步试验研究指出，气体在液体中一经释放，被重新吸收的速率很慢，他认为气体释放过程是一个单向过程。

Wylie 和 Streeter 在管道系统伴有气体释放研究和水锤理论与分析方面做出了突出贡献，他们认为控制气体释放的主要因素是超饱和程度、溶解系数、自有气体的空穴率及液体的湍流度等。他们假定气体释放过程为单向过程，并假设一个气体释放率，得出不同的气体释放率对瞬变过程的影响将不同的结果。Baasiri 等研究了液柱分离期间的气体释放，通过实验和量纲分析，得出了计算气体释放的经验公式。Kranenburg 以气泡动力学为基础，把气体释放和再溶解表示为气泡半径、亨利常数、压力和气泡相对于周围液体的相对速度等函数，但在该模型中气液相之间相对运行速度很难给定，有时凭经验取值，因而产生了较大随意性。Kalkwijk 及 Martin 等也从不同的角度研究了气体释放的影响，建立了几种数学模型，对水锤理论的研究起到了极为重要的推广作用。

近年来，国内学者对有压管道系统产生气体释放的研究也取得了不少成果。如杨建东等详细论述了流体瞬变过程中气体释放的物理过程以及三个必不可少的条件，建立了适用于均匀流模型的气体释放速度公式。刘光临等探讨了在事故停泵水锤过程中因气体释放而形成的含气均匀流的水锤问题。陈合爱、王湘生等对压力水流冲击气囊方面的水锤计算进行了分析研究。郑源等在水流冲击截流气团和含气水锤方面做了大量的试验研究。

2. 空穴流和液柱分离研究

对于有压管道系统中伴有的空穴流和液柱分离两相瞬变流现象可以追溯到 20 世纪 30 年代，Knapp 指出了液柱分离和沿管路分布空穴的差别，其思想方法为气泡离散布置模型（又称集中空穴模型）的建立奠定了基础。70 年代以来，随着气液两相流、空穴率和变波速等概念的提出，瞬变状态下的气液两相流有了很大的发展，气泡离散模型得到了不断的发展和完善，并且发展了气泡均匀分布模型。这两类模型为计算两相流水锤的主要数学模型。

Brown、Wylie 和 Streeter、Martin 和 Padmanabhan、Wylie、Simpson 和 Bergant，等对气泡离散布置模型进行了研究。气泡离散模型认为气泡集中在管道的各个计算断面上，每一个气泡随压力的变化膨胀规律符合完全气体状态方程，而在两个计算断面之间管道液体中没有气体，波速是常数。Brown、Wylie 等的研究表明，只要管道中气体的体积远远小于液体的体积，采用离散模型就是合理的。

Simpson 和 Bergant 等比较了几个常见离散数学模型，推荐采用 Wylie 的自由气体离散模型。该模型不仅可以用来模拟存在自有气体的管道水力瞬变，也可以用来模拟液柱分离现象和没有自有气体的水力瞬变，该模型适用于各种水力瞬变现象的计算分析。

Kranenburg、Wylie 和 Streeter 等提出了气泡均匀分布模型。该模型认为气泡均匀分布在液体中，波速是气体质量和压力的函数，把伴有气体释放和液柱分离的有压管道中的流动分成三个区域：液柱分离区、空穴区和常规水锤区。这种模型中计入了气体释放，考虑了所有三个可能的区域，所给出的方程在空穴区和水锤区都有效。

近年来，国内学者对输水管道系统伴有空穴流、液柱分离两相瞬变流现象的研究也取得了较大进展。刘光临等研究了泵系统过程中产生的水柱分离现象，进行了计算机模拟分析与试验研究。金锥等在其《停泵水锤及其防护》（第 2 版）一书中首次较系统地公开了其在气液两相流水力过渡过程方面的新的试验研究成果，在该方面提出了一些新的概念、曲线、数学模型、计算原理、计算机程序及相应的工程设计方法，还提供了许多新的试验、实测资料及照片。于必录、杨晓东等对有压输水管道系统发生的液柱分离现象进行了理论研究，认为在有压输水管道系统中，液柱分离是当泵系统的瞬态压力降低到汽化压力时发生在管道系统中的一种局部现象，它涉及诸如气体释放、液体汽化、水锤压力波速变化以及气液相之间质量与动量交换等复杂的物理现象。杨开林等对输水管道气泡动力特性进行了研究，通过试验与理论分析得出，水力瞬变过程中压力管道进气形成的空气泡溃灭压力比液体汽化形成的气泡溃灭压力危害小得多。纪海水对管道中断流水锤可能发生的部位进行了分析。丁峰等探讨了泵系统瞬变过程中不同管道、布置形式对柱断流位置、形态的影响，他还对注气、注水、注气与拍门和利用截流空气消除水锤问题进行了研究。蒋劲等提出了用矢通量分解法求解气液两相瞬变流的方法。杨建东研究了液体空化的敏感性、液柱分离的判别条件及其数学模型。叶宏开等对液柱分离数学模型进行了研究。郑铭等在两相流数值计算方面进行了研究。

第四节　研究理论及分析计算方法

水力瞬变的研究理论，可归纳为刚性理论和弹性理论两种。前者假定管道是刚性的，在外力作用下不变形，并且认为管道中的液体是不可压缩的，水锤的发生仅与流速的改变相关，可利用常微分方程计算简便的优点，但因其假定条件与实际不相符合，计算精度较差。刚性理论仅适用于弹性影响小、低落差且（波）多往复领域，此时其计算结果与实际一致。弹性理论同时考虑了管道的弹性变化和液体的可压缩性，并且认为水锤的作用是压力传播和及返射的结果。这种理论更符合实际情况，计算精度高。目前，弹性理论已广泛应用于各种水力过渡过程问题的分析与计算。

所有的管内非恒定流的分析或综合的方法都是从水锤的运动方程、连续方程或能量方程加上状态方程和其他的物理特性关系着手。从这些基本方程出发，加上一些不同的限制性假设，可以得出如下不同的方法。

1. *算术法*

算术法又称解析法，其基本原理是利用 Allievi 联锁方程式进行逐段计算，此法适用于压力波为全反射且不考虑摩阻损失的简单管路情况，本身忽略了管道水力损失和水锤压力波的反射，并且计算过程复杂、结果误差大。1930 年以前，大多采用此法进行计算。

2. *图解法*

20 世纪 40、50 年代，图解法得以快速发展，其是在不考虑管道摩擦阻力的条件下对管道内两点建立共轭方程组，将管路两端的边界条件及水锤波传播的规律作为约束条件等，然后，将以水锤压力 H 为纵坐标、V 为横坐标的二维坐标系图像化后进行综合联立求解的水锤计算方法。该法能简便直观地表示出水锤进展的全过程，概念上也较清晰，但由于计算手段的限制且作了许多假设，计算精度不高。对于复杂管路和水锤波反复传播多次的情况以及管路摩阻损失占比重较大的管路系统，不仅过程繁琐而且精度也较差。在处理有压管道系统气体释放、液柱分离问题时，图解法忽略空穴区，而假设一旦在某个位置上压力降到液体汽化压力以下，液柱就在该处的整个管道截面发生分离，空穴的体积根据连续方程来计算。计算时采用空穴两边液体的流速，空穴里面的压力假设等于液体的汽化压力，而系统其余部分作为一般水击来分析。20 世纪 30 年代到 60 年代初，该法是解决瞬变问题的重要方法。目前，在较复杂和精度要求高的水锤计算中已经很少使用。

3. 简易计算法

该法是利用精确方法事先算出大量结果，绘制成各种可以直接查阅的图表供生产上使用。如帕马金简易计算法、富泽清治停泵水锤计算曲线图、刘竹溪停泵水锤计算曲线图。该法简单易学，能够很快直接求出所需要的数据，但误差较大，一般只适用于简单管道、小型工程和重要工程在可行性研究阶段的水锤初步估算。

4. 代数法

该法的基本方程仍基于特征线方程，只是在标号上有所不同，其显著特征是时间成为一个标号，可以在同一时间增量下计算多个管段瞬变参量；在时间上最先几步很容易解出，提供了瞬变流综合的基础。具有跨段计算无须计算相交截面处的瞬变、无须计算内截面而使计算比较经济、时步很小可以保持较详细的边界条件、可以逆时间计算等优点。其缺点是：多管段时摩擦相计算不精确，摩擦相第二项中的二阶精度不便计算，需要调整波速以便每根管子具有整数管段。代数法在求解复杂管网（系）瞬态水力问题时，具有概念清楚、计算经济的特点，只要使用得当，可以处理具有任何边界条件的复杂管网系统，故特别适用于管系和管网的瞬变计算。

5. 数值计算法

数值计算法是在 20 世纪 60 年代后随着计算机的普及和计算方法的发展而出现的。目前，数值计算法有隐式法、特征线法、L－W 两步格式法、有限元法等。

隐式法是一种有限差分法，特别适用于惯性力和槽容或流容效应比起来并不重要的场合，像天然渠道或长距离明渠（包括无压隧道）输水系统的非恒定流。此时，该法具有数值计算无条件稳定且具有二阶精度；可以灵活选取计算时间步长，当涉及复杂系统时，该特性提供了比其他方法适应性更强的方案。当应用到水锤问题时，在时步—距离间隔关系中，为了维持满意的精度，这个方法就失去了优越性，推荐使用其他一些方法。故在长距离输水管道水力瞬变分析中应用较少。

特征线法是考虑管路摩阻的水锤偏微分方程，沿其特征线，变换为常微分方程，然后近似地变换成差分方程，再进行数值计算。特征线法具有许多优点：稳定性准则可以建立；边界条件很容易编成程序；较小项可以保留；可以处理非常复杂的系统，例如各种管道水力瞬变分析，包括气液两相瞬变流；在所有有限差分法中具有最好的精度；是一个很详尽的方法，可以得出全部表格化结果。目前，特征线法是求解管路系统水力瞬变最常用的数值计算方法。

L－W 两步格式法适合于变波速的激波问题，在气液两相瞬变流过程中，由于边界条件突然改变，使压缩波波形因瞬态压力急剧增加而变得陡峻，这种变陡的压力波称为激波。在瞬态气液两相流中，激波的形成与压力、空隙比及压缩波的初始波形等因素有关。该法弥补了特征线法的不足，具有便于模拟激波的传播、反射等优点，并且引入虚拟摩阻项，可较好地处理激波问题。但当管内压力下降到接近蒸汽气压时，该法的计算结果会不稳定，出现某些震荡。

有限元法对管系的缓慢瞬变流求解精度要求相当高，且计算时间短，其缺点是对于压力变化急剧的瞬变流，计算结果容易发散。

第五节　长距离供水工程水锤防护措施

研究水锤防护主要有两个思路：分别是消除水锤产生的条件和缓解水锤的压力；水锤防护的装置有阀门类、补水设备类等多种。近年来，针对长距离输水管线的特点和实际工程防护中存在的问题，也出现了不少新技术和组合工艺。

本节将对泵站工程中常用的水锤防护措施加以介绍，重点对长距离泵站输水工程防护措施的原理、边界条件、设计等方面进行研究，旨在对水锤防护措施的科学应用提供理论参考。

一、沿线管道纵向设计的水锤防护

只要是通过水泵打压的方式进行输水的，在输水管道内都会产水锤。特别是长距离的输水运输中，管道内的水体流速经常会发生变化。水流速度的改变也必然会引起管道内压力的大小变化，这就决定了水锤是不可能完全消除的。可以做的就是尽量削弱管道内部的这种压力的剧烈变化，从而消减水锤的破坏性。在实际的输水过程中，输水管道内是水气两相流，它们混合在一起运行。而气体的存在更容易形成水锤，这是研究人员所不希望的。因此，要结合输水管道的纵向布置情况，在每个较缓的驼峰处布置排气阀。最好在工程施工初期就研究计算好不同工况下的水流状态，为以后安装排气阀做好准备。在铺设输水管道时，水平段的排气问题尤为重要。这里没有先天的驼峰地势，没有制高点安装排气阀。因此，在施工时要人为地把管线布置成隔一段设置一个高点，用来安装排气阀。根据以往经验，水平段应该每隔 600～1000m 的距离设置一个排气阀。另外，由于水在管路内的状态十分复杂，因此排气阀的选择和安装非常重要，它直接影响管路内的排气情况。由于水流流态的复杂性，也就造成了排气的困难，因此不但要确定排气阀的合理数量、合适位置，还要对排气阀种类和性能高度重视。

二、停泵水锤防护分析

停泵时管路内水体流速发生极大变化，产生的水锤破坏力非常强，对水泵站和整个供水系统危害很大，并非常有可能引发安全事故。故对停泵水锤的防护一定要做到位，全面考虑，根据实际情况制定具体有效的防护措施来消除或者降低停泵水锤。

(1) 减压阀、恒压阀防护。减压阀的优点是它能有效消减水锤的破坏，缺点是输水管道完全放空，再次启动充水时非常困难，用时较长，并且具有一定的危险性；恒压阀的优点是始终保持管道满管水流，再次运行时打开阀门即可，非常方便，但易产生关阀水锤。在实际运行时多采用关闭下游出口阀的方法。

(2) 缓闭蝶阀防护。消减关阀水锤最简单有效的方法是延长阀门关闭时间，减缓水体流速的突然改变，让管道内压力平稳变化。这些方法包括采用双速阀门；在阀门处布置旁通管；对阀门最后 15%～20% 开度提供缓冲保护；在某些情况下，可以考虑安装进气阀或液压气室。这种延长阀门打开和关闭时间的方法对大型阀门来说是简单易行的。对长管道的水锤危害问题应进行专门研究，综合采用多种手段，期待开发出某些特种阀类产品。

三、分段减压消能

在长距离的供水管道中，由于管道的长度很长，每一段的压力变化都不相同，因此要进行分段减压才能够有效消除水锤。具体方法是：按照工程所铺设的管道长度，将其截取成若干个不连续的部分，在每个管道的末端都安装闸阀和消能设备，通过减压设施的调节来有效保证各段管道所承受的压差不会过大，这样很大程度上消减了水锤的压力，进而减弱了水锤对输水管道的损害。比如万家寨引黄工程在其连接段，就是将整个输水管线划分为三个区段，使得每段管道的最大工作压力不超过 1MPa。

泵站管道系统的设计应满足各种可能出现的正常和非正常运行工况下最大压力水头以及水泵转速的要求。为了减弱和防止水锤现象的发生，应注意合理布置管线、降低管中流速、合理选择防护措施、规范操作、加强管理等。目前常用的防护（减压消能）措施主要可归纳为以下几种类型。

（一）补水（补气）稳压类

1. 双向调压塔

双向调压塔是一个接到管路上的开敞式水塔，管道中压力降低时，调压塔迅速给管道补水，以防止或减小负压，避免出现水柱分离；水锤压力上升时管道中的水倒流入调压塔，可以减小水锤压力。双向调压塔工作可靠，完全可以保障沿线安全，但长距离供水工程往往流量很大，所需塔高和塔容也会非常大，严重受到地形、工程投资的约束，因此很少使用。可以考虑采用高度低很多的单向调压塔，结合安装与水泵并联的旁通管，起到类似双向调压塔的效果。最近，一种新型的箱式双向调压塔在具有传统双向调压塔优点的同时，大幅降低高度，一般仅 2～5m，从而降低了工程造价，扩大了使用范围。

2. 单向调压塔

单向调压塔（池）一般设于输水管线容易产生负压和水柱分离的特异点，如膝部、驼峰和主要高峰点，是一种用于防止管道产生负压、水柱分离且可靠经济的措施。相对于双向调压塔，单向调压塔费用低廉。目前，该措施是长距离输水工程最常用的水锤防护措施之一。

单向调压塔由一个调压室与辅助支管、阀件等组成，调压室通过注水管和逆止阀与泵站主管道相连接，逆止阀的启闭由出水管道的压力决定。其开启和关闭应有一定的启闭序列，需事先通过系统的水锤计算分析确定。逆止阀只允许调压室中的水注入主管道中，它是该系统的核心部件，需保证其准确而及时的启闭。另有一条上水管也将其与主管连接，在水泵启动或正常运行时自动给调压室里供水，以保证调压室内的设计正常水位，其供水量由上水管出口的浮球阀控制。

单向调压塔的具体工作过程是：水泵启动时，逆止阀处于关闭状态，并通过上水管立即向水塔充水，当水位达到设计标高后，上水管出口的浮球阀关闭；水泵运行中自动保持塔内水位。事故停泵后，当主管道的压力下降到设定水位时，逆止阀迅速打开，利用压差通过注水管立即向主管道补水，以防止管道中压力降低而产生水柱分离。

单向调压塔的尺寸应满足一定条件，即具有足够容积补充主管道内产生负压、气穴及水柱分离所需要的补给水量，同时使得调压塔内的水位总保持在补水管管顶以上，且具有一定的富余量。这是由于塔内水体是靠重力作用向管中补给的，如果该作用水头不够，则调压塔中的水向主管道补给过程不迅速，难以达到破坏水柱分离的效果。其尺寸的确定应根据无调压塔情况下的事故停泵水力过渡过程中的最大水柱分离量，初拟不同的调压室高度、直径、注水流量等参数进行组合，然后再通过计算机动态模拟，经过比较后确定。还应注意，调压塔对于出水管道的保护范围是有限的，一般是相当于塔内最高水位以下的管道部分。如果在此高程以上的管道还可能产生水柱分离，则应根据管道的纵断面及最低压力线情况装设两个或多个调压塔。总之，单向调压塔的装设位置、数量、容积、水位标高、注水管的尺寸及其水锤防护效果等，都应经过计算机动态模拟计算，经过比较才能最终确定。

3. 空气罐

空气罐是一种内部充有压缩空气的金属水罐，其顶部为空气，下部为水，一般安装于水泵出口附近的压力管道上。一旦发生事故停泵，管道中压力降低时，与管道连接的空气罐内空气迅速膨胀，下部的水在空气压力作用下迅速补充给主管道以减少负压，防止产生水柱分离；当管道中压力升高时，空气罐中气体被压缩，从而减小管道中压力的升高值。空气罐的优点是安全可靠，水锤防护效果好，在需要同时防护泵出口压力过高和压力过低的情况下所需容积比单向调压塔要小，其缺点是必须装设空气压缩机及与之相应的一套控制系统和辅助设备，同时需要经常维护，工程造价和维护费用相对较高。目前国内使用经验不多，国外应用较广，在高层建筑供水系统中有较好的前景。

4. 空气阀

长距离输水管道在开始输水、停止输水和流量调节及事故停泵的不同工况下，需将管内空气排出或将管外空气补进管内，使压力管道系统不受气体、水锤负压等的危害而安全运行的主要防护措施之一。空气阀原理很简单，就是通过进气和排气来维持管道内压力稳定，避免水流中断，也是最早使用的水锤防护设备之一。其具有安装容易、价格低廉等优点，现在几乎所有的输水工程都会使用到空气阀。《室外给水设计规范》（GB 50013—2018）中规定：输水管线竖向布置平缓时，宜间隔 1000m 左右设一处通气设施；但对于长距离管线，大量布置的空气阀不仅会给检修维护工作带来不便，还有计算表明，管线中第一个空气阀受后面水流影响，最大进气量可能过数百方，当局部管线起伏很小，大量积气无法有效排除时还会诱发新的水锤。同时，进排气补气阀也有其局限性，由于管道中允许吸入气体量是有限的，因此水锤防护作用也是有限的。另外，由于空气阀进、排气的阻力不相同，残留在管道中的自由空气可能又会形成新的气液两相流的过渡过程，故对负压持续时间长的系统应考虑其他措施或与其他措施配合使用。因此，需要严格计算阀的规格、数量和安装位置，慎重选用，新型的全压高速排气阀也可以提高防护性。单纯使用空气阀的水锤防护效果有限，实际工程中可以在泵后设置单向调压塔，并在管线最高点安装排气阀进行组合防护。

空气阀的作用归纳起来有三方面：一是空管道充水时及时排除管内空气，以免产生气阻而引发启泵水锤；二是管道在运行情况下，能随时排出水中逸出的气体，避免气体的聚集、扩散而使输水量下降、管道漏水或引发气爆型水锤；三是管道发生水锤事故产生负压时，能及时补充空气，不致负压过大而水柱分离。目前，我国市场上的常见的空气阀种类很多，根据的额定工作压力和进排气孔口尺寸大小，可分为低压、高压和复合式空气阀；根据其工作特性，可分为进气阀、排气阀和进排气阀；根据其结构形式，可分为浮球（筒）式、浮球（筒）杠杆式、组合式、气缸式排气阀。

以下按照结构形式分类法，对各种空气阀的具体构造、相应的工作原理和性能特点进行论述；同时也给出美国的分类标准，以作比较和参考。

(1) 浮球（筒）式。浮球（筒）式空气阀有单口式、双口式和复合双口式三种。

其工作原理和性能特点为：阀体内无水时，浮球落入护筒，排气口打开排气；有水时，浮球浮气堵住排气口，封住水流。气阀的开与闭取决于浮球的自重与所受的拖力。

此类阀门的大排气口（高速排气）部分在排气速度较快（高压气体）、气流少量带水雾、多个气囊和气柱相间（多段水柱）等对浮子能产生较高压力的情况下，不能连续排出气体，就会迅速关死，此时仅凭 3～5mm 小口排气，在这些情况下其有效排气量是很小的。因此，此类气阀当用作排气时，适宜设置在管道坡度较大的管段上，对于进气，无大的弊端。

(2) 浮球（筒）杠杆式。浮球（筒）杠杆式气阀是在浮球（筒）式空气阀的基础上改进而成，通过杠杆原理使其能在较大压力范围内排气。该阀性能良好，排气压力较浮球（筒）有较大提高（资料显示为 0.08MPa），唯一的缺点是有效进排气口径小，$DN>100$mm 时，其有效排气口径一般不大于 $DN/5$，进排气速度低。其适宜于进排气量不大的场合。

(3) 组合式。组合式是在浮球（筒）式和浮球（筒）杠杆式的基础上组合改进而成。在压力状态下用浮球杠杆式排气装置微量排气，大量进排气用浮球（筒）式装置。由于组合式中的浮球（筒）式装置放弃了压力下排气的功能，故可加大进排气口的尺寸，使得进排气速度有很大的提高。缺点是仍然没有解决高压状态下排出管路气体的问题。

(4) 气缸式。该阀由壳体、浮筒、排气口盖板、液压缸等组成。当阀体内存气时，浮筒下降，通过杠杆带动小阀芯动作，使液压缸有压，盖板在内压力的作用下开启，管道存气时即可高速排出，少量气体可通过微孔排出。当气体排尽后，浮筒上升，控制膜片的导管与大气相通，液压缸失压，盖板复位，封住排气口。当管内出现负压时，排气口盖板打开进气。

该阀大小排气口或仅大排气口的有效排气口径不小于 DN 的 70%～80%，能在较大压力（资料显示为 1MPa 以下）和任何水流状态下实现高速排气，且具有缓闭功能，少量气体可通过微孔排出，管道出现负压时可注气。

同以上类型阀门相比该阀是性能较好、适应面较广的一种阀型。

美国国家标准协会和给水工程协会的划分标准。在这里给出美国国家标准协会和给水工程协会对空气阀的划分标准，其共同制定的标准《供水用排气阀、空气/真空阀和组合式空气阀》(ANSI/AWWAC512) 可供大家参考。

该标准根据工作条件和阀的功能，把进排气阀划分为高压微量排气阀（小孔口阀）和低压高速排（进）阀（大孔口阀）两类。

在以上基础上定义了三种基本阀型：①排气阀（air-release valves），一种在管线或管道系统充水有压运行状态下，能够自动排放管道沿线某些较高位置聚集的小团空气的流体力学设备。②空气（真空）阀（air/vacuum valves），一种在管线或管道系统充水或排水过程中，能够自动排出或吸入大流量空气，靠浮力运行的流体力学设备。这种阀可以自动打开以消除负压，但当系统充水并有压运行时，将保持关闭状态，并不会开启排放空气。③组合式空气阀（combination air valves），同时具备排气阀和空气（真空）阀特性的设备。

（二）泄水降压型

泄水降压型水锤防护措施，主要有旁通管防护措施、水锤消除器、防爆膜、减压恒压阀等几种，以下分别作以简单介绍。

（1）旁通管防护措施。在进水池水位高、管轴线为倒坡泵供水系统中，水泵两端并联一根旁通管，事故停泵时，泵出口阀关闭，旁通阀门打开，水流可通过旁通管流入管道，在一定程度上保证水流的连续，提高停泵后水泵出水口的压力。对管线纵断面有凸部系统，水柱分离通常在某一凸部附近形成，且气穴会在一定范围内逐渐向高处波及，形成气穴流，当管路水流发生倒流后，气穴体积将迅速减小直至溃灭，产生很高的水柱弥合水锤，如能在水柱分离段的末端布置一逆止阀和旁通管，则可减小水柱弥合的升压和减小下游其他部位的水力波动。其原理为逆止阀和旁通管作为管路中的阻力部件，一方面阻止了倒流流量，削弱了水流对气穴的冲击，从而减小了弥合升压：另一方面，通过倒流释放能量削减了关阀水锤压力的幅度。

（2）水锤消除器。水锤消除器是最早使用的水锤防护设备之一，其主要原理是依靠挤压活塞、膨胀内胆、泄压放水等措施来降低管道压力。该设备主要防止停泵水锤，一般安装在水泵出口管道附近，利用管道本身的压力为动力来实现低压自动动作，即当管道中的压力低于设定保护值时，排水口会自动打开放水泄压，以平衡局部管道的压力，防止水锤对设备和管道的冲击，目前主要有下开式停泵直接水锤消除器、自动复位水锤消除器、自动复位的下开式水锤消除器、气囊式水锤消除器四种。水锤消除器的压力适应范围较小，对大流量管线的调压效果也不好，长距离供水工程中已不再使用。水锤消除器实际上是具有一定泄水能力、并适合于泵站停泵水锤压力变化过程的安全阀。其基本原理是在水泵断电后，管路中出现低压的短促时段内，水锤消除器阀门迅速动作，呈开启状态，待倒泄水流到达，管道产生突然压力升高的瞬间，迅速按照要求释放部分管道中的压力水，以缓冲压力上升，从而达到防止水锤的目的。

（3）防爆膜。在需要保护的管道上用一支管连接，并在其端部用一塑性金属膜片密封，当管中升压超过预定值时，膜片爆破，泄掉一部分高压水，以保证主管道的安全。防爆膜可以起到水锤防护的效果，一般用于小流量、高扬程的泵站，作为其他防护措施的后备保护。

（4）减压恒压阀。减压恒压阀的工作原理是当阀后压力超过预先设定的值时，阀门的过流面积减小，局部损失增大，阀后压力慢慢降低到设定值；当阀后压力低于设定值时，阀门的过流面积增大，局部损失减小，阀后压力逐渐升高到设定值。减压恒压阀结构合理，安全可靠，故障率低，稳压效果好，既可减静压也可减动压，在长距离供水工程不便于设置调压池的坡段，有很广泛的应用价值，超压泄压阀也有类似的防护效果。

（三）控制流速类

阀控制是水锤防护最普遍、最常用的措施。所用阀通常有液控蝶阀、缓闭逆止阀、快闭止回阀、多级止回阀、水力控制阀等。其中，蝶阀是事故停泵中最主要的控制水力过渡过程的可控阀设备，原因在于它是目前比较容易控制关闭速度的一类阀门，在水泵启动时能够先慢后快地自行开启；当事故停泵时，阀门可以按预定的程序和时间自动关闭。这样不论是在正常启闭水泵过程中，还是在事故断电过程中，既能减弱正压水锤，又可限制倒流流量和倒转转速，从而既具备泵出口控制阀门的作用，又具有止回阀和水锤防护的作用。

（1）两阶段关闭液控蝶阀。两阶段关闭液控蝶阀在事故停泵时，会在液压下自动地快关至某一大的角度，余下的角度则以相当慢的速度关完，这就是所谓的两阶段关闭过程。它之所以能有效控制事故停泵水锤，与此时水泵处的水流特性密切相关。停泵后管路中的水流先由正向流动快速减小到零，然后会在重力的作用下开始倒流。若在停泵开始到零流速之前这段时间，将阀门以较快的并对应于流量下降速率的速度关闭到一个较大的角度，这样既能使阀前后降压减少（其原因在于蝶阀在达到大关闭角度之前其水力局部阻力系数都相当小，另外水泵的流量又在快速减小，从而过阀水头损失很小），又能在时段末使阀板到达一个能产生较大的阻力位置，为后阶段运作提供基础。而当水流开始倒流时，蝶阀再在前一阶段的基础上缓慢关闭，水流部分仍可以倒流，这样既限制了倒流流量和机组倒转速度，又可使阀后水锤升压减小。

（2）缓闭止回阀。缓闭止回阀是一种通过延长闭阀时间，降低倒流流速来减小停泵水锤的止回阀。目前常用的有自动保压重锤式和蓄能罐式两种缓闭止回阀。缓闭止回阀仅对停泵水锤有较好的防护效果，对于长距离管线中常出现的断流弥合水锤的防护则十分有限，必须和调压塔、空气阀等措施组合使用。

（3）快闭止回阀。快闭止回阀的原理是在停泵时阀板几乎同时关闭（一般为 0.25s 以内），依靠阀板支撑住回流水柱，使其没有冲击位移，从而避免产生停泵水锤，常见的有升降式和旋启式两种。快闭式止回阀结构复杂，生产要求高，在国内工程中使用较少。两种止回阀相比，前者用水锤发生时的缓冲来降低水锤，而后者则是在水锤还来不及产生时即关闭从而防水锤，后者更加可靠。随着生产工艺的进步，快闭止回阀将逐渐取代缓闭止回阀成为主流。

（4）多级止回阀。在较长的输水管路中，增设一个或多个止回阀，把输水管划分成几段，每段上均设止回阀。当水锤过程中输水管中水倒流时，各止回阀相继关闭把回冲水流分成数段，由于每段输水管（或回冲水流段）内静水压头相当小，从而降低了水锤升压。此项防护措施可有效地用于几何供水高差很大的情况；但不能消除水柱分离的可能性。其最大的缺点是正常运行时水泵电耗增大、供水成本提高。

（5）水力控制阀。水力控制阀是一种采用液压装置控制开关的阀门，利用水泵出口与管网的压力差来实现自动启闭。阀门上一般装有活塞缸或膜片室，控制阀板启闭速度，通过缓闭来减小停泵水锤冲击，从而有效消除水锤。水力控制阀是一类兼具电动阀、缓闭止回阀和水锤消除器功能的新型阀门，在实际工程中的推广应用值得期待。

（四）其他防护措施

（1）惯性飞轮。惯性飞轮安装在水泵机组转动部分。在水泵机组主轴上增设惯性飞轮是为了加大水泵机组转动部分的转动惯量，以延长水泵机组的正转时间，有效避免管路中流速和水压的急剧降低、改善水锤压力的剧烈波动状况，从而在一定程度上削弱负压，防止水柱分离现象的出现。其原理是：水泵机组失电后，当机组轴上所受减速阻矩一定时，角速度与转动惯量成反比关系，即转动惯量越大，机组转速下降速率越小，可以避免停泵时水泵转速的急剧下降，防止水柱分离，从而降低水锤压力。因此，增设飞轮是一项带有治本性质的重要措施。但是安装惯性飞轮的缺点明显，要使管线不出现负压，水泵机组的转动惯量至少需要加大50倍，但过大的转动惯量又会给水泵启动带来困难，当其尺寸比水泵尺寸大很多时，往往也会带来安装、维护和空间上的问题。目前只在一些小流量短距离供水系统中有使用。

（2）PLC自动控制系统。通过检测管网压力，反馈控制水泵的开、停和转速并进行调节，进而控制流量使压力维持在一定水平，控制微机设定机泵供水压力，保持恒压供水，避免过大的压力波动。PLC自动控制系统可以从根本上减小水锤产生的概率，是水锤防护研究的未来方向。

（3）减压水池。对于长距离供水工程，利用减压水池对管线进行压力分级也是一个很好的防护思路。根据水锤的发生机理，缩短管道长度可以使管道进水口反射回来的水锤波较早地回到管道末端，从而减小水击压力。将长管线“化整为零”在技术上易于实现，且不依赖于人为操控而具有较高的工程可靠性。减压水池将长距离管道分成几个较短的管道，简化了输配水条件，降低了水锤发生的可能性。同时，管道分段减压不但能够有效降低管道静水压力、降低管材耐压等级和工程造价，而且能够有效防止因地形高点引发的断流弥合水锤。

第六节　本　章　小　结

水锤对输水系统危害巨大，在实际工程中应就不同水锤的成因特点，采取有针对性的防护措施。面对越来越复杂的长距离供水工程，有时传统、单一的水锤防护已难有很好的效果，水锤联合防护措施与单一水锤防护措施相比，不仅防护效果更为可靠，而且能够大大减小工程初期投资和后期运维成本，具有更好的可行性和经济性。因此必须综合考量各项措施，采用效果最好、经济效益最高的防护措施。同时，在设计阶段就应考虑到水锤因素，运行期间加强操作规范和设备维护，从而降低水锤发生的可能性，确保供水系统的安全稳定。

第四章　供水工程管道充水过程基本理论

输水管道在首次投入使用和运行维修时需要进行充水操作，使整个管网充满水并将管内的空气排出，此过程涉及复杂的气液两相流的瞬变过程，特别是在地形较为复杂的长距离大规模供水工程中，地势的不断变化使得管线布置蜿蜒起伏，充水时管道内的气液两相流流动情况更加复杂。如果不对充水过程加以控制，不仅会造成管内水压和气压的剧烈变化，还可能因排气不彻底而使得管内残留气泡、气囊等，对供水系统的安全运行造成极大威胁。目前，有关充水方面的研究尚不完备，充水时大都采用较为保守的充水速度，虽然可保证工程安全，其充水过程往往需要十几天甚至几十天才能完成，大大降低了经济效益，而在没有经过合理的论证计算时采用过快的充水速度又会使得压力剧烈波动而造成管道破坏。因此，对有压管道充放水过程进行研究，为工程提供高效安全的充放水方案，具有重大的意义。本章将介绍充水计算的基本理论的发展以及计算流体动力学（computation fluid dynamics，CFD）在充水过程数值模拟中的应用现状。

第一节　充水基本过程

供水工程中管道的布置形式一般分为正坡布置、负坡布置和水平布置三种。对于正坡布置的管道来说，其充水过程中水流流态较为简单，管中水深平稳上升，直至到达管顶。而负坡布置和水平布置的管道充水过程中的水流流态就较为复杂。对于长距离供水工程管道的初次充水，美国水行业协会（American Water Works Association，AWWA）指出管道充水过程中 0.3m/s 以下的充水速度为绝对安全速度，不会发生水锤造成管路破坏。一般来说可以适当加快充水速度从而提高充水效率，但不应超过 0.6m/s，否则充水后管内可能会滞留过多气体，影响运行安全。长距离供水工程的管道内径一般较大，大多能达到 1m 以上，因此在规范的充水速度下管道中水流处于低速流状态，要经历无水、漫流、无压流、明满流、有压流这几种流态。

漫流是指充水的起始阶段，管道内一部分有水，一部分无水的状态。当水流到达下游堵头时，管道内水流状态为明渠流状态，水深逐渐增加。当下游堵头处壅水直至水深达到管顶部时，形成有压流，而上游仍然保持明渠流状态，这一过程称为明满过渡流。随着充水过程持续进行，有压流和无压流的交界面会不断向上游移动，直至整个管道为有压状态，充水过程结束。在这几种流态中，漫流和无压流可以被视为明渠流，采用圣维南方程进行求解；有压流即管道充满后运行的状态，可以运用特征线法进行求解。因此明满流的求解成为了充水过程中最为关键的环节。

根据明满流转化过程中过渡界面的性质可以将充水界面分为两类：正界面和负界面。正界面是当管道中的水流从明流向有压流转变时所产生的过渡界面。随着充水过程的进行，正界面从有压流的一侧向明流的一侧移动，因此根据运动方向的不同，又可以分成向上游运动和向下游运动的正界面。移动的正界面如图 4-1 所示，图中大箭头方向为水流流动方向，W 箭头代表界面运动方向。

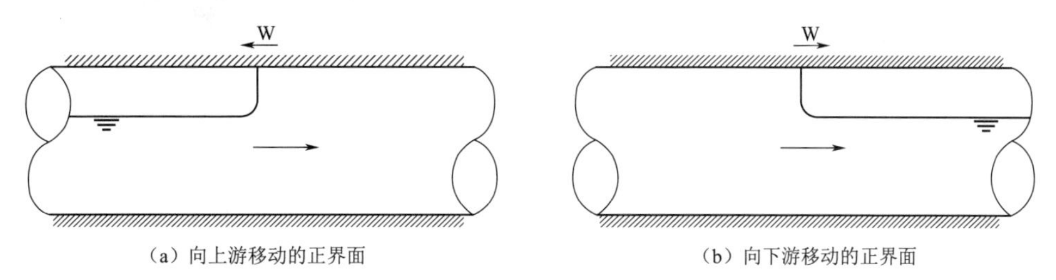

（a）向上游移动的正界面　　（b）向下游移动的正界面

图 4-1　移动的正界面

如图 4-1 所示，初始状态管道内水流为明流，箭头的方向指示的是水流流动的方向。如果下游因汇流壅水等原因先形成有压流，就会生成明流向有压流过渡的过渡界面，这时界面的运动方向是指向上游的。若上游由于来流量的增加或者汇流壅水等的原因先形成有压流，也会形成明流向有压流过渡的界面。这时界面运动的方向是指向下游的，与前者正好相反。

负界面是指管道中的水流从有压流向明流进行过渡时所产生的界面。负界面从明流的一侧向有压流的一侧移动，和正界面类似，根据有压流运动方向的不同同样可以分成向上游运动和向下游运动的负界面。负界面往往出现在管道的放水过程中，而在充水过程中较为少见。移动的负界面如图 4-2 所示。

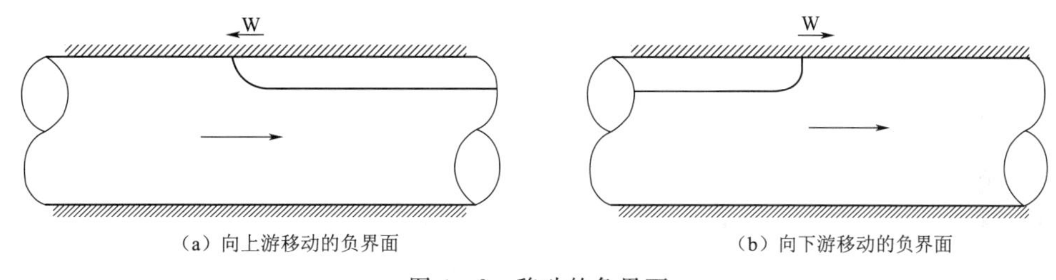

（a）向上游移动的负界面　　（b）向下游移动的负界面

图 4-2　移动的负界面

在进行充水过程的数值模拟时，最主要的是要解决明满流的问题，围绕这一问题主要形成了三个主要的思路：第一种思路是把明满流忽略，直接将管道内水流分为有压流和无水部分，典型的方法包括刚性水柱法和界面追踪法；第二种是把整个管道当作明渠流来处理，即窄缝法；第三种是把有压流、明满流、明渠流分别计算，即激波拟合法。这些方法都属于一维的数值计算方法，已经被广泛地应用于工程计算中。除了一维计算方法外，基于 CFD 的三维数值模拟逐渐被应用于充水过程的计算和分析。

第二节　充水过程一维数值计算模型

管道充水过程瞬变流的计算模型主要包括：稳态模型和动态模型两大类。稳态模型是假设管道中水流速度、压力等特征量不随时间改变，它只适用于充水速度很低、流量较小的管道，但对于大型的供水调水工程，其管道流量流速一般较大，因此一般不采用这种模型。在实际工程中应用较为广泛的是动态模型。动态模型的管道内水体流速和压力与时间有关，具体包括准稳态模型、刚性模型和弹性模型。其中准稳态模型计算精度最低，弹性模型最高但计算速度最慢。近些年来，得益于计算机技术的飞速发展，刚性模型和弹性模型得到了广泛的应用。下面主要介绍了几种不同的一维模拟方法。

一、刚性水柱模型

刚性水柱模型是由 Liou 和 Hunt 于 1996 年提出的，此模型将管道内的水柱视为一个在管道内做加速或减速滑移的刚体，忽略了水体的压缩性和管壁弹性，管壁摩擦系数为定值，实际情况中，干燥壁面和湿润壁面的管道摩擦系数并不相同，干燥时摩擦系数更大，因此这种模型下水流的初始流速往往高于实际值，导致在充水初期的误差较大。针对这一问题，有学者对动量方程压力项进行了改进，使得模型精度有所提高。刚性水柱模型自提出以来，已有许多学者采用此模型对各式各样的管道系统进行过充水计算，并与物理实验结果进行了对比，验证了刚性水柱模型的实用性。刚性水柱假设如图 4-3 所示。

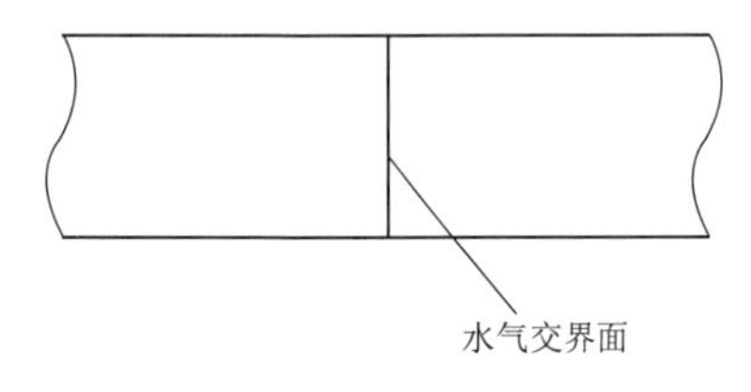

图 4-3　刚性水柱假设

由于刚性水柱模型将水流运动看作是刚体运动，因此模型只能求解出水柱的整体速度以及在不同管道连接点的压力，不能计算出管道内部节点压力。并且在管道内含有气囊，液柱分离的情况下，刚性水柱模型的假设不成立，不再适用。虽然目前有更为精确的弹性水柱模型，但刚性水柱模型因其计算简便、速度快，在负压不严重的管道系统中仍有采用。但是对于长距离供水工程而言，充水过程中往往会伴随着气囊的出现，无法采用刚性水柱模型进行计算。

二、窄缝法

刚性水柱模型由于其假设条件较为苛刻，在很多情形下并不适用。在管道充水流速较小且管径较大的时候，其水气交界面几乎平行于管轴线，与刚性水柱模型中水气交界面垂直于管轴线的假设大相径庭，此时刚性水柱模型精度不再满足要求。20 世纪 60 年代开始，有学者针对充水过程数值模拟的问题，提出了一些数学模型，这类数学模型考虑到了水体的可压缩性，也被称为弹性水柱模型。弹性水柱模型能够反映水体中压力波的传播过程，因此能够得到整个管内水流的压力变化情况。窄缝法最为经典的弹性水柱模型。

窄缝法是 Preissman 于 1961 年提出的一种用于计算明满交替流的方法。该方法假设管道内有压流部分上方有一条很窄的缝，在管道内出现有压流时，自由水面能够通过狭缝升高到管顶以上，此时有压流的压力能够用狭缝内的水头进行表示。窄缝法示意图如图 4-4 所示。

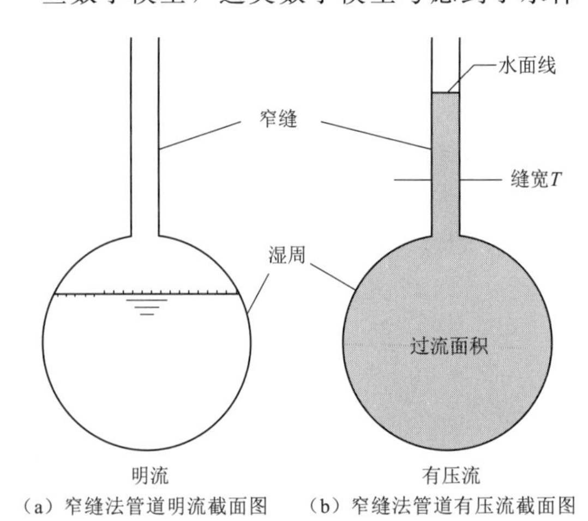

（a）窄缝法管道明流截面图　（b）窄缝法管道有压流截面图

图 4-4　窄缝法示意图

“窄缝”假设使得有压流转化为无压流，

这样整个管道就可以利用明渠流的控制方程——圣维南方程组进行求解，并且不用考虑明满交界面。窄缝法的名字是来自于“窄缝”的假设，但它本质上还是在于求解明渠流。圣维南方程组是明渠非恒定渐变流基本微分方程组。它是由连续性微分方程式和运动（能量）微分方程式所构成。

连续方程

$$\frac{\partial Q}{\partial x}+\frac{\partial A}{\partial t}=0 \tag{4-1}$$

运动方程

$$\frac{\partial Q}{\partial t}+\frac{\partial}{\partial x}\left(\frac{Q^2}{A}\right)+gA\frac{\partial h}{\partial x}=gA(S_0-S_f) \tag{4-2}$$

式中　A——过水面积；

Q——流量；

h——水深；

S_0——管道的底面坡度；

S_f——管道的摩阻坡度。

圣维南方程组主要通过数值方法求解，比较常采用的有直接差分法、特征线法和有限元法这三种。其中，由于有限元法主要针对的是边界复杂、水面宽阔的二维水流，比如河口、海湾的潮汐流的计算，对于管道中一维非恒定流的计算，主要采用的是前两种方法。特征线法多用于有压管流的求解，对于充水过程的计算，目前应用较多的是直接差分法。

直接差分法是在计算过程中，用偏差商来近似替代偏微商，把微分方程组简化成对应的差分方程组，再引入初始条件和边界条件来进行数值计算的方法。计算结果的精度主要由差分格式的选择、计算时间、空间步长来决定。比较常用的一种直接差分法是四点隐格式，即 Preissmann 格式。由于这种方法结构相对简单，结果稳定，因此在一维明渠非恒定流的数值模拟中应用广泛。天津大学杨敏等采用 Preissmann 四点隐式差分格式，结合虚拟流量法对有压管道充水过程进行了模拟充水过渡过程数值仿真模拟，验证了用 Preissmann 格式进行窄缝法计算的可靠性。Preissmann 四点隐式示意图如图 4-5 所示。

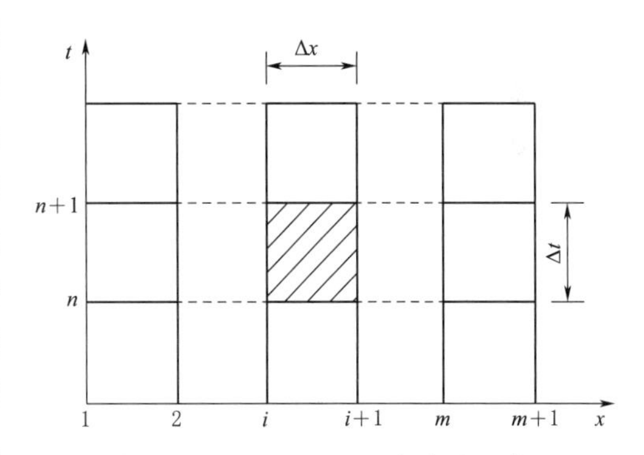

图 4-5　Preissmann 四点隐式示意图

尽管窄缝法已被广泛采用，但它也有其局限性。按照窄缝法的假设，当管内水流的压力水头小于管顶高度时，管内水深应该小于管顶，有压流转化为明渠流，但实际上因为管道上方是封闭的，空气无法进入，管内水流仍然为有压流的状态，因此窄缝法不能处理含气泡的问题以及管内负压的问题。不过针对此类问题，国外有一些学者做了相关的研究进行改进。例如，Vasconcelos 从离散格式和动量方程压力项的角度对窄缝法求解过程进行了改进；Leon 采用二阶 Godunov 法对圣维南方程组进行求解，有效地模拟了管道中出现的负压。窄缝法的另一个问题是没有对激波进行处理，在管内压力波比较剧烈时此方法会很不稳定。C. S. Song 曾采用窄缝法对纽约一个管道进行过数值模拟，结果发现当水波波速超过 61m/s 时，窄缝法几乎完全失效。此外，在使用窄缝法时关于窄缝宽度的合理选定也是一个问题。当窄缝过宽时窄缝里的水体积便无法被忽略，从而导致质量守恒和能量守恒方程精度不够；如果窄缝宽度取得过小，会导致对于窄缝法改进方面的问题。

值得一提的是，窄缝法虽然解决了充水过程中明满流的模拟问题，而对于漫流阶段，即管道内部分有水部分无水的阶段，则需运用虚拟流量的假设。虚拟流量法是由杨开林在解决万家寨引黄入晋输水工程时提出的。虚拟流量法是设想无水部分存在一股很小的水流，其流量只有额定流量的 1/100 甚至 1/1000。因为虚拟流量不是真的流量，所以明显可知虚拟流量取值越小，其计算结果也越接近真实情况。但是虚拟流量也不能取得过小，以免计算结果不收敛。此外，在计算时要对最小水深做出限制比如限制在 0.01m，如果某一迭代步计算出的水深小于 0.01m，则替换为 0.01m 再带入下一步计算。

虚拟流量法和窄缝法使得充水阶段的全过程转化为明渠流，这样使得充水过程的计算格式变得简洁，计算速度也比较快，因此虚拟流量法和窄缝法被广泛应用于长距离供水工程管道充水的模拟。

三、界面追踪法

界面追踪法是把刚性水柱模型和弹性水柱模型相结合的一种方法。界面追踪法的主要特点是对管道充水过程中水气交界面的及时定位，从而把管道充水过程分为水气交界面、有压管流和管道气体流三部分，界面追踪法示意图如图 4-6 所示。图 4-6 中通过分别建立水气交界面动态控制方程、有压管流特征线方程和管道气体流的气体特性控制方程，形成管道充水模型的整体框架。

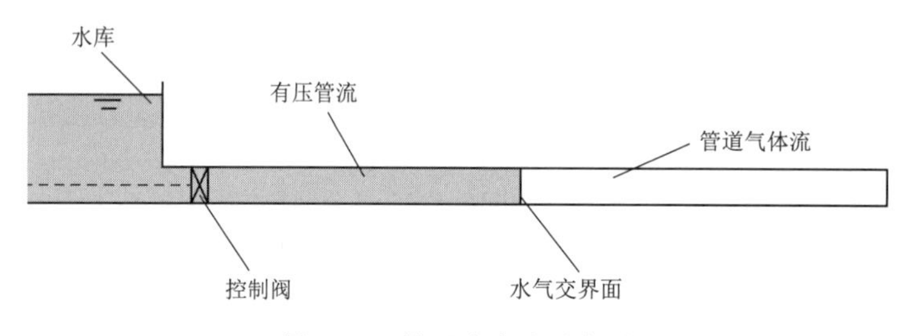

图 4-6　界面追踪法示意图

需要强调的是，应用界面追踪法时，通常还需建立如下数学假设：

(1) 水气交界面垂直于管轴线。

(2) 除了紧靠充水前缘的水柱外，其他整个水柱不再视为刚体，而是略微可压缩。

(3) 恒定摩擦系数应用于非恒定流计算。

(4) 管道气体流受膨胀压缩时满足热力学多变过程方程，且气团内的相对压力处处相等。

其中，对于第 (1) 条假设，在快速充水的管路系统是可以接受的，并且水气交界面沿管线的空间尺度相比于整个充水水柱的比例是可忽略的；对于第 (2) 条假设，可利用弹性水柱模型对有压管流进行更为准确的瞬变流计算；对于第 (3) 条假设，是目前管道充水模型中常采用的处理摩擦项的方式；对于第(4)条假设，将管道充水过程中的滞留气体看成惯性气体来简化模型。

界面追踪法计算示意图如图4-7所示。图中水气交界面所在的计算单元沿管长方向可建立该控制体积内水体的连续方程式和运动方程式，即

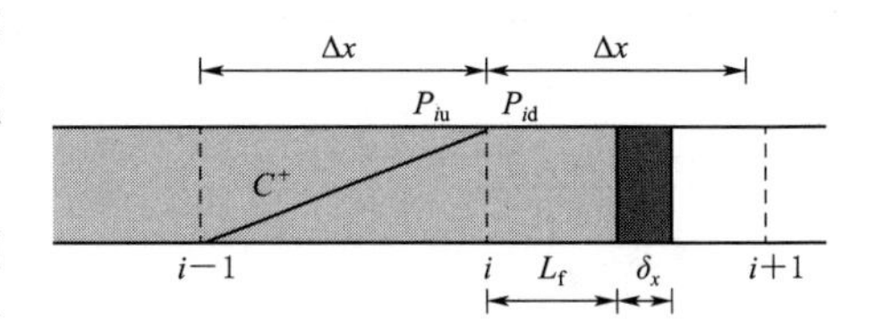

图4-7　界面追踪法计算示意图

$$\dot{m}_{in}-\dot{m}_{out}=\frac{m_{t+\Delta t}-m_t}{\Delta t} \tag{4-3}$$

$$F_g+F_P-F_f=\frac{(mV)_{t+\Delta t}-(mV)_t}{\Delta t}+(\rho QV)_{out}-(\rho QV)_{in} \tag{4-4}$$

式中　$\dot{m}_{in}$、$\dot{m}_{out}$——流入和流出控制体积的质量通量；

m_t、$m_{t+\Delta t}$——相邻两时刻对应控制体积内的水体质量；

Δt——时间步长；

F_g、F_P、F_f——作用在控制体积内水体的重力、净压力和摩擦阻力；

$(mV)_t$、$(mV)_{t+\Delta t}$——相邻时刻对应控制体积内的水体动量；

$(\rho QV)_{in}$、$(\rho QV)_{out}$——流入和流出控制体积内的水体动量通量。

对于已充满水的管道截面，采用标准一维非恒定流的运动方程和连续方程，即

$$g\frac{\partial H}{\partial x}+\frac{\partial V}{\partial t}+\frac{fV|V|}{2D}=0 \tag{4-5}$$

$$\frac{a^2}{g}\frac{\partial V}{\partial x}+\frac{\partial H}{\partial t}=0 \tag{4-6}$$

式中　x——空间距离；

t——时间；

v——管道内水体流速；

a——水锤波速。

对式(4-5)、式(4-6)进行线性组合，可得两对常微分形式的特征线方程组和，即

C^+：

$$\begin{cases}\dfrac{g}{a}\dfrac{\mathrm{d}H}{\mathrm{d}t}+\dfrac{\mathrm{d}V}{\mathrm{d}t}+\dfrac{fV|V|}{2D}=0\\[2mm]\dfrac{\mathrm{d}x}{\mathrm{d}t}=+a\end{cases} \tag{4-7}$$

C^-：

$$\begin{cases}-\dfrac{g}{a}\dfrac{\mathrm{d}H}{\mathrm{d}t}+\dfrac{\mathrm{d}V}{\mathrm{d}t}+\dfrac{fV|V|}{2D}=0\\[2mm]\dfrac{\mathrm{d}x}{\mathrm{d}t}=-a\end{cases} \tag{4-8}$$

界面追踪法与传统的刚性水柱模型一样，因为假设具有垂直的水气交界面形态，所以与实际充水过程中交界面的形态有所差异。但对于管径较小且长度较长的管道，其充水前

缘占整个管道的相对长度较小，故误差在可以接受的范围内。但是对于含有分支的复杂管路系统，需要追踪的界面数量也会增加，这极大增加了计算难度和工作量。因此，截至目前界面追踪法仍处于不断研究完善当中。

四、激波拟合法

对于混合流动的管道而言，水力特性在明流和满流的分界面上将会发生突变，如果把界面追踪法的思路应用于明满流，将追踪对象改为明满交界面，把明流段和满流段分开进行计算，这就形成了激波拟合法。激波拟合法给求解混合流动问题提供了一种新的途径，可以对负压和挟带气泡的运动进行处理。这种方法是将明流与满流看作两个单独的流动区域，分别用明流和有压流的方法进行计算。这就意味着两种流态的交替界面是一个内部的移动边界，需要引入一些未知的变量，一般是界面的位置和移动速度。这种方法求解管道明满流同气体动力学中的激波拟合方法比较相近。

激波拟合法示意图如图 4-8 所示，可以看到，管道被分为明流、有压流和明满过渡流三个部分。Δx 是断面 1 和断面 2 之间的长度，即跨界面的空间步长，断面 1 位于过渡界面明流的一侧，它的水力要素主要有断面的平均流速 V_1 和断面的水深 h_1，断面 2 位于过渡界面有压流的一侧，它的水力要素主要有断面的平均流速 V_2 和断面处的压强水头 H_2，其中，w 是过渡界面的行进速度。

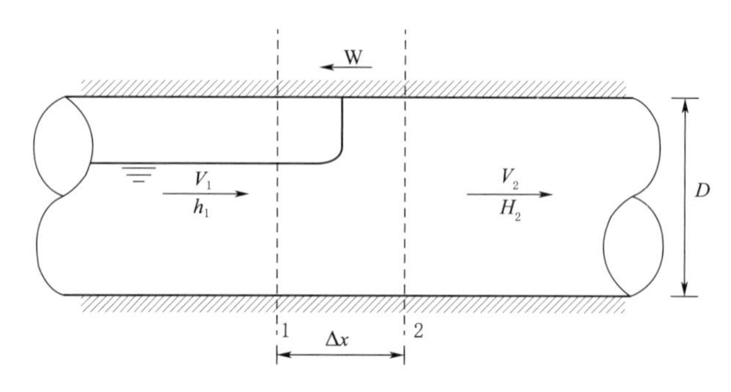

图 4-8　激波拟合法示意图

计算时，过渡区两侧的明流和有压流可以对于断面 1 左边的明流区以及断面 2 右边的有压流区均可采用特征线法来进行求解。对于中间的过渡界面一段主要的未知量有明流流速 V_1 和水深 h_1，有压流流速 V_2 和压强水头 H_2 以及界面的行进速度 w 这 5 个未知量，故需要 5 个方程求解。

断面 1 和断面 2 的正特征线与负特征线与过渡界面的计算是无关的，这样就得到两个断面的两个特征线方程，表示为

$$(h_{P_1}-h_{L_1})+c_{L_1}(V_{P_1}-V_{L_1})/g+c_{L_1}(S_f-S_0)_{L_1}\Delta t=0 \tag{4-9}$$

$$(H_{P_2}-H_{R_2})-a(V_{P_2}-V_{R_2})/g-a(S_f-S_0)_{R_2}\Delta t=0 \tag{4-10}$$

式中　下标 P——待求时层的量；

下标 1、2——对应断面 1、2 的变量。

如果将图示结构置于一个以速度 w 向右运动的坐标系中，则在该系统中过渡界面是静止的，这样又可以得到以下三个方程：

质量守恒方程

$$(V_{P_1}+w)A_1=(V_{P_2}+w)A_2 \tag{4-11}$$

动量方程

$$\overline{h}_{P_1}A_1-(H_{P_2}-\overline{D})A_2=(V_{P_1}+w)A_1(V_{P_2}-V_{P_1})/g \tag{4-12}$$

能量方程

$$\frac{(V_{P_1}+w)^2}{2g}+h_{P_1}=\frac{(V_{P_2}+w)^2}{2g}+H_{P_2}+h_L\frac{V_{P_1}+w}{|V_{P_1}+w|} \tag{4-13}$$

式中　$\overline{h}_{P_1}$——从断面1处的水面到过水断面形心之间的距离；

$\overline{D}$——管道断面的形心到管底之间的距离；

h_L——水头的损失。

以上三个方程中前两个方程可直接用于界面求解，但能量方程中由于含有未知量 h_L，不能运用。通过水力学推导可知明流一侧负特征线不与界面运动轨迹相交，因此可在界面求解过程中再加一个特征线方程：

$$(h_{P_1}-h_{R_1})-c_{R_1}(V_{P_1}-V_{R_1})/g-c_{R_1}(S_f-S_0)_{R_1}\Delta t=0 \tag{4-14}$$

通过联立以上5个方程就可以对明满流进行求解，通过上述分析可知激波拟合法需要追踪和计算界面，数据量大而且计算复杂，但激波拟合法能真正合理有效地模拟出明满流交替过程中的正压和负压的变化情况。

第三节　充水过程运动特性与规律分析

一、水流运动特性

在开始充水之前，认为整个管道是空的，里面没有水的存在，从初始时刻起，水体流入管道，并且在自身重力作用向下游流动，此时管道里面一部分有水而另一部分则无水，此状态被称为漫流状态；水流流至管道末端之后水面开始水平上涨，随着水流的不断流入，管内水位逐渐上升，当上升的水面接触到管顶之时，则出现明满过渡流；当管道的坡度小于0时，明满流的分界点是随水位的不断上升而逐渐向管道的进口处移动的，当此分界点到达管道的首端之时，则认为整个管道被水充满，此后整个管道处于有压状态。当某一管段进入正常运行状态之后，便可进行闸门开启等水力控制操作，在保证此段处于正常运行的前提下再对下一管段进行充水。

采用较小的流量对即将投入运行的管道进行充水，不但可以避免管道发生水击破坏，而且可以大大节约管路的排气设施。根据管道充水过程的特点和所涉及管线本身的具体情况，建立了管道上坡段依次水平上涨和下坡段水流下泄的充水物理模型，以此来分析管道充水过程中管内水流的运动特性。所谓“依次水平上涨”指的是当水体从管线高点下泄至管线低点之后，水位开始水平上涨。以下弯管段为例，当管中的水位上涨到高于右高点的时候，水体开始向下游（与此段下弯管段连接的下坡段）溢出，此时上游水位保持相对不变的状态，下游水位水平上涨，同理可得，当下坡段的水位上涨到与此段下弯管段右高点相平的时候，水位连同下弯管段的水位同时水平上涨，当下弯管段中的水位上涨到与左高点相平的时候，此后本管段中的水位连同上游管段中的水位水平上涨，同理，当最末端的管段被水充满之后，水体不断水平上涨直至充满整个输水管道，至此充水过程结束。

为了更好地说明充水过程中管内气液两相流的运动特点，下面以两个相邻高点之间的下弯管段为例，给出管道充水过程不同阶段的示意图，如图 4－9～图 4－12 所示。

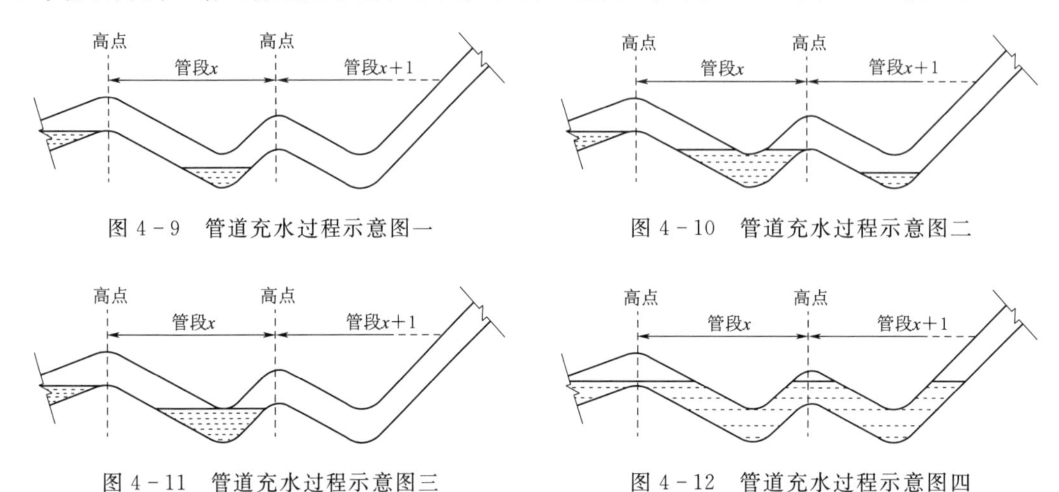

图 4－9　管道充水过程示意图一

图 4－10　管道充水过程示意图二

图 4－11　管道充水过程示意图三

图 4－12　管道充水过程示意图四

如图 4－9 所示，当水位在下弯管段 x 最低点和最低点的顶壁面之间水平上涨时，管内的气体是连通着的，整体形成一个气囊，气体主要由 x 和下游的 $x+1$、$x+2$、…管段所配置的空气阀排出，随着水位的水平上升，管内的气体体积逐渐减小，假设此阶段空气阀暂时不对外排气，则根据气体质量守恒，管内气体密度和压力增大，这样管内外就产生了压力差，此时空气阀再在内外压差的作用下向外排气，使得管内气体质量减小，随之气体密度和压强也相应减小。

如图 4－10 所示，随着充水过程中水位的继续上升，当水位超过管段 x 最低点的顶壁面之后，此时连通着的气体便被水体分割开来，形成左右两个相互独立的气囊，左侧气体由 x 左端管道所设置的空气阀排出，右侧气体由 x 右端管道所配置的空气阀排出。需要注意的是，此时管道中已经出现水气相间的现象，倘若气体不能被及时排出，可能会造成因气团阻水而导致的管道输水能力下降、能耗增加甚至危害管道运行安全的事故，因此要特别注意空气阀的排气问题。

如图 4－11 所示，随着水位的不断上涨，当水位超过管段 x 右高点的底壁面时，水体开始下泄至 $x+1$ 的最低点，之后水位在 $x+1$ 内水平上涨，此时 x 内水位保持不变，在 $x+1$ 内的水位上涨到其最低点顶壁面之前，x 右侧的气体仍然是连通着的。

如图 4－12 所示，当 $x+1$ 内的水位上升至其最低点顶壁面之后，x 右侧的气体又被水体分割成两个相互独立的气囊，至此，整个管内的气体已经被分为三个压力不同、体积不同、密度不同的气囊，这三部分气体分别由各自范围内所设置的空气阀排出，当 $x+1$ 内的水位超过 x、$x-1$、$x-2$、…的右高点底壁面时，$x+1$ 内的水位将连同 x、$x-1$、$x-2$、…内的水位同时水平上涨，如果某段管段内的水位超过其左高点和右高点的顶壁面，则表示此管段已经充满。

二、管道内水深增长规律

管道内水深是衡量充水进度的一个重要指标，掌握了管道内水深与充水时间的关系，便可以对管道的充水所需时间和空气阀的关闭时刻进行预测，管道内水深增加引起工作空气阀数量的改变如图4-13所示，某一段管道上总共安装了m个空气阀，在某一时刻管内水深介于第n个空气阀与第$n-1$个空气阀之间，此时这段管道下游的$n-1$个空气阀关闭，发挥排气作用的只有上方的$m-n+1$个空气阀；而到下一时刻，水深越过第n个空气阀的高程后，第n个空气阀关闭，此时这一段管道发挥排气作用的只有$m-n$个空气阀。因此，如果能够计算出管道内的水位何时达到第n号空气阀所在的位置，就能知道此空气阀的工作和关闭时间，对充水操作做出指导。

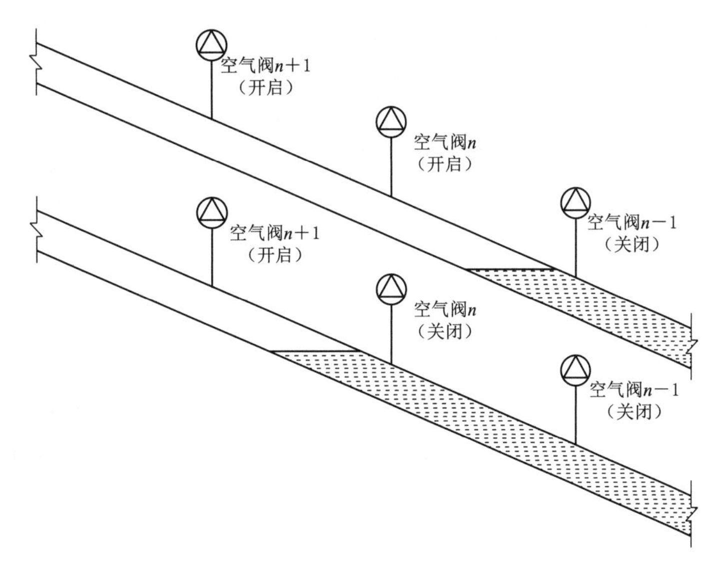

图4-13　管道内水深增加引起工作空气阀数量的改变

在充水过程中管道内水流的运动方式因管型会有所差异。对于倾斜的管道来说，管内的水流会在管道底部聚集而后沿管轴线上升，这种水深增长方式称为轴向增长，除了倾斜管道，在水平管道内，如果充水速度较大，水流到达管道尽头阀门或堵头处时仍具有较大速度，则会在底部形成有压流，则此时管道内水深仍然会以轴向方式增长。当充水速度不大且管道较长时，水流到达管道尽头时速度很小，则不会形成有压流，在这种情况下管道内水体沿管轴线均匀分布，管道内水深沿管道径向上升，上升速度缓慢，这种方式称之为径向增长，管道内水深径向增长和轴向增长如图4-14所示。

空气阀在管线中是沿管轴线安装分布的，因为在水深呈现轴向增长的时候会发生如图4-13所示的随充水时间而依次关闭的现象，所以如果得到了管道内水深与充水时间的变化关系，就能计算出沿程各空气阀的关闭时刻。而水深呈径向增长的管道大部分都是水平的或者斜率极小，在这种管道中的各个空气阀关闭时间几乎是同步的，即管内充满水的时刻。因此，相较于轴向增长而言，对于水位呈径向方式增长的管段来说，其管内水深的计算没有那么重要。

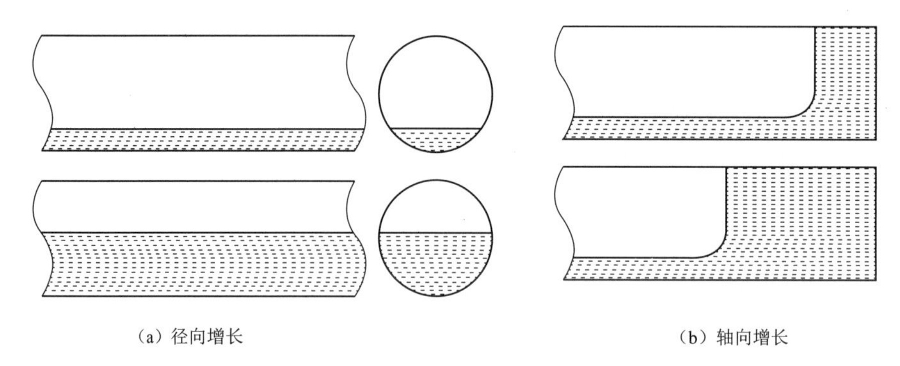

（a）径向增长　　（b）轴向增长

图 4-14　管道内水深径向增长和轴向增长

对于轴向增长的水体，管道内水体可以看作是圆柱或者斜圆柱，此时管内的水深就等于水的体积除以管道的水平横截面面积。圆形管道横截面如图 4-15 所示，其为倾斜角为 θ，管径为 d，水平横截面短轴为 d、长轴为 $d/\sin\theta$ 的椭圆。

根据椭圆面积公式可求得此椭圆的面积 S 为

$$S=\frac{\pi d^2}{4\sin\theta} \tag{4-15}$$

则此段水体的体积 V

$$V=hS=\frac{\pi d^2 h}{4\sin\theta} \tag{4-16}$$

$$h=\frac{4V\sin\theta}{\pi d^2} \tag{4-17}$$

由此便可得到这段管道内的水深随着水体积变化的函数关系，在一般充水操作中，大都是采用固定的充水速度进行充水，因此一定充水时间内的充水体积是确定的，这样就可以得到这一段管道中的水深随充水时间变化的函数。

而 V 形管道是管道系统中重要的单元，它由两段管道构成，但分析 V 形管中水深增长规律时却不能把它简单当作两段单独的管道来研究，因为 V 形管道在充水过程中会涉及气囊分割现象，使管道内的气体压力发生突变，所以除了研究 V 形管中每一侧管道中水深增长随时间的变化规律之外，还需要研究其发生气囊分割的时间问题。

气囊分割现象发生在 V 形管道底部水深达到管道上壁面的时刻，V 形管内气囊分割临界位置如图 4-16 所示，阴影部分的水体体积为使管道发生气囊分割的水体体积。

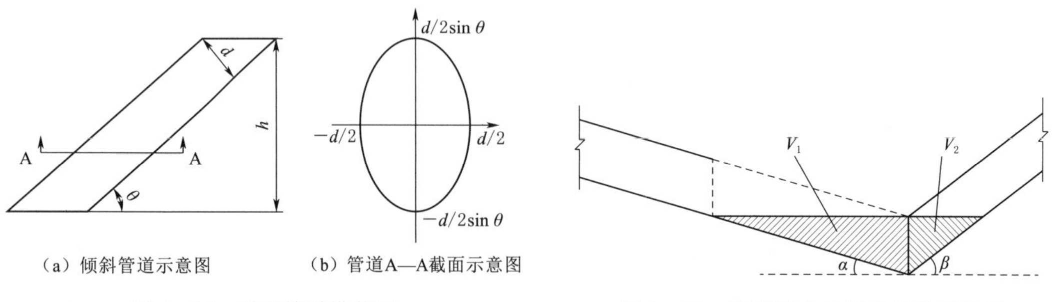

（a）倾斜管道示意图　　（b）管道A—A截面示意图

图 4-15　圆形管道横截面

图 4-16　V 形管内气囊分割临界位置

由图 4-16 可以看出，这部分水体的体积与管道的斜率有关，斜率越大，则对应的体积越小。对于斜率较大的管道来说，这部分体积一般比较小，对于整段管道的体积而言完全可以忽略不计，但对于倾斜角比较小的管道来说，这部分水体体积所占整段管道体积非常大，在计算中是必须要考虑的。将图中水体从中间分开分为 V_1 和 V_2 两部分，分别求解其体积。以 V_1 为例，其值显然等于图中虚线所示斜圆柱体体积的 1/2，因此可得

$$V_1=0.5\times\frac{\pi d^2 h}{4\sin\alpha}=\frac{\pi d^2 h}{8\sin\alpha} \tag{4-18}$$

同理

$$V_1=0.5\times\frac{\pi d^2 h}{8\sin\beta} \tag{4-19}$$

另外，V 形管两侧的水深增长速度也不同。在充水流量不大的情况下，V 形管两侧的水面高度是接近相同的，因此如果两侧管道斜率不同，那么水流进入两侧的流量也必然不同。由式（4-15）可知，除去造成气囊分割的那部分体积，水流流向两侧管道的流量基本与管道倾斜角的正弦值成反比，这也是用充水计算确定某一段管道内进水量的依据。

第四节　充水过程气相变化过程

一、气囊运动特性

有压管道在充水过程中，管道内部从初始的充满气体到最后管内全为水，是一个大量排气的过程。因此在充水阶段除了要关注管道内液相的变化之外，气体的变化过程也是需要特别关注的。随着充水过程中管内水位不断上涨，管道中的气体从一开始的连通状态到后来的被水体分割成质量、体积、密度各不相同且相对独立的气囊，主要分布在管道的局部高点处，也可能存在于渐缩管，或者未全开启的阀门前面等易存气的构造处。不同坡度的输水管道，其充水过程中气相运动特性有所差异。对于坡度大于 0 的管段，即上坡段在充水的时候，水面由下向上缓慢升高，流态相对来说比较简单，只是偶尔会发生因充水流速过大而导致水面波动和翻滚的现象，并且管道排气基本上是非常顺畅的。坡度小于 0 的管段，也即下坡段在充水的时候，其气液两相流运动相对来说比较复杂，水流由于重力的作用从管道高点逐渐下泄流向管道低点，当管道坡度较小时（小于临界坡度），水流为缓流；相对的，当管道坡度大于临界坡度时，水流为急流，在急流情况下充水，水体将不可避免地发生掺气和挟气现象。

在充水过程中，溶解在水中的气体随着压力的变化而不断析出，进而形成大小不等的气泡上升聚集到管顶壁，并且沿流速方向往前运动。在管道的上坡段，由于气泡所受浮力的分力方向与气泡运动方向一致，气泡做加速运动，气泡流速大于水流速度，而且其运动方向大体一致，导致很难形成较大的气囊，当沿着管壁向前运动的气泡经过空气阀的时候，其中的一部分有条件性地排出，然而由于空气阀处的流态比较紊乱和流速具有切向特

性的原因，其余的小气泡随着水流的推动越过了空气阀，继续向下游移动；到了管道的下坡段，越过空气阀的气泡所受浮力的分力方向与其运动方向相反，气泡受到阻力作用的影响做减速运动，使得相邻气泡之间的距离变小，最终气泡彼此撞击聚集在一起形成一个气囊，气囊同样受到阻力的作用，很容易滞留在管壁处，可见，管道上坡段的气体较下坡段易于排出。值得一提的是，受表面张力作用的影响，气囊多半是以半椭圆形状存在于管道内，由于受管道形状、重力和水流推力所限制，气囊的形状在长度方向延伸较长，横向呈弓形。这些气囊并不是静止不动的，它们会在水流脉动压力的作用下处于振荡和运动之中，当管道流量发生改变的时候，这种现象尤为明显，同时气囊的振荡和运动又会反作用于水流，引起流速发生变化，这些气囊的存在减小了管道的输水断面面积，降低了输水流量，浪费了能量，而且还有可能引发管路水锤、造成爆管事故等严重后果。为了避免此类事件的发生，就必须消除这些存在于管路中的有害气体，在管路的适当位置安装空气阀来进行排气是解决这一问题的有效办法，空气阀可以控制管内气体的压力大小，使其维持在设计范围内，以确保充水的顺利进行。

二、气相计算方法

充水过程中，管道内气体满足理想气体绝热过程状态方程

$$PV^k=\mathrm{C} \tag{4-20}$$

式中　P——气体绝对压强；

V——气体体积；

k——气体绝热指数；

C——常数。

由式（4-20）可知，充水过程中引起管道内气体变化的主要因素有因水体积变化而造成的气体体积和压强变化；因空气阀排气而造成的气体体积和压强变化。在充水时充水流量可由闸门开度控制，管内水体积变化一般是确定的，因此在计算时主要考虑空气阀的排气能力。

长距离供水管道设置的空气阀一般都是复合式的，同时具有高速排气、高速吸气和微量排气三种功能。其中吸气和微量排气一般在管道有压运行时作用，在管道充水时，空气阀发挥的是高速排气作用，将因水体挤压的空气高速排出管外，当管道即将充满水后，出口下的浮球会受水体浮力的作用上升从而关闭出气口。空气阀排气流量的计算公式为

当 $P^*/P_0^*<1.89$ 时

$$Q_a=C_dA_0\sqrt{7RT\left[\left(\frac{P_0^*}{P^*}\right)^{1.4286}-\left(\frac{P_0^*}{P^*}\right)^{1.7143}\right]} \tag{4-21}$$

当 $P^*/P_0^*\geqslant1.89$ 时

$$Q_a=0.686C_dA_0\sqrt{RT} \tag{4-22}$$

式中　P^*——管道内气体绝对压强；

P_0^*——管道外气体绝对压强，一般为大气压；

C_d——孔口流量系数，由可压缩气体通过孔口和喷嘴的水力损失表得到。

由式（4－21）、式（4－22）可知，在已知管道内外压差的情况下可以得到单个排气阀的排气流量 Q_a，如果沿程设置有 n 个空气阀，则在一个时间步长内排出空气的体积为 $W=nQ\Delta t$，空气阀在管道内外压差的作用下排气，满足质量守恒定律，即

$$\rho'V'=\rho V-\rho W \tag{4-23}$$
$$V'=V-V_w$$

式中　ρ'——管内剩余气体密度；

V'——管内剩余气体体积，其值由水体体积的变化确定；

V——管道内体积；

V_w——单位时间内增加的水体体积，即充水量。

由此得出管内气体压强，这样在经过一个时间步长后，管内剩余气体的质量、体积、密度和压强值全部都通过计算得到了，这些值同时也是下一次迭代计算的初始值。

第五节　基于 CFD 的三维充水模拟方法

一、CFD 基础理论

一维计算方法计算速度快、适用范围广，但并不能真实反映出充水过程中管内水流复杂的水力特性，特别是在管道的驼峰处、堵头等特殊位置，其流态情况更加复杂多变。随着 CFD 技术的发展及计算机水平的提高，三维的管道充水模拟日益普遍。相较于传统的一维方法，基于 CFD 的三维充水模拟能够提供更详细的管内流态变化特征，这将有利于管道充水过程的准确计算与充水控制方案的有效确定。

CFD 是利用数值解算方法求解流体力学的基本控制方程——质量守恒方程（连续性方程）和动量守恒方程，这两个方程组成的方程组被称为纳维-斯托克斯（N－S）方程，即

$$\frac{\partial}{\partial t}(\rho)+\nabla(\rho\vec{v})=0 \tag{4-24}$$

$$\frac{\partial}{\partial t}(\rho\vec{v})+(\rho\vec{v}\cdot\vec{v})=-\nabla P+\nabla[\mu(\nabla\vec{v}+\nabla\vec{v}^{\mathrm{T}})]+\rho\vec{g}+\vec{F}_{\mathrm{SF}}=0 \tag{4-25}$$

目前应用最广泛的求解 N－S 方程的数值解法是有限体积法（finite volume method，FVM），它是近年来一种发展迅速的离散化方法。有限体积法将所计算的区域划分成一系列控制体积，每个控制体积都有一个节点做代表，通过将控制方程对控制体积做积分来导出离散方程。有限体积法在 CFD 领域运用广泛，目前市面上大部分 CFD 商用软件所运用的都是这种方法，如 FLUENT、STAR－CD 和 CFX 等。

CFD 的求解流程主要包括前处理、解算过程和后处理。前处理包括几何模型的建立和网格划分；解算过程包括模型选择、边界条件设定、材料介质定义、参数监测等；后处理包括云图、曲线图、数据处理分析等环节。在运用 CFD 技术进行充水过程的模拟中，上述的每一个环节对于计算的效率和结果的精确度而言都是至关重要的。下面将对充水过程各个环节的选择和设定做出详细的介绍。

二、计算软件的选择

CFD软件于20世纪70年代诞生于美国，但近十几年才真正得到较为广泛的应用。为了完成CFD计算，早期需要用户自己编写计算程序，但由于CFD的复杂性以及计算机软硬件的多样性，使得用户各自的应用程序往往缺乏通用性，而CFD本身又有其鲜明的系统性与规律性，因此，比较适合于制成通用的商用软件。自1981年以来，出现了如PHOENICS、CFX、STAR-CD、FLUENT等多个商用CFD软件，在工程界发挥着巨大的作用。

PHOENICS是世界上第一个投放市场的CFD商用软件。其中所采用的一些算法，如SIMPLE方法、混合格式等，正是由该软件创始人Spalding及其合作者Patankar等提出的，对以后开发的商业软件有较大影响。近年来，PHOENICS软件在功能与方法上做出了较大的改进，包括纳入拼片式多网格及细密网格嵌入技术，同位网格及非结构化网格技术；在湍流模型方面开发了通用的零方程、低Reynolds模型等。应用这一软件可以计算大量的实际工作问题，包括城市污染预测，计算叶轮中的流动、管道流动情况等。

CFX采用有限体积法、拼片式块结构化网格，在非正交曲线坐标系上进行离散，变量的布置采用同位网格方式。对流项的离散格式包括一阶迎风、混合格式、QUICK、CONDIF、MUSCI及高阶迎风格式。压力与速度耦合关系采用SIMPLE系列算法（SIMPLEC），代数方程求解的方法中包括线迭代、代数多重网格、ICCG、STONE强隐方法及块隐式（BIM）。软件可计算不可压缩及可压缩流动、耦合传热、多相流、化学反应、气体燃烧等问题。

STAR-CD是基于有限容积法的一个通用软件。在网格生成方面，采用非结构化网格，单元的形态可以有六面体、四面体、三角形截面的棱柱体、金字塔形的锥体以及六种形状的其他多面体。应用这一软件可以计算稳态与非稳态流动、牛顿流体以及非牛顿流体的流动、多孔介质中的流动、亚音速及超音速流动，这一软件在汽车工业中的应用十分广泛。

FLUENT软件由美国FLUENT公司于1983年推出，是继PHOENICS软件之后第二个投放市场的基于有限体积法的软件。它包含结构化以及非结构化网格两个版本。在结构化网格版本中有适体坐标的前处理软件，同时也可纳入I-DEAS、PATRAN、ANSYS和ICEM-CFD等著名软件生成的网格。速度与压力耦合采用同位网格上的SIMPLEC算法。对流项差分格式纳入了一阶迎风、中心差分及QUICK等格式。软件能计算可压缩及不可压缩流动、含有粒子的蒸发、燃烧过程、多组分介质的化学反应过程等问题。2006年，FLUENT软件被ANSYS公司收购，在ANSYS大家庭下，FLUENT的功能不断完善，且与ANSYS其他软件模块之间建立了数据交换的桥梁，如通过Workbench平台实现流固耦合模拟等。FLUENT软件逐渐超越了其他流体分析软件，成为当下工程领域最为广泛的商用CFD软件。

管道的充水过程属于低速的气液两相瞬变流，一般来说上述的这些软件都可以模拟，但FLUENT软件目前应用更加广泛，其计算结果的可靠性已经得到验证，且因其基于ANSYS平台，在前处理和后处理方面都更加便捷，因此目前工程上进行三维充水模拟大多数都采用 FLUENT 软件进行。

三、几何模型建立和网格划分

对于长距离供水工程而言，其管道系统轴线距离极长，可达几十甚至上百千米，如果对整个管线进行建模，其计算工作量将会非常大而且精度也难以保证。因此工程中进行三维充水模拟时往往选择具有一定特征性的局部管道进行建模计算，其主要目的是对内部流场进行可视化的分析。管道的几何结构比较简洁，在建模方面较为简单，目前工业中应用较为广泛的三维建模软件如 UG NX、ProE、Gambit 等都可以完成。

在 CFD 计算中，网格质量和数量直接影响计算的速度和精度。网格划分类型包括结构化网格和非结构化网格，对于一些形状比较复杂的模型，内部流场也相对复杂，需要运用结构化网格对模型的不同位置做区别划分。但对一般的管道系统而言，管道的几何形状比较简单，且非结构化网格自适应性更强，划分操作也更加便捷，因此在对有压管道相关问题进行数值模拟的时候，大多数情况下都可以采用非结构化网格，某管道几何模型及其网格如图 4－17 所示。有时若因研究需要对管道某些特殊部位，如弯管、阀门等做深入研究，也可以采用结构化网格对其进行单独的网格划分。

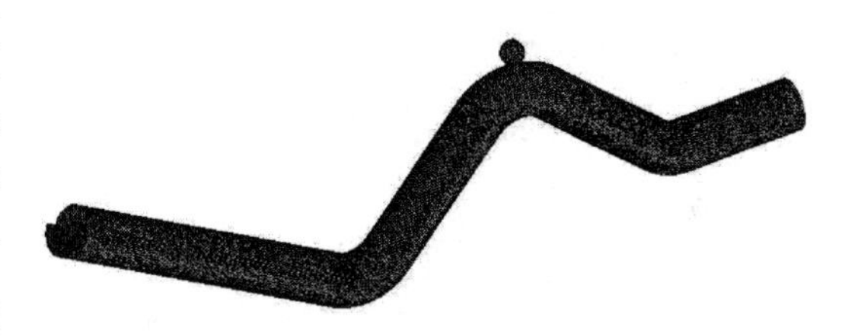

图 4－17　某管道几何模型及其网格

四、多相流模型选择

多相流通常指在流动区域内存在两种或两种以上的相，可以是包含气体与液体的流动、气体与固体的流动或固体与液体的流动，也可以是包含气液固三相物质的流动。管道的充水排气过程是典型的气液两相瞬变过程，其中包含气泡流、段塞流、分层表面流等多种流态。因此在求解时需要选择合适的多相流模型。目前模拟多相流的主要模型有欧拉（Euler）模型、混合（mixture）模型以及 VOF（Volume of fraction）模型。

混合模型是一种简化的多相流模型，可用于模拟两相或多相具有不同速度的流动（流体或颗粒）。混合模型主要实现求解混合相的连续性方程、动量方程、能量方程、第二相的体积分数及相对速度方程的功能。典型应用领域包括低质量荷载的粒子负载流、气泡流、沉降及旋风分离器等。此外也可以用于没有离散相相对速度的均匀多相流。

欧拉模型是 CFD 中最复杂的多相流模型，它建立了一套包含有 N 个动量方程和连续方程的方程组来求解每一相，可以模拟多相流动及相间的相互作用。相可以是气体、液体、固体的任意组合。每一相都采用欧拉处理。采用欧拉模型时，第二相的数量仅仅因为内存要求和计算的收敛性而受到限制，只要有足够的内存，任意多个第二相都可以模拟。欧拉多相流模型没有液—液、液—固的差别，其颗粒流是一种简单的流动，定义时至少有一相被指定为颗粒相。欧拉模型的适用场合包括气泡柱、上浮、颗粒悬浮以及流化床等。

VOF 模型是一种在固定的欧拉网格下的表面跟踪方法，通过求解单独的动量方程和处理穿过区域的每一流体的体积分数来模拟两种或三种不能混合的流体。当需要得到一种或多种互不相融的流体的交界面时，可以采用这种模型。VOF 模型引入了相函数 F 的概念，即在每个控制容积内，所有相的体积分数之和为 1。所有变量及其属性的区域被各相共享并且代表了容积平均值。相函数的引入使得 VOF 模型可以对气液两相的界面进行追踪，从而成为目前模拟两相流界面时最为广泛的方法。典型的应用领域包括分层流、射流破碎、流体中的大泡运动、自由表面流动等。

对于多相流模型，通常可以选择以下一些情况：

(1) 对于气泡流、液滴流、存在相混合及分散相体积分数超过 10%的粒子负载流，使用混合物模型或欧拉模型。

(2) 对于弹状流、活塞流，使用 VOF 模型。

(3) 对于分层流、自由表面流、使用 VOF 模型。

(4) 对于气力输运、均匀流使用混合模型，颗粒流使用欧拉模型。

(5) 对于流化床，使用欧拉模型。

(6) 对于泥浆流及水力运输，使用混合模型或欧拉模型。

(7) 对于沉降模拟，使用欧拉模型。

管道充水过程中，其两相流流态大多数时间属于分层流，水气两相具有明显的交界面，且水气不相容；在弯管段，水气掺混，流态比较复杂，会出现气泡流或弹性流，最为契合 VOF 模型的使用条件，因此工程应用中大多数使用 VOF 模型。运用 VOF 模型追踪气液交界面时，在一个网格单元内：$F=1$ 表明该网格内充满液体；$F=0$ 则表明该网格内完全是空气；$0<F<1$ 则表明该网格内既有液体也有空气，即存在自由面，此时网格内混合流体的密度和黏度系数分别为

$$\rho=F_w\rho_w+F_g\rho_g \tag{4-26}$$

$$\mu=F_w\mu_w+F_g\mu_g \tag{4-27}$$

式中　ρ——混合流体的密度；

μ——混合流体的黏度系数；

F_w、F_g——液相和气相的体积函数，$F_w+F_g=1$；

ρ_w——液相密度；

ρ_g——气相密度；

μ_w——液相黏度系数；

μ_g——气相黏度系数。

体积函数 F 的输运方程为

$$\frac{\partial F_q}{\partial t}+\frac{\partial}{\partial x_i}(F_q u_i)=0 \tag{4-28}$$

式中　F_q——第 q 相的体积函数；

$q=1$，2——液相和气相，由此可以把两相流体当作单相流体处理。

五、湍流模型选择

针对湍流的求解，最常见的方法包括雷诺平均 NS 模型（RANS）、大涡模拟（LES）、直接数值模拟（DNS）等。其中雷诺平均 NS 模型方法是工业流动计算中使用最为广泛的一种

模型。迄今为止，已开发建立了许多种基于 RANS 方法的湍流模型，如 S－A（Spalart-Allmaras）、$k-\varepsilon$、$k-\omega$ 以及雷诺应力模型均属于 RANS 模型。可惜的是没有一种模型具有普适性，因此一般要根据实际研究问题及数值试验来选择合适的湍流模型。常见湍流模型特点及用法见表 4－1。

表 4－1　　常见湍流模型特点及用法

模型名称	特点及用法
Spalart-Allmaras	计算量小，对一定复杂程度的边界层问题有较好效果。 计算结果没有被广泛测试，缺少子模型
标准 $k-\varepsilon$ 模型	应用多，计算量适中，有较多数据积累和相当精度。 对于曲率较大、较强压力梯度、有旋问题等复杂流动模拟效果欠缺
重整化群 $k-\varepsilon$ 模型	能模拟射流撞击、分离流、二次流、旋流等复杂流动。 受涡旋黏性各向同性假设限制
可实现 $k-\varepsilon$ 模型	和 RNG $k-\varepsilon$ 基本一致，还可以更好模拟圆孔射流问题，受涡旋黏性各向同性假设限制
标准 $k-\omega$ 模型	对于壁面边界层、自由剪切流、低雷诺数流动求解性能较好。适合于逆压梯度存在情况下的边界层流动和分离、转捩
剪切应力传输 $k-\omega$ 模型	基本与标准 $k-\varepsilon$ 相同。由于对壁面依赖性太强，因此不太适合于自由剪切流
雷诺应力模型	是最符合物理解的 RANS 模型。避免了各向同性的涡黏假设。占用较多的 CPU 时间和内存，难以收敛。对于复杂的 3D 流动较为适用

考虑计算的精度和效率，结合相关文献、已知的工程算例及作者的经验，在进行管道充水数值模拟时，建议使用 RNG $k-\varepsilon$ 模型。模型中 k 和 ε 方程为

$$\rho\frac{\mathrm{d}k}{\mathrm{d}t}=\frac{\partial}{\partial x_j}\left(\alpha_k\mu_{\mathrm{eff}}\frac{\partial k}{\partial x_j}\right)+2\mu_t\langle S_{ij}\rangle\frac{\partial\langle u_i\rangle}{\partial x_j}-\rho\varepsilon \tag{4-29}$$

$$\rho\frac{\mathrm{d}\varepsilon}{\mathrm{d}t}=\frac{\partial}{\partial x_j}\left(\alpha_\varepsilon\mu_{\mathrm{eff}}\frac{\partial k}{\partial x_j}\right)+2C_{1\varepsilon}\frac{\varepsilon}{k}\langle S_{ij}\rangle\frac{\partial\langle u_i\rangle}{\partial x_j}-C_{2\varepsilon}\rho\frac{\varepsilon^2}{k}-R \tag{4-30}$$

式中　μ_t、S_{ij}——定义与标准 $k-\varepsilon$ 方程中的一致；

μ_{eff}——等效黏性系数，为分子黏性。系数和湍流涡黏性系数之和。

μ_{eff} 的公式为

$$\mu_{\mathrm{eff}}=\mu+\mu_t \tag{4-31}$$

附加项 R 为

$$R=\frac{C_\mu\rho\eta^3(1-\eta/\eta_0)}{1+\beta\eta^3}\frac{\varepsilon^2}{k} \tag{4-32}$$

其中，$\eta=S\dfrac{k}{\varepsilon}$，$\eta_0=4.38$，$C_\mu=0.0845$，$\beta=0.012$，$C_{1\varepsilon}=1.42$，$C_{2\varepsilon}=1.68$，$\alpha_k=1.0$，$\alpha_\varepsilon=0.769$。

六、边界条件设置

在 FLUENT 中存在众多的边界条件类型，如自由出流边界、质量流量入口边界、压

力入口边界、速度入口边界、压力出口边界、出风口边界等，在运用时应根据工程实际加以确定。

供水工程中，管道一般从大型水库直接引水，其水头比较稳定，可以采用固定压力的压力进口边界，但是采用压力进口条件时若要改变充水速度，只能改变进口大小，这样模型和网格随之都要改变，且工程中一般可以通过调整检修阀门的开度来控制充水速度，一般都是固定充水流量充水，因此也可采用流量入口边界。

充水过程中，位于下游的检修阀门需要完全关闭，沿线的空气阀进行高速排气，空气阀出口一般为大气压，因此出口边界条件需要设为压力出口。

七、求解方法选择

FLUENT 中有三种常用的求解方法，即 SIMPLE 算法、SIMPLEC 算法和 PISO 算法。SIMPLE 算法由 Patankar 和 Spalding 于 1972 年提出，是一种主要用于求解不可压缩流场的数值方法。它的核心是采用"猜测—修正"的过程，在交错网格的基础上来计算压力场，从而达到求解动量方程的目的。SIMPLEC 算法是 SIMPLE Consisent 的缩写，意为"协调一致的"SIMPLE 算法，是 SIMPLE 算法的改进算法。它的计算步骤与 SIMPLE 算法相同，只是速度修正方程中的系数项与 SIMPLE 算法有所区别。压力的隐式算子分割算法（Pressure Implicit with Splitting of Operators，PISO），起初是针对非稳态可压流动的无迭代计算所建立的一种压力速度计算程序，后在稳态问题的迭代计算中也较为广泛地使用了该种方法。SIMPLE 算法和 SIMPLEC 算法是两步算法，即一步预测一步修正，PISO 算法增加了一个修正步，在完成了第一步修正后寻求第二次改进值，目的是使它们更好地同时满足动量方程和连续性方程。

根据 FLUENT 用户手册可知，对于瞬态问题，PISO 算法有明显优势；对于稳态问题，选择 SIMPLE 或 SIMPLEC 更合适。管道充水放水是一个动态过程，属于典型的瞬态问题，因此建议在进行求解方法设置的时候选择 PISO 算法。

八、计算结果后处理

相较于传统的一维计算方法而言，三维充水模拟的最大特点和优势就在于它能通过对结果的后处理实现过程的可视化，给人以更加直观的感受，便于分析和研究。利用 CFD 软件计算得到的数值结果实际上是储存在硬盘中的数据文件，对应着计算域中每一个网格中的物理量，后处理就是利用相应的软件把数据转化为图像的形式呈现给用户。在后处理中可以生成点、切平面、点样本、等值面、表面、边界以及与表面相交形成的体、多段线、表面组、表面偏移或外部数据形成的表面等位置；位置本身可以表征变量的大小，也可以通过在位置上插入流线、云图、矢量图等方法表征变量的大小或方向；通过注释功能，可以生成图例和文本标记；通过动画功能绘制关键对象的快速动画、帧动画等。

目前用于流体计算后处理的专业工具很多，如商用后处理软件 CFD - POST、Tecplot、FieldView 等，也有一些开源后处理软件，如 ParaView 等。其中 Tecplot 系列软件是由美国 Tecplot 公司推出的功能强大的数据分析和可视化处理软件。它包含数值模拟和 CFD 结果可视化软件 Tecplot 360、工程绘图软件 Tecplot Focus 以及油藏数值模拟可视化分析软件 Tecplot RS。它提供了丰富的绘图格式，包括 $x-y$ 曲线图，多种格式的 2D 和 3D 面绘图和 3D 体绘图格式，而且软件易学易用，界面友好。而且针对于 Fluent 软件有专门的数据接口，可以直接读入 *.cas 和 *.dat 文件，也可以在 Fluent 软件中选择输出的面和变量，直接输出 Tecplot 格式文档。充水模拟的后处理主要包括两相分布云图、流线图、压力云图等，这类结果可通过 Tecplot 完美呈现。利用 Tecplot 处理的某管道充水过程的可视化图形如图 4-18～图 4-20 所示。

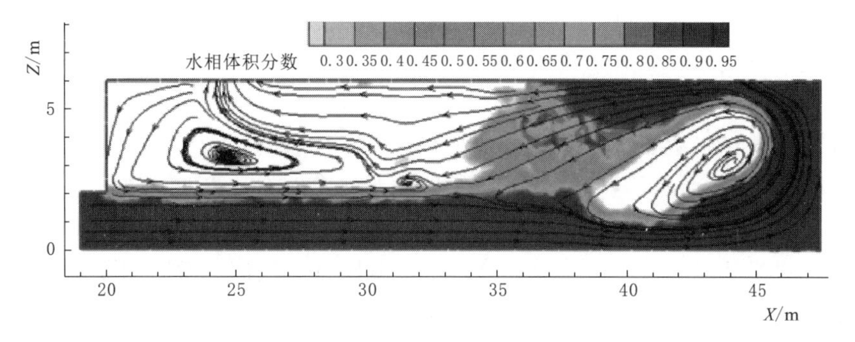

图 4-18　充水过程中纵剖面相图及流线

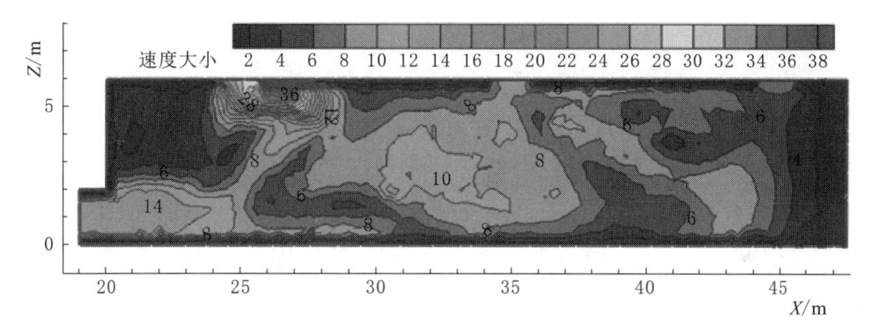

图 4-19　充水过程中管道内速度分布云图

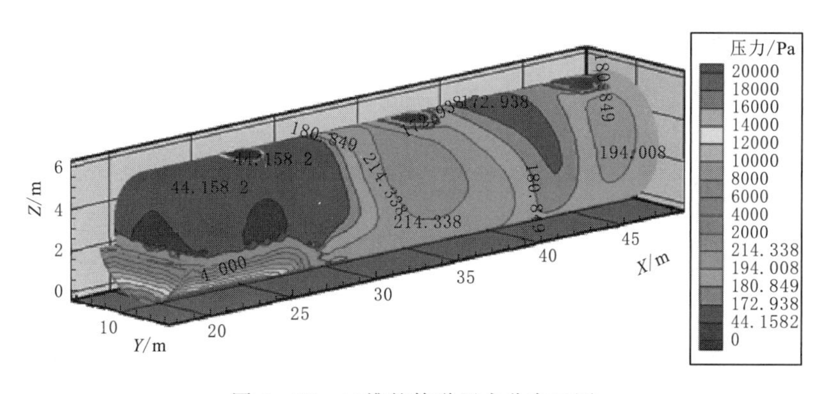

图 4-20　三维的管道压力分布云图

通过以上这些图，可以很直观地看到在充水过程中整个管道内各个部位的速度、压力等物理量的变化和分布，这对深入研究充水过程气液两相流的机理和特性提供了极大的参考和帮助，同时这也是传统一维计算方法所不具备的，正因如此基于 CFD 的三维充水过程模拟方法才变得不可替代，并且正被越来越广泛地运用到实际工程问题的研究中。

第六节　本　章　小　结

长距离供水系统运行工况复杂，充放水是重要的运行工况之一，也是目前长距离供水系统运行调度安全领域研究的热点，但相关的研究还很不充分。

大型有压管道系统充水过程是涉及水气分界面的复杂瞬变流过程，其分析方法比管道正常运行过程中出现的瞬变流现象要复杂得多，对管道输水工程的设计和安全运行有直接影响。其中充放水流速与充放水周期密切相关，两者直接影响输水工程的安全性与经济性。目前有压管道充水主要采用小流量充水的原则，为缩短充水周期，可在管道承受能力范围内适当增加充水流量，但管道充、放水时流量如何确定的问题还需进一步深入研究。管道充水的计算模型是结合管道瞬变流模型和水气交界面模型建立起来的，目前仍然以一维模型为主。对于已经充满水的管道部分，主要采用特征线法求解；对于水气交界面，主要采用 Preissman 窄缝法、界面追踪法和激波拟合法处理。

随着计算机计算能力的发展，基于 CFD 的三维充水过程数值模拟已经越来越广泛地应用到工程实际研究中。CFD 分析技术能够提供更详细的管内流态变化特征，这将有利于管道充水过程的准确计算与充水控制方案的有效确定。但是，实际供水工程管道系统可能长达百余千米，相应的三维网格数量将十分庞大，直接影响 CFD 计算效率。另外，现有的三维 CFD 分析技术在对管道流进行计算时，通常只选择管内水体作为计算域，而忽略了管道的结构场对水体的作用，并且忽略了水锤波在管道中的传播过程，这就导致计算精度上会亚于一维的弹性水柱模型。因此，要将三维 CFD 技术完全用于实际管道充水过程瞬变流分析，不仅需要超级计算机的配合，还需要在流固耦合分析模型方面的突破。未来，将一维瞬变流计算模型与三维 CFD 计算模型相结合，将是一种具有发展潜力的计算模式。

第五章　单支线长距离供水工程过渡过程计算实例

第一节　单管支线停泵过渡过程计算

一、线路概况

某支线输水线路取水设计水位为水库死水位 210.80m，线路出口净水厂的设计水位为 237.00m。该线路没有重力输水的条件，必须设置加压泵站，采用压力输水方式，输水流量 0.63m^3/s，管线长 16.69km，管材为球墨铸铁管，管径为 900mm，单管供水。末端净水厂调流阀阀径取为 900mm。泵站共设 2 台工作水泵、1 台备用水泵（事故备用）。水泵均为卧式离心泵，并通过变频恒流，满足远期工况水泵扬程 59.83～69.00m 范围内泵站流量恒定为 0.63m^3/s，单泵流量恒定为 0.315m^3/s 的要求。首先建立输水管线模型，然后对事故停泵的水击现象、泵阀的启停、管道振动进行动态工况模拟分析。阀门关闭规律、空气阀、单向塔和空气罐的尺寸选型对水力过渡过程有较大的影响，一维过渡过程计算采用特征线法数学模型，可以采用海曾-威廉（Hazen - Williams）公式进行水力损失计算，模拟各种复杂的工况和边界模型。

海曾威廉公式为

$$J=\frac{10.67\partial Q^{1.852}}{C_h^{1.852}D^{4.87}} \tag{5-1}$$

式中　J——水力损失，m；

Q——管段流量，m^3/s；

D——管段直径，m；

C_h——海曾-威廉系数；

∂——定量参数。

采用特征线法求解一维非恒定流问题，其基本控制方程为

$$C^+: H_P-H_A+\frac{a}{gS}(Q_P-Q_A)+\frac{f\Delta x}{2gDA^2}Q_A|Q_A|=0 \tag{5-2}$$

$$C^-: H_P-H_A-\frac{a}{gS}(Q_P-Q_B)-\frac{f\Delta x}{2gDA^2}Q_B|Q_B|=0 \tag{5-3}$$

式中　H——压力水头，m；

Q——流量，m^3/s；

下标 P——计算时段未知节点；

下标 A、B——P 前一时段节点；

a——压力波传播速度，m/s；

S——过流断面面积，m^2；

D——管径，m；

f——管道摩阻系数；

g——重力加速度，m/s^2；

Δx——管段等分长度，m。

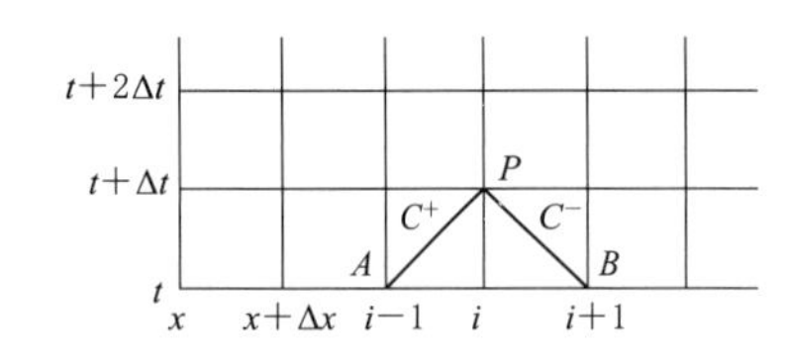

图 5-1　水锤计算特性线网格

水锤计算特性线网格如图 5-1 所示。其为 $x-t$ 平面上的计算网格，将管长均等分为长度为 Δx 的若干段，将时间均等分为 Δt 的若干段，则网格的对角线为特征线，AP 为 C^+ 特征线，BP 为 C^- 特征线。特征线法的计算原则是：已知前一个时刻的状态，将特征线方程与系统中各元件特性方程联合，求解各节点参数的新值，当仿真模拟停泵动作时，可通过设定边界条件将信息利用特征线方程传到整个管线系统以发挥作用。

二、恒定流计算分析

恒定流计算的主要目的为：①通过分析稳定运行时的最大内水压力控制工况校核管道最大内压满足承压标准；②根据最小内水压力的控制工况校核系统的过流能力。

泵站恒定流的具体计算工况如下：水库设计水位取死水位 210.80m，管线末端净水厂设计水位 237.00m，水泵扬程 68.25m，总流量 $0.63m^3/s$，单泵流量 $0.315m^3/s$，计算工况下的泵站运行工况表见表 5-1。管线桩号为 0＋000～16＋694.15，管道桩号点共 186 个。

表 5-1　　泵站运行工况表

设计总流量/(m^3/s)	水泵扬程/m	水库水位/m	净水厂水位/m	备　注
0.63	68.25	210.80	237.00	2 用 1 备

管中心线高程如图 5-2 所示，管中心线高程及测压管水头线如图 5-3 所示，管道沿线内水压力包络线如图 5-4 所示。

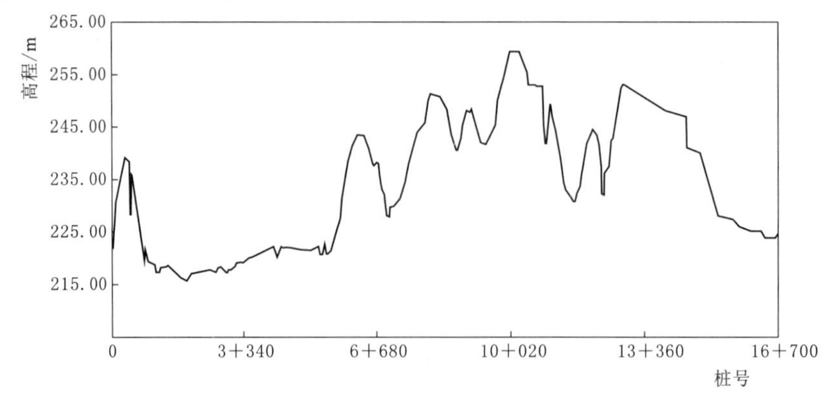

图 5-2　管中心线高程

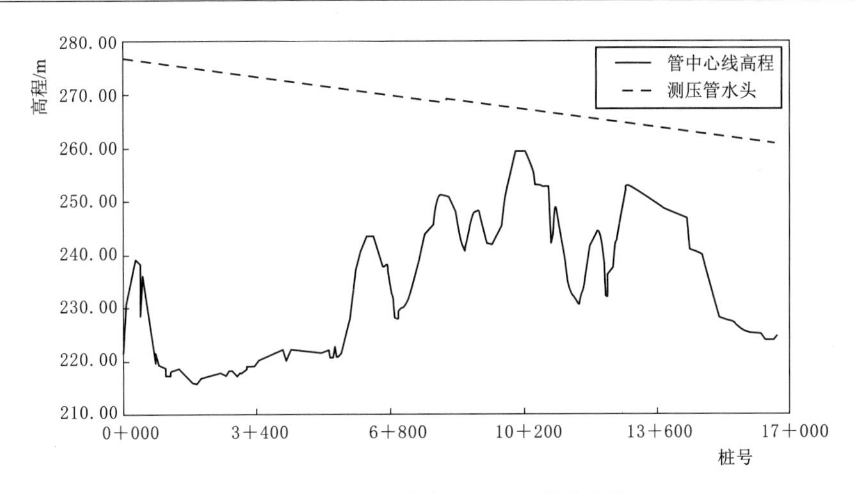

图 5-3 管中心线高程及测压管水头线

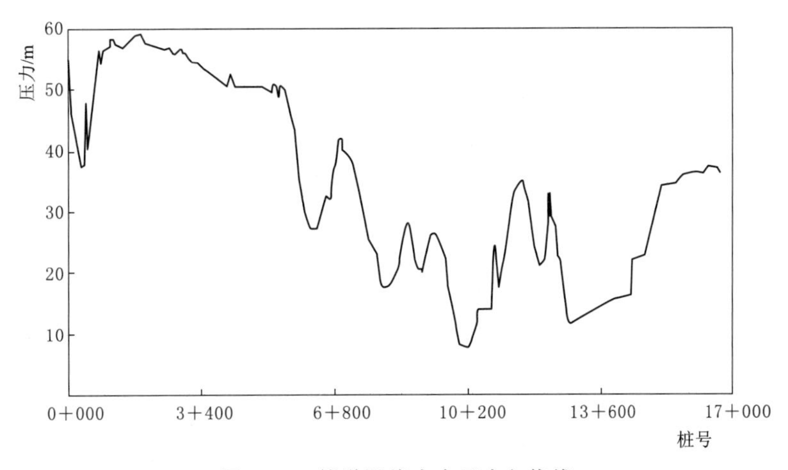

图 5-4 管道沿线内水压力包络线

在恒定流计算工况下输水系统管道沿线压力最小值为 7.57m，在输水系统桩号 10+237.03 处；最大值为 59.13m，出现在桩号 1+868.86 处。由图 5-2～图 5-4 可以看出，输水管道中后段内水压力较小，发生停泵事故时，安全裕度较小，极易产生负压。管道管材为球墨铸铁管，因此，压力管道内设计内水压力标准值为（F_{wk}+0.5）MPa，即 59.13+50=109.13m。接下来将会具体从无防护措施停泵、空气阀防护以及空气罐+单向塔联合防护来具体对该工程实例进行水锤及水锤防护分析。

三、无防护措施停泵计算

根据水泵掉电的个数及顺序，将无防护停泵具体拟定为三种工况。

工况一：水库水位为最低水位（死水位）210.80m，末端净水厂设计水位为 237.00m，泵站扬程为 68.25m，系统总输水流量 0.63m^3/s，单泵流量 0.315m^3/s。1 台水泵突然掉电，且泵后工作阀拒动，其余 1 台水泵正常运行。

工况二：水库水位为最低水位（死水位）210.80m，末端净水厂设计水位为

237.00m，泵站扬程为68.25m，系统总输水流量0.63m^3/s，单泵流量0.315m^3/s。2台水泵同时掉电，泵后工作阀拒动。

工况三：水库水位为最低水位（死水位）210.80m，末端净水厂设计水位为237.00m，泵站扬程为68.25m，系统总输水流量0.63m^3/s，单泵流量0.315m^3/s。2台水泵相继掉电，泵后工作阀拒动。

三种无防护停泵工况下泵后管线均产生较大负压，其中，工况二的负压程度最为严重，虽然三个工况压力极小值都小于－9.98025m，但是相较于其他两种无防护抽水断电工况，工况二中各控制管段产生的负压均最大，因此，应该将工况二作为该支线停泵水锤防护的最不利工况。各工况下输水线路压力极小值见表5－2。

表5－2　　各工况下输水线路压力极小值

工况编号	压力极小值/m	所在桩号
工况一	≤－9.98025	0＋336.55～0＋448.17 6＋082.21～6＋208.5 7＋973.04～8＋031.21 10＋000.00～10＋237.03
工况二	≤－9.98025	0＋097.33～0＋448.17 5＋978.20～6＋208.5 7＋973.04～8＋031.21 10＋000.00～10＋237.03
工况三	≤－9.98025	0＋097.33～0＋448.17 6＋082.21～6＋208.5 7＋973.04～8＋031.21 10＋000.00～10＋237.03

输水系统在实际运行期间有多种运行工况，不同工况下工程沿线的测压管水头和内水压力都有较大的不同，最危险工况为泵站工作水泵同时抽水断电且泵站取水口水位为最低运行水位，因为此时水泵扬程最高，发生停泵事故泵后产生的降压最大，接下来将根据工况二对泵站至净水厂之间管段进行具体停泵水锤计算分析，计算结果如图5－5～图5－11所示。

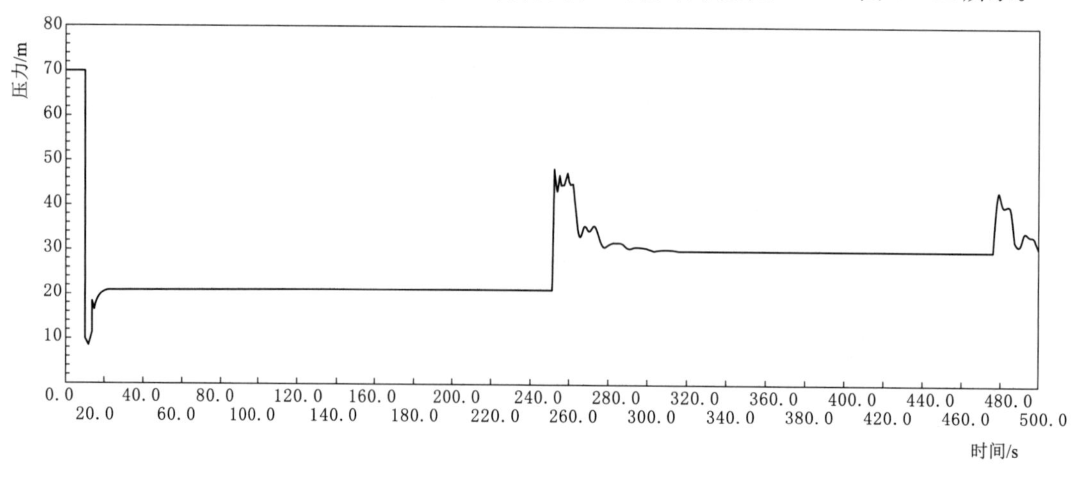

图5－5　泵站泵后压力变化

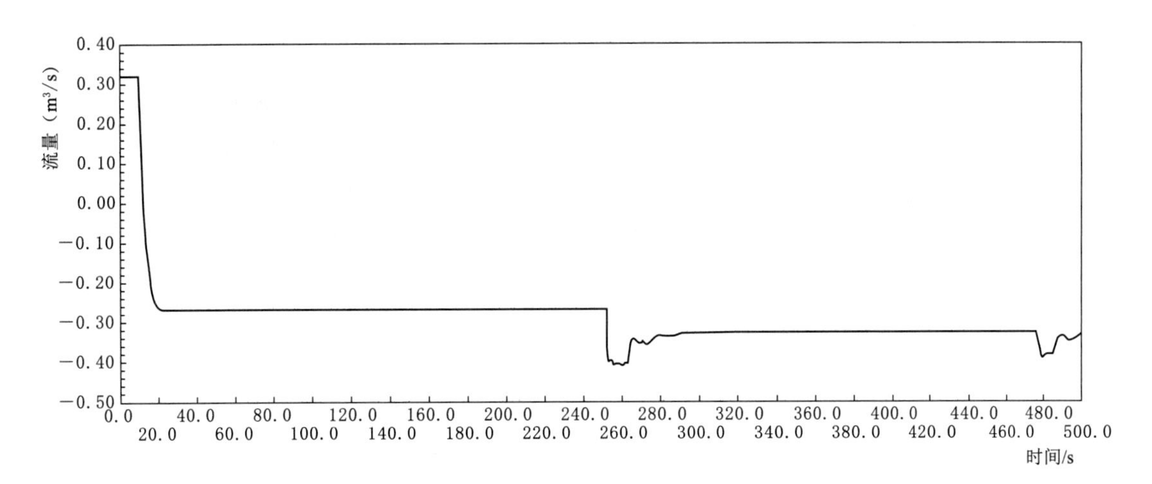

图 5-6 泵站泵后流量变化

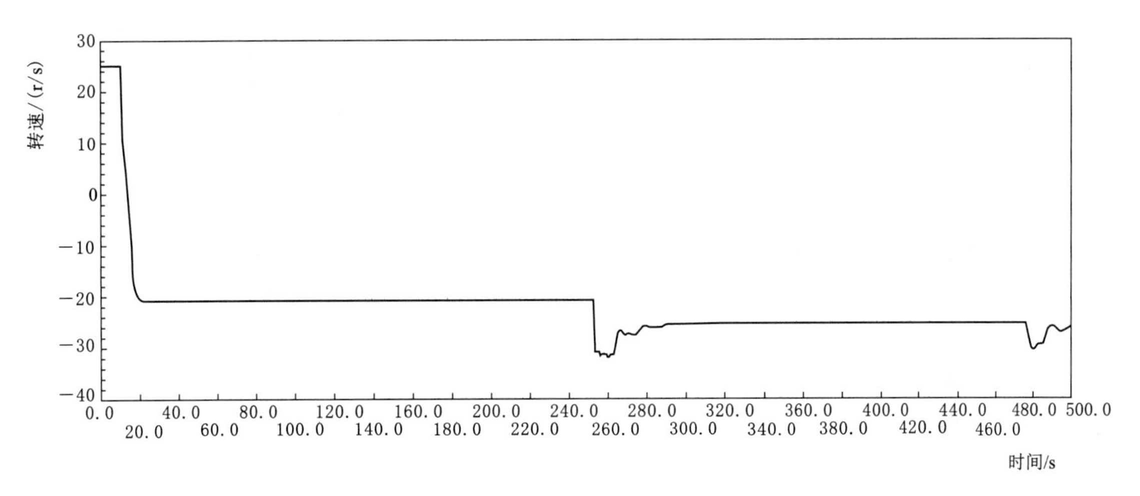

图 5-7 泵站水泵转速变化

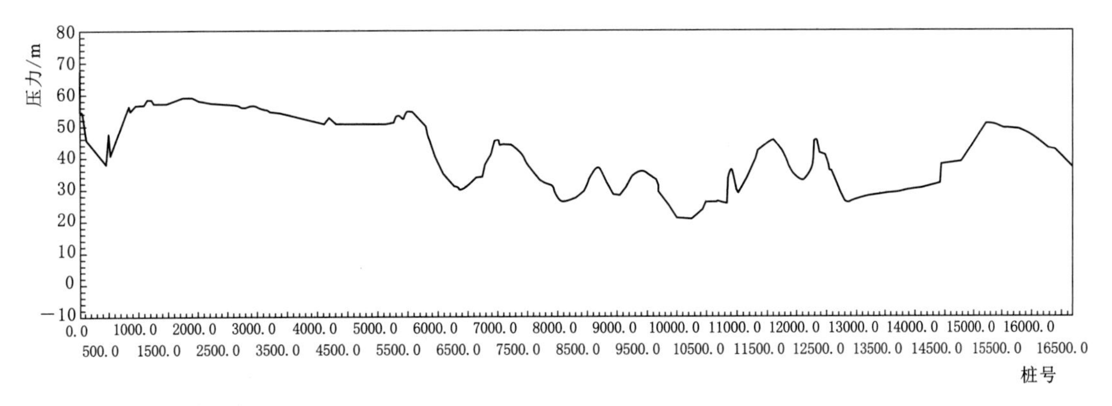

图 5-8 管道沿线最大内水压力包络线

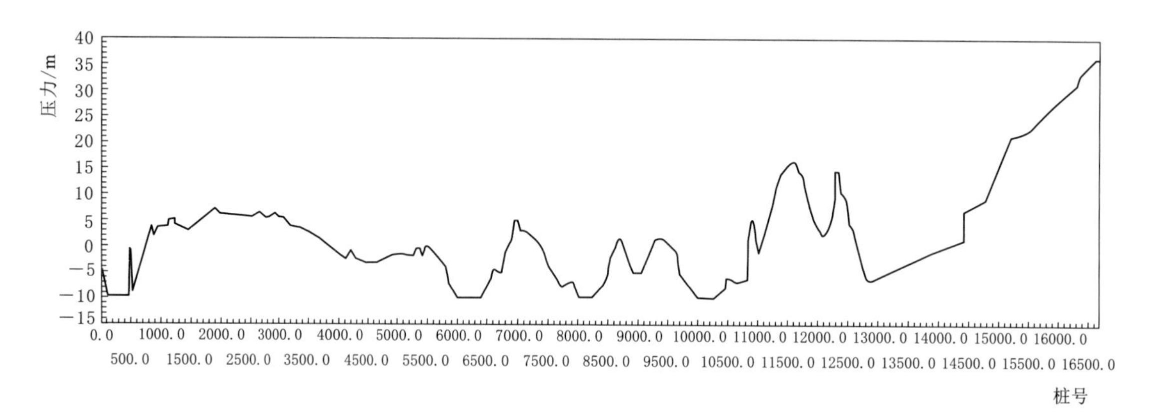

图 5－9　管道沿线最小内水压力包络线

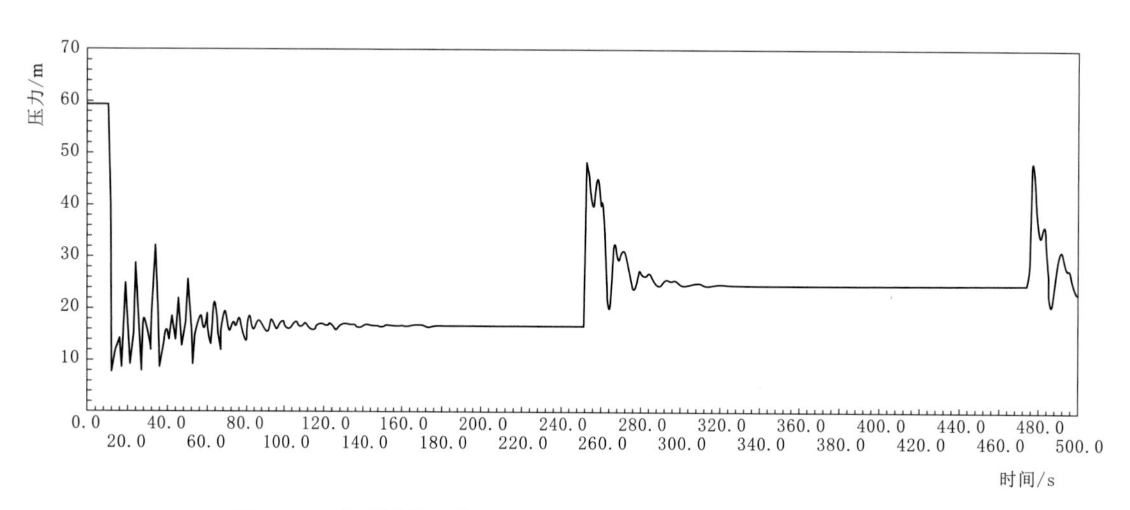

图 5－10　管道沿线压力最大点压力变化过程线（桩号 1＋868.86）

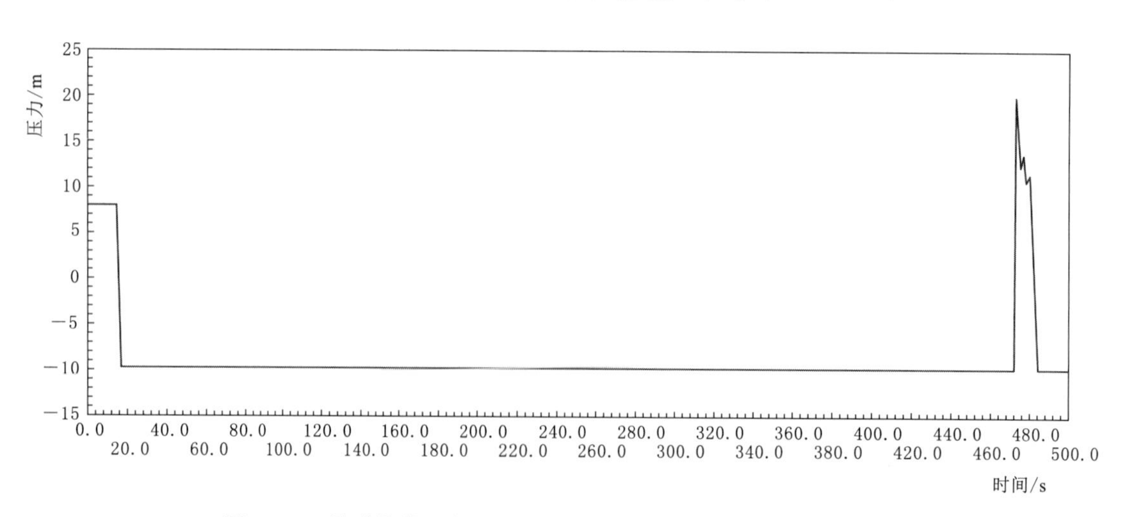

图 5－11　管道沿线压力最小点压力变化过程线（桩号 10＋000.00）

由图5-5～图5-11可知，当泵站2台水泵同时抽水断电、泵后工作阀拒动时，泵站水泵均发生反转，最大反转速为－1942.2r/min，超过额定转速的1.2倍。泵后产生降压约61.89m，泵站至净水厂之间管道沿线出现较大负压，压力极小值不大于－9.98025m，位于桩号10＋000.00处，管道沿线压力极大值57.17m，位于桩号1＋868.86处。

由计算结果知，计算工况下泵后不设置水锤防护措施水泵发生抽水断电事故时，支线桩号0＋000.00～0＋448.17、5＋978.20～6＋208.5、7＋973.04～8＋031.21、10＋000.00～10＋237.03之间管道存在严重程度不同的负压，如不设置水锤防护措施，水体将发生汽化，容易导致弥合水锤事故，危害系统安全。

四、空气阀防护方案计算

由支线输水系统无防护抽水断电计算结果可知，泵站事故停泵且泵后阀门拒动后，管道中将产生较大的负压，危害系统运行和管道安全，因此输水系统需要合理设置相应的水锤防护措施。该支线管线设计过程中设置了一定数量的空气阀，下面对系统原有的空气阀防护方案进行计算分析，以校核负压防护是否满足要求。

全线管段原设空气阀位置桩号见表5-3。

表5-3　全线管段原设空气阀位置桩号

0＋097.33	4＋077.82	8＋201.21	12＋070.31
0＋336.55	4＋786.12	8＋268.31	12＋360.19
0＋438.17	5＋403.64	9＋033.85	12＋837.1
0＋514.38	5＋978.2	9＋688.36	13＋637.1
0＋664.38	6＋082.21	9＋910.35	14＋376.55
0＋857.62	6＋248.5	10＋180.00	15＋176.55
1＋720.86	7＋020.4	10＋792.82	15＋676.55
2＋477.82	7＋973.04	11＋001.69	—
3＋263.99	8＋031.21	11＋435	—

具体计算工况为：水库取水口水位为210.80m，净水厂设计水位为237.00m，泵站扬程为68.25m，支线总输水流量0.63m^3/s，单泵流量0.315m^3/s。2台水泵同时掉电，泵后阀的关闭规律为泵10s掉电后泵后阀的开度以5s快关至0.3，再以20s慢关至全闭。计算结果如图5-12～图5-18所示。

由图5-12～图5-18可知，支线在装设空气阀后，运行模拟停泵水锤事故时，泵站水泵均发生反转，最大反转速为1270.03r/min，小于水泵额定转速的1.2倍。泵后产生降压约为68.24m，泵站至净水厂之间管道沿线负压均不小于－3m（此处装设空气阀方案按照－3m的压力控制），压力极小值为－2.43m，位于桩号10＋000.00处，管道沿线压力极大值100.97m，位于桩号1＋118.10处，未超过管道最大压力控制标准。

其中动作空气阀位置桩号见表5-4，动作空气阀进气体积变化过程如图5-19～图5-27所示。

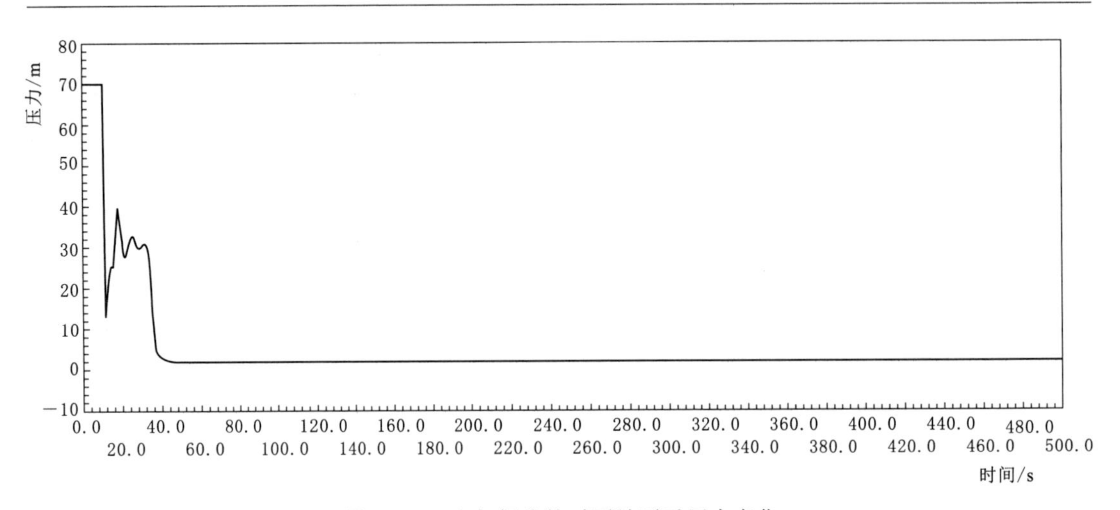

图 5-12　空气阀防护时泵站泵后压力变化

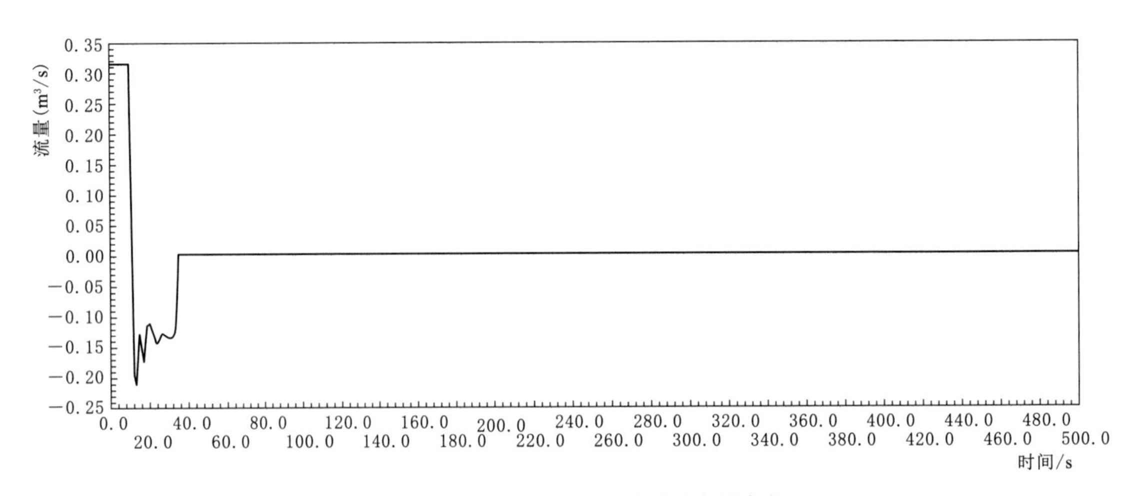

图 5-13　空气阀防护时泵站泵后流量变化

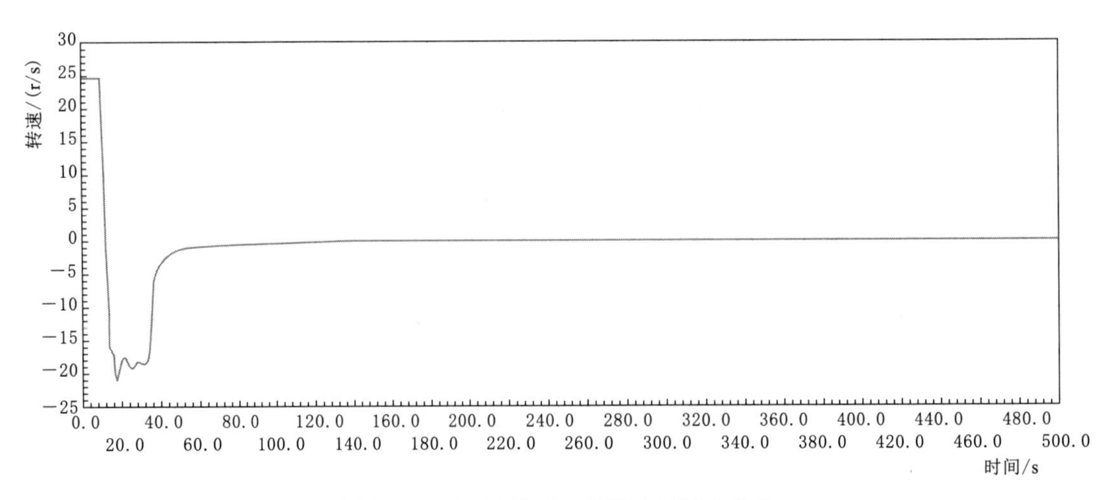

图 5-14　空气阀防护时泵站水泵转速变化

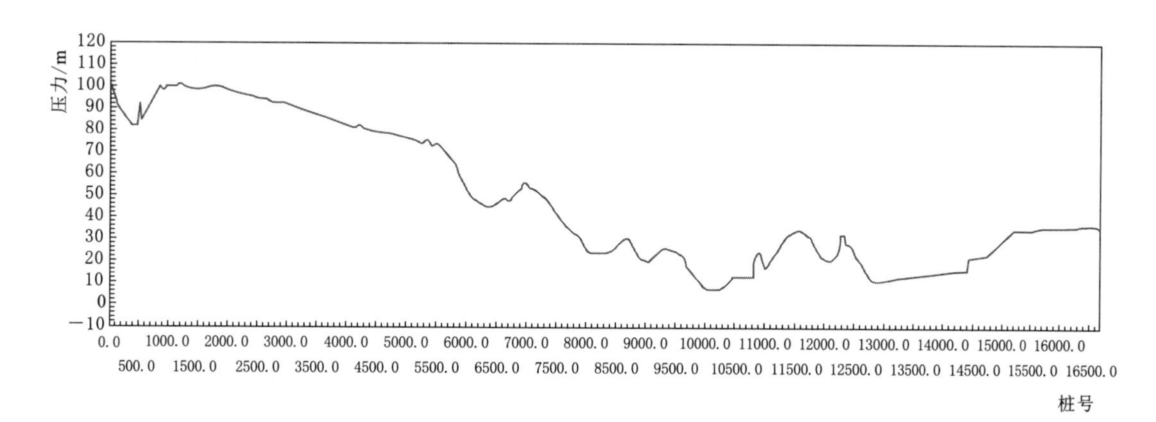

图 5-15　空气阀防护时管道沿线最大内水压力包络线

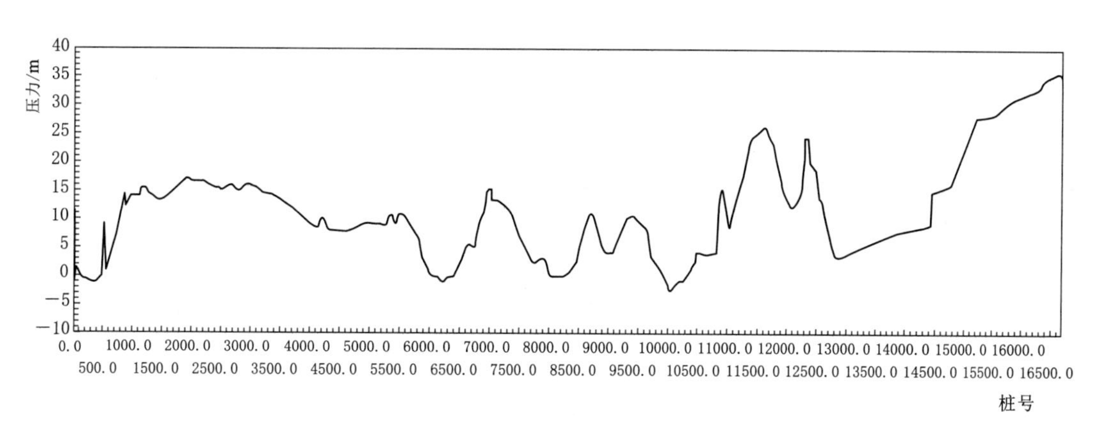

图 5-16　空气阀防护时管道沿线最小内水压力包络线

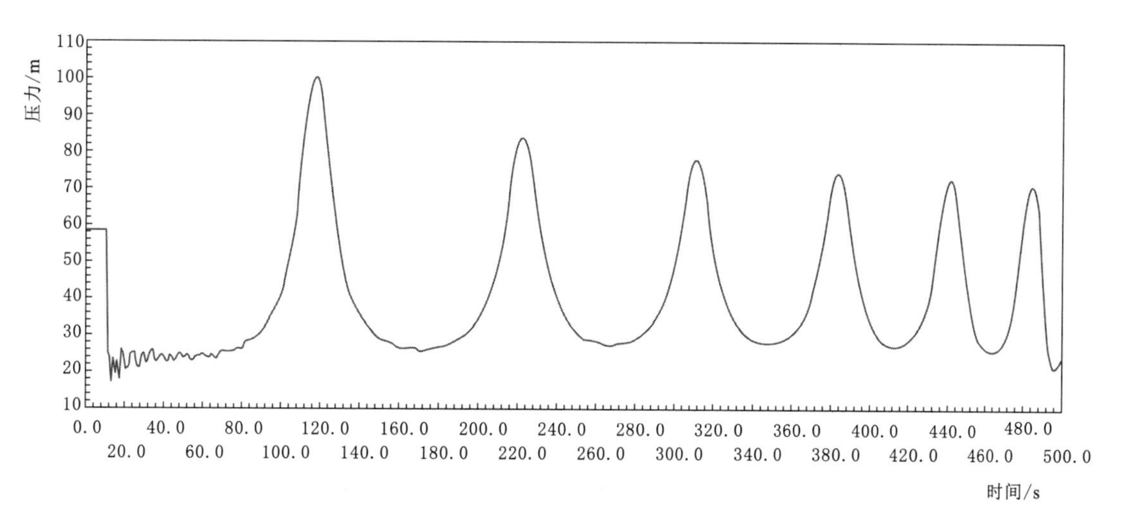

图 5-17　空气阀防护时管道沿线压力最大点压力变化过程线（桩号 1+118.10）

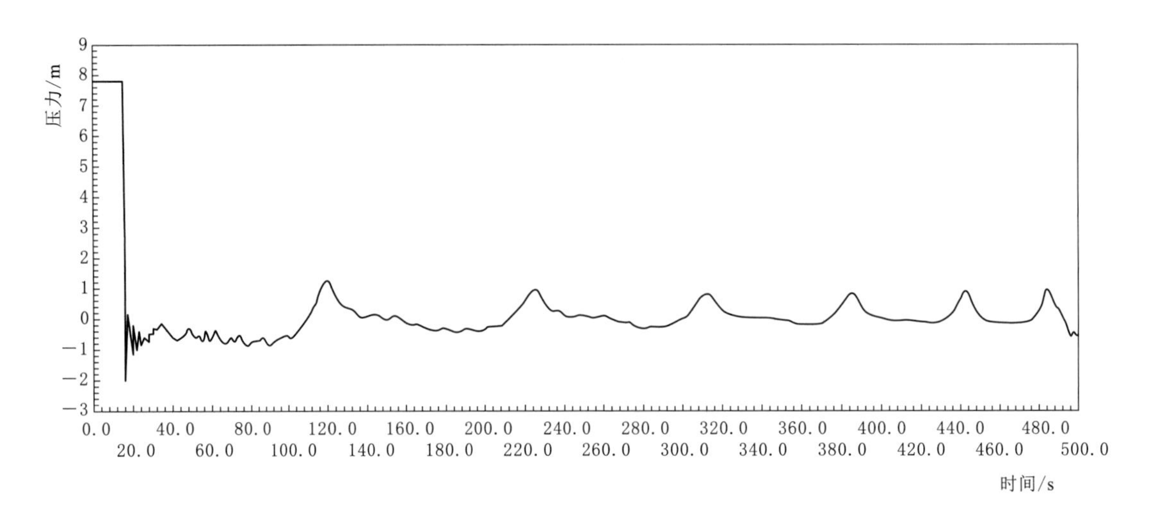

图 5-18　空气阀防护时管道沿线压力最小点压力变化过程线（桩号 10+000.00）

表 5-4　　动作空气阀位置桩号

0+097.33	6+082.21	8+201.21
0+336.55	6+248.5	9+910.35
0+438.17	8+031.21	10+180.00

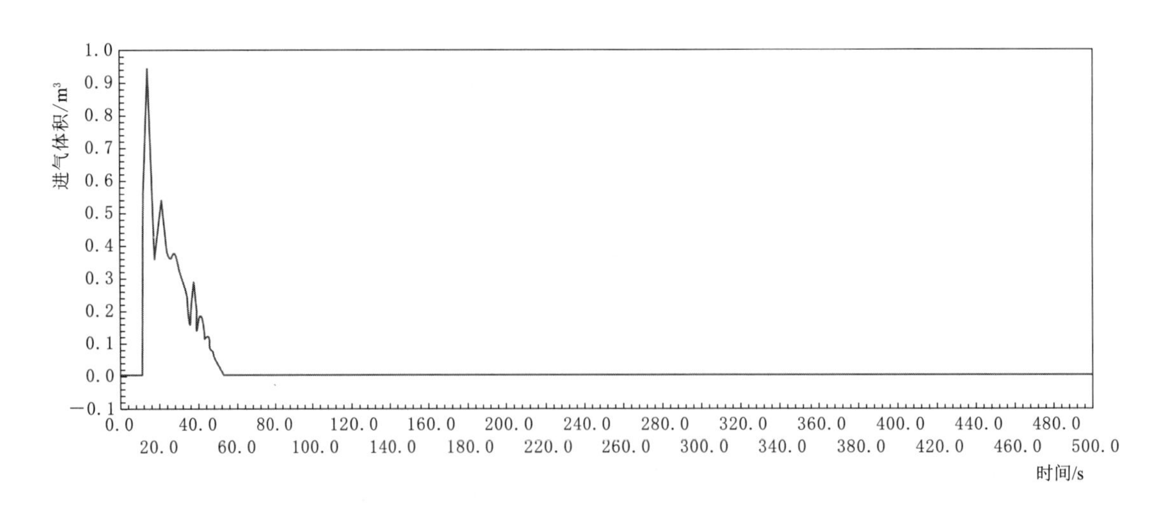

图 5-19　桩号 0+097.33 处空气阀进气体积变化过程

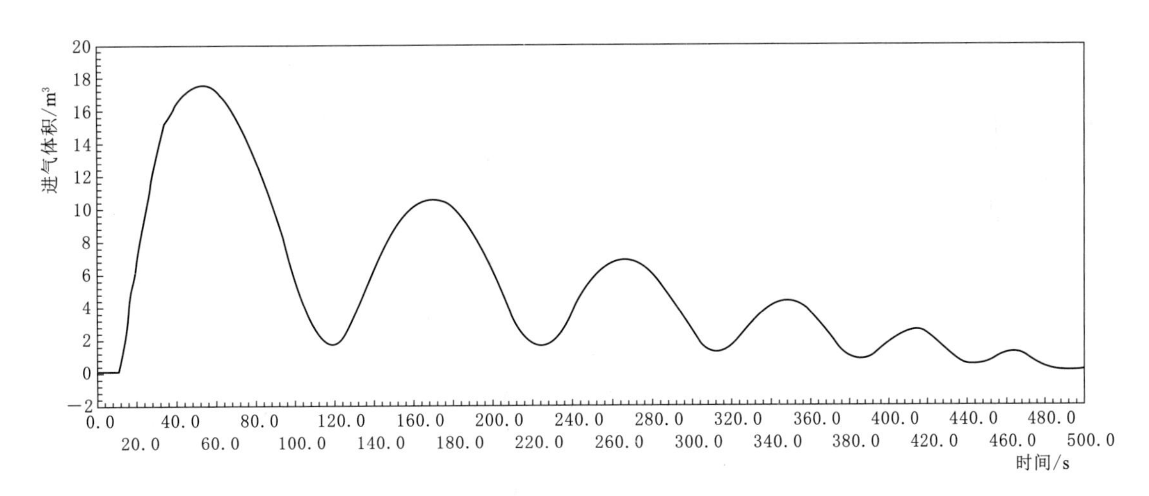

图 5-20　桩号 0+336.55 处空气阀进气体积变化过程

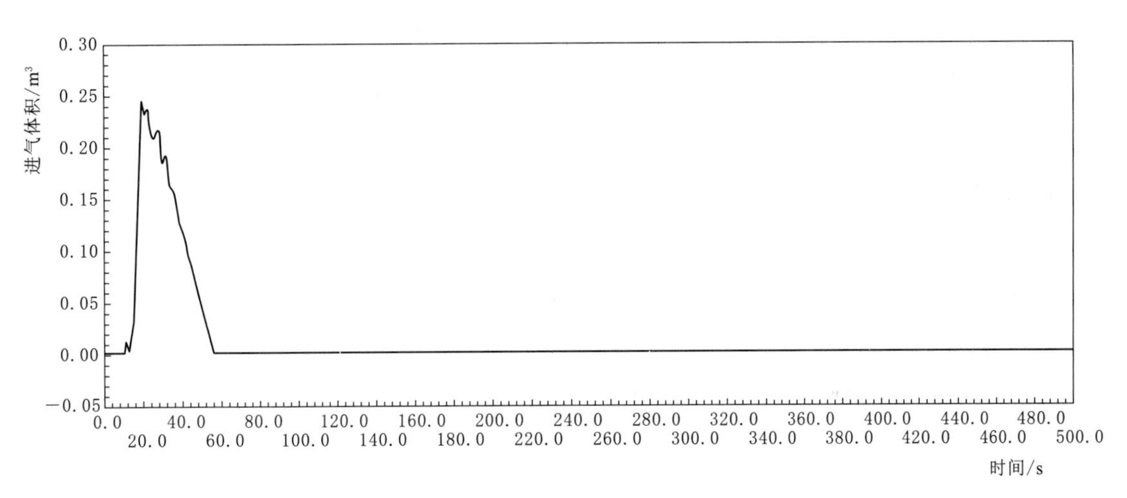

图 5-21　桩号 0+438.17 处空气阀进气体积变化过程

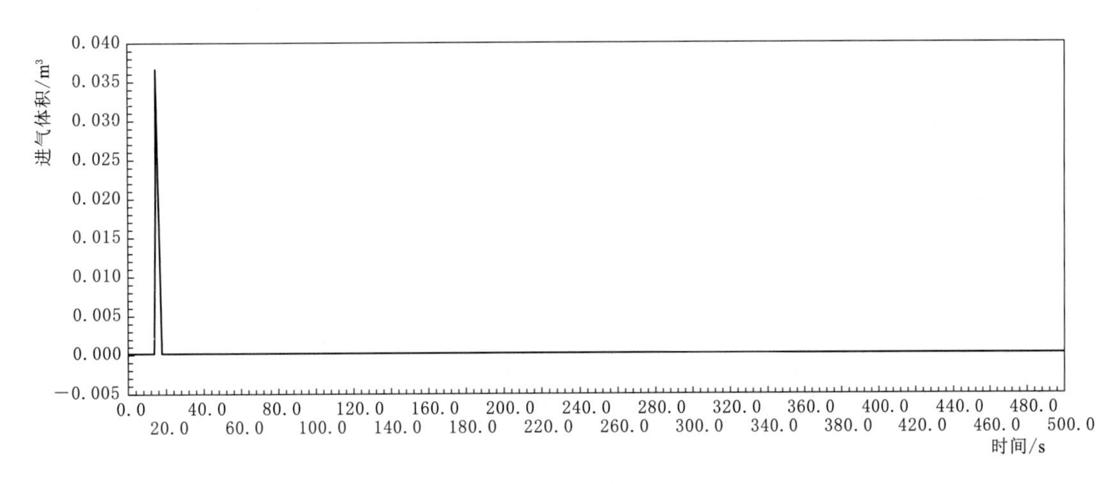

图 5-22　桩号 6+082.21 处空气阀进气体积变化过程

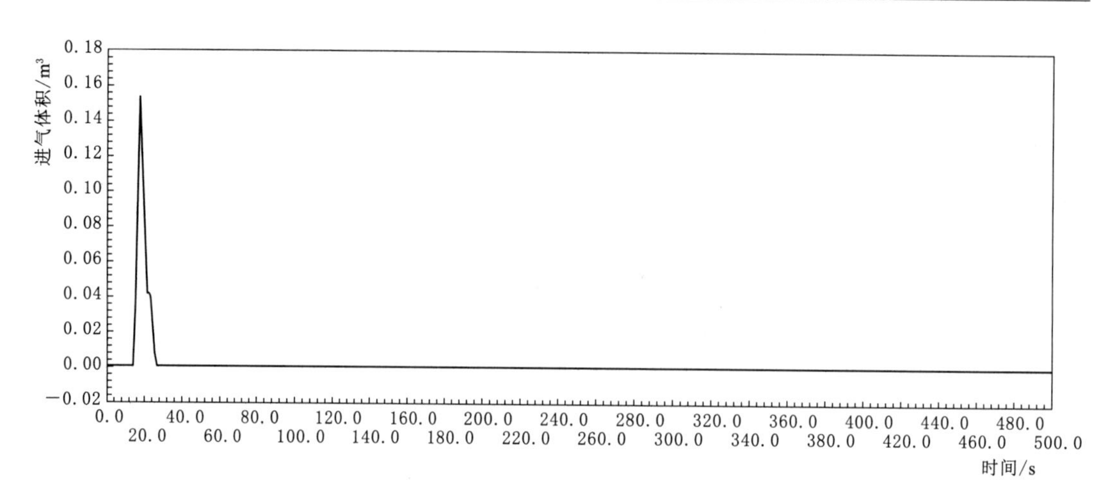

图 5－23　桩号 6＋248.5 处空气阀进气体积变化过程

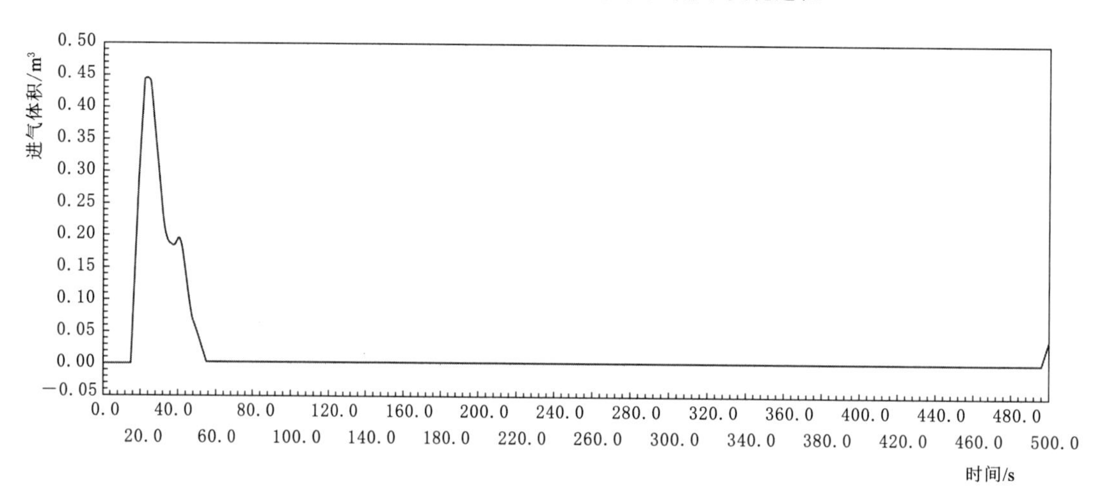

图 5－24　桩号 8＋031.21 处空气阀进气体积变化过程

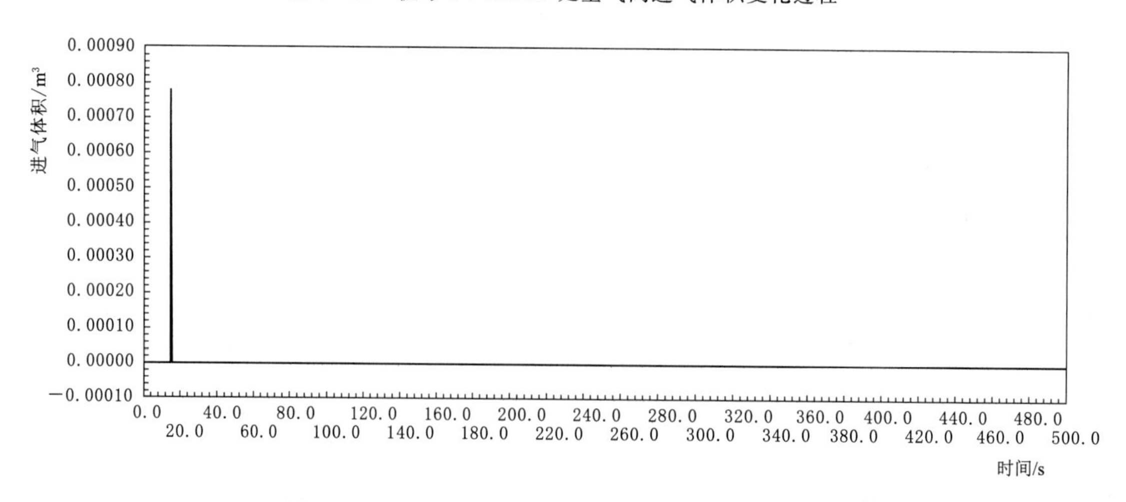

图 5－25　桩号 8＋201.21 处空气阀进气体积变化过程

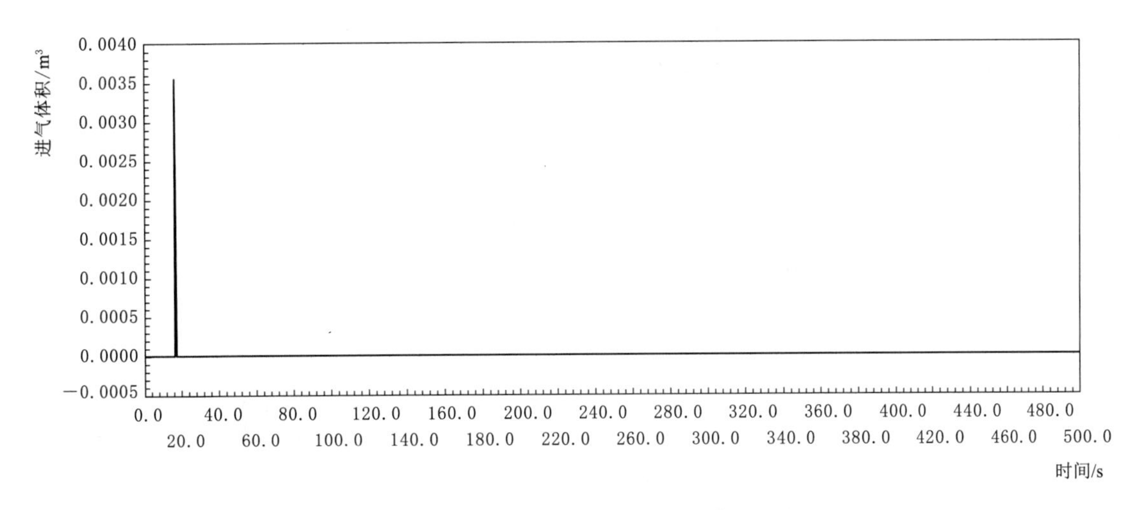

图 5－26　桩号 9＋910.35 处空气阀进气体积变化过程

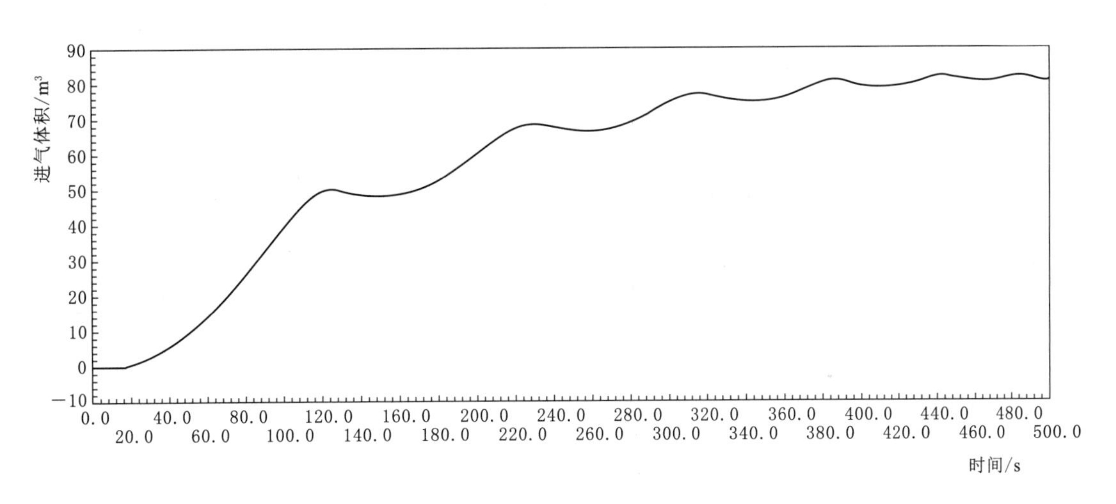

图 5－27　桩号 10＋180.00 处空气阀进气体积变化过程

由图 5－19～图 5－27 可知，支线管中心线高程高点桩号 10＋180.00 处空气阀进气体积较大，这主要是由于末端调流阀没有发生动作，高点后管道内的水体会不断向水厂方向补水直至流空，桩号 10＋180.00 处空气阀将不断进气直至气体充满高点位置后的管道。

五、空气罐＋单向塔联合防护方案计算

工程上一般不建议仅采用空气阀防护。主要是对于复合式排气阀，空气需要速进缓排，速进的目的是通过大量管道进气来缓解负压，缓排的目的是避免排气结束时产生气柱弥合水锤，由此给实际运行带来了很大的不便。一旦泵站发生抽水断电事故，需要进行整个管道的排气检查，才能恢复运行，否则管道将带气运行，流量不稳定，可能导致爆管与共振。管道安全管理制度要求管道不允许带气运行。仅采用空气阀防护原则上是不行的。因此，本小节在不考虑空气阀的基础上拟定了空气罐＋单向塔的联合防护方案。空气罐设

置在桩号 0+006.75 处，单向塔位于桩号 10+230.00 处，其防护示意图如图 5－28 所示。优化后的空气罐体型参数与单向塔参数见表 5－5 和表 5－6。

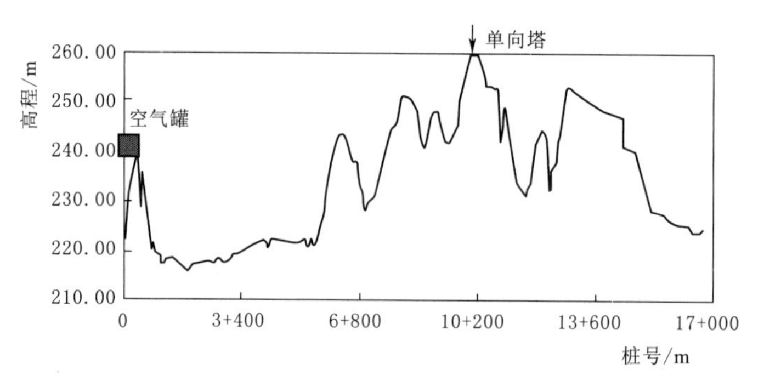

图 5－28　防护示意图

表 5－5　　空气罐体型参数表

位置桩号	空气罐体型参数						初始气体绝对压力/m	空气罐总容积/m^3
	水深/m	气室高度/m	总高度/m	截面面积/m^2	底部安装高程/m	连接管直径/m		
0+006.75	2.3	2.6	4.9	11.22	230.29	2×0.6	54.77	55

表 5－6　　单向塔参数表

位置桩号	管中心线高/m	塔底高程/m	单向塔截面面积/m^2	连接管直径/m	初始水位/m	最低水位/m
10+230.00	259.36	261.36	28.26	0.6	265.36	262.69

具体计算工况：2 台水泵同时掉电，泵后阀以 5s 关至全闭。发生停泵事故 60s 后末端调流阀以 80s 关至全闭（目的是防止高点处调压室漏空）。

按上述计算工况，采用空气罐＋调压室的联合防护方案时，其计算结果如图 5－29～图 5－38 所示。

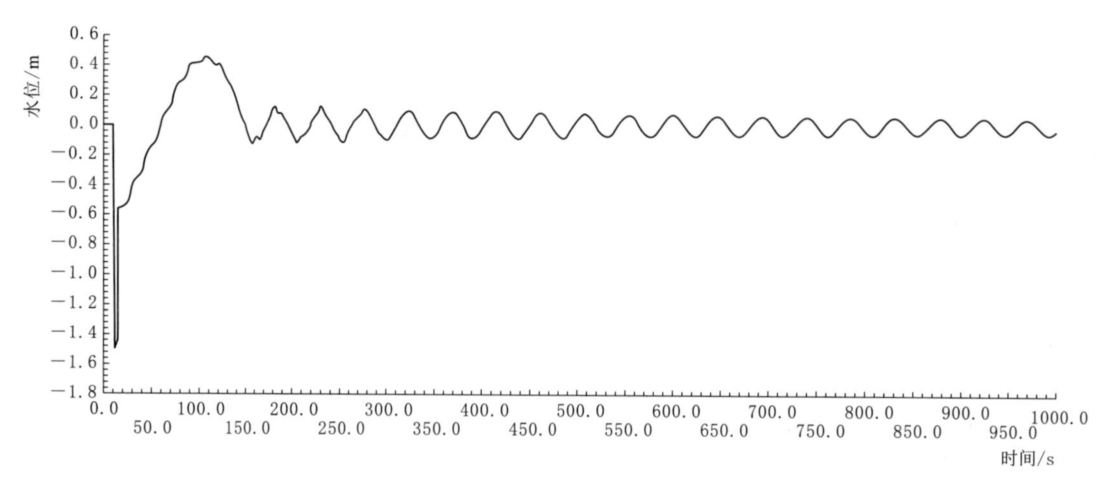

图 5－29　空气罐水位变化过程

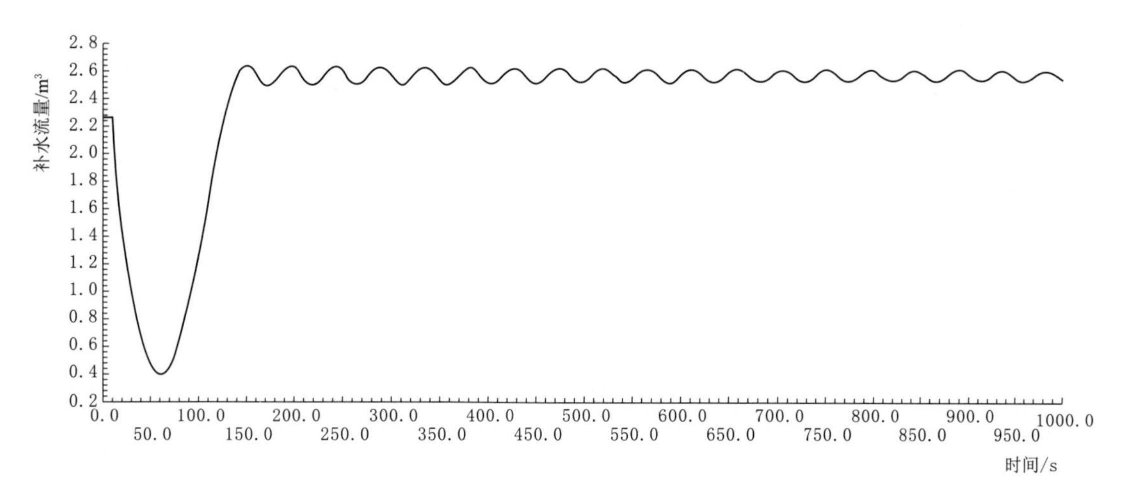

图 5-30 空气罐补水流量变化过程

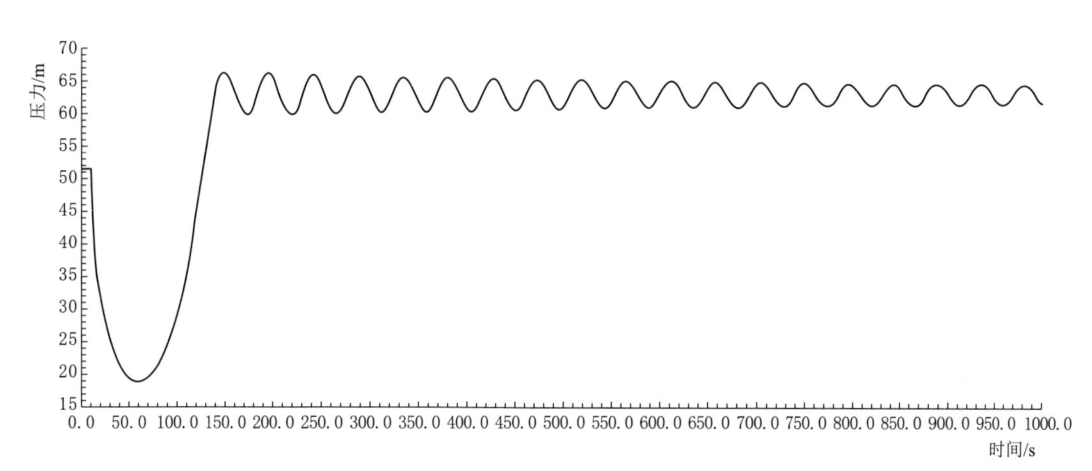

图 5-31 空气罐气室绝对压力变化过程

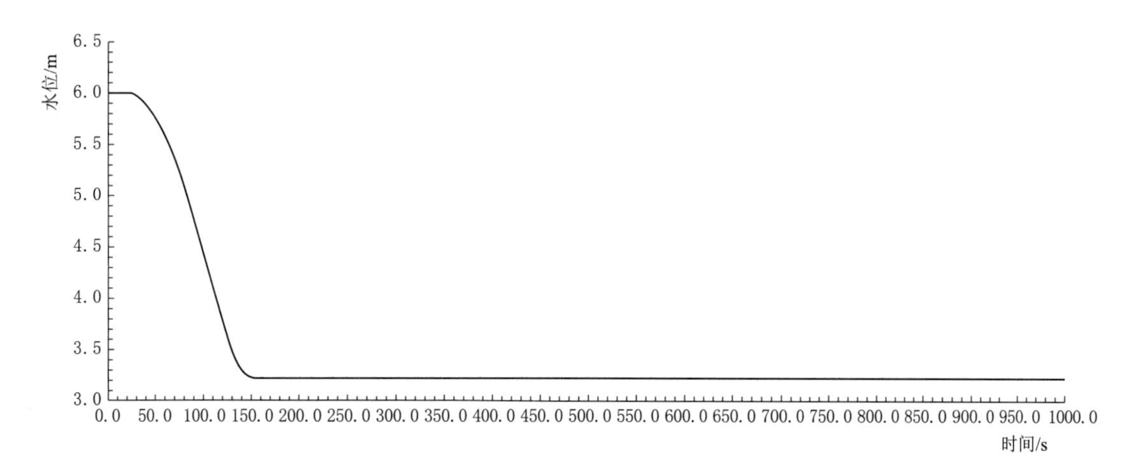

图 5-32 单向塔水位变化过程

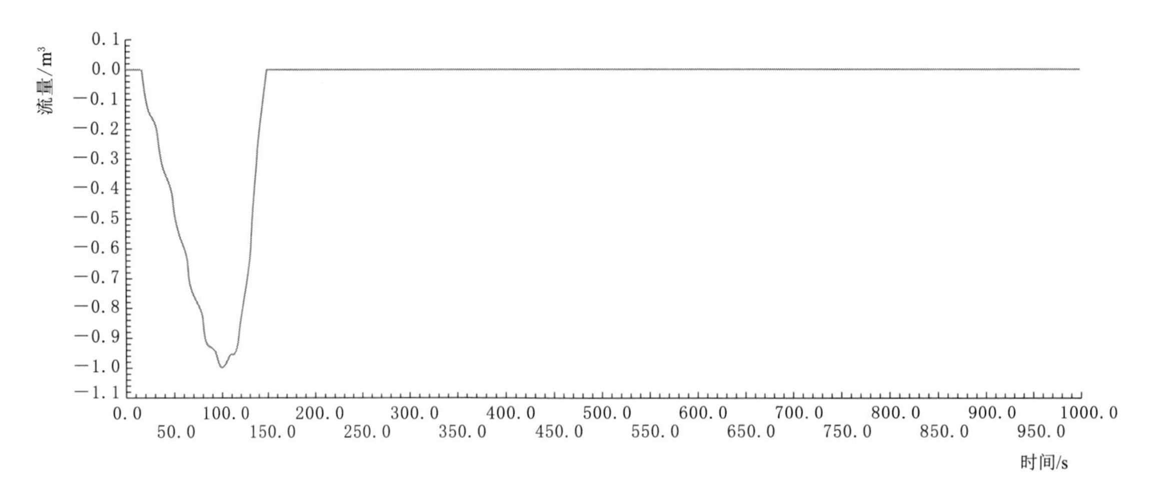

图 5-33　单向塔补水流量变化过程

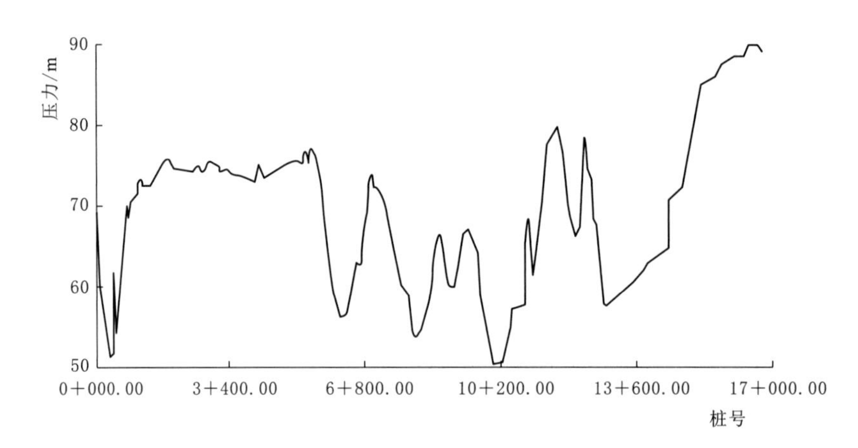

图 5-34　单向塔底部压力变化过程

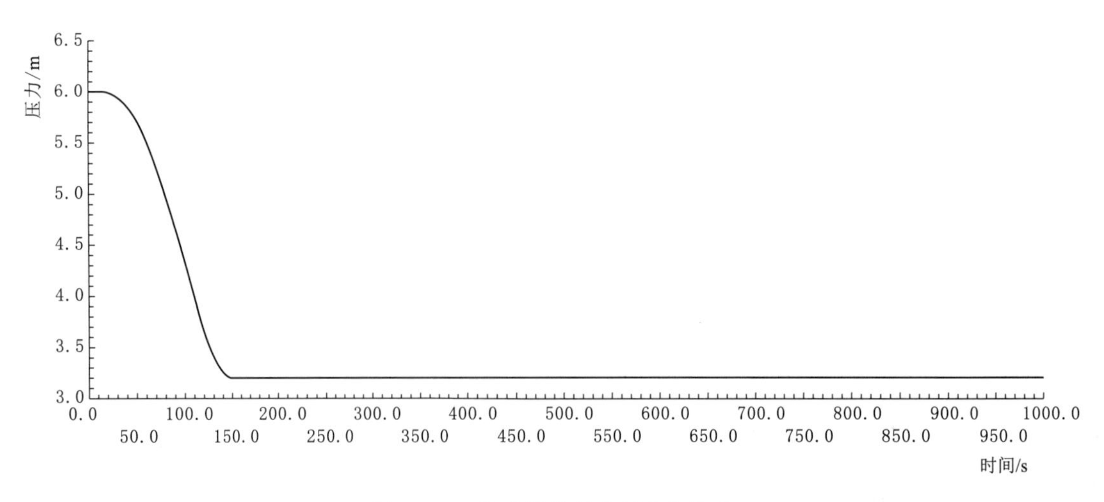

图 5-35　管道沿线最大压力包络线

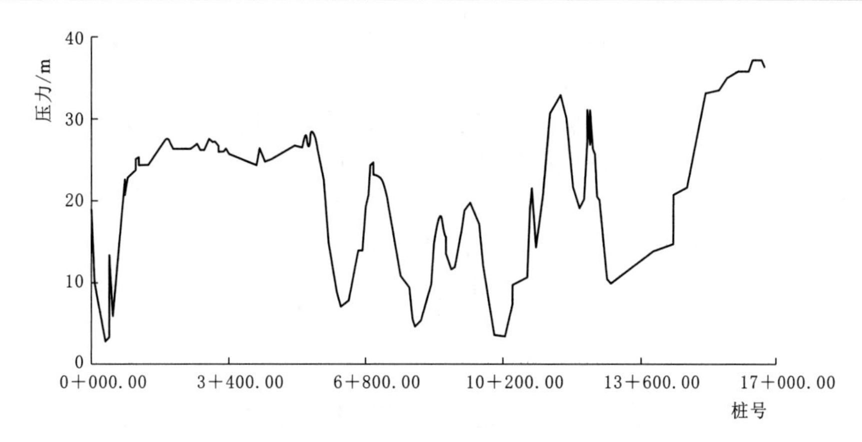

图 5-36　管道沿线最小压力包络线

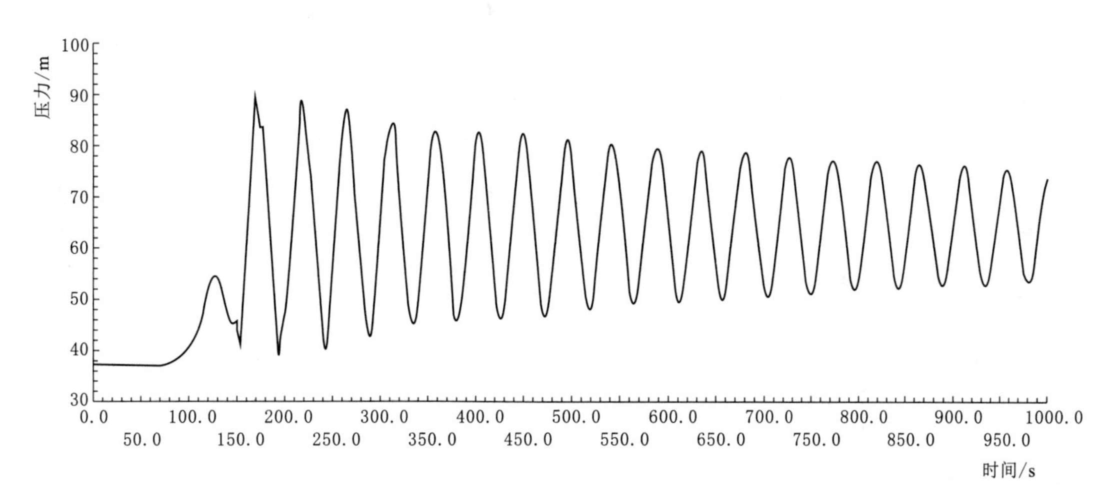

图 5-37　管道沿线压力最大点压力变化过程线（桩号：16+375.62）

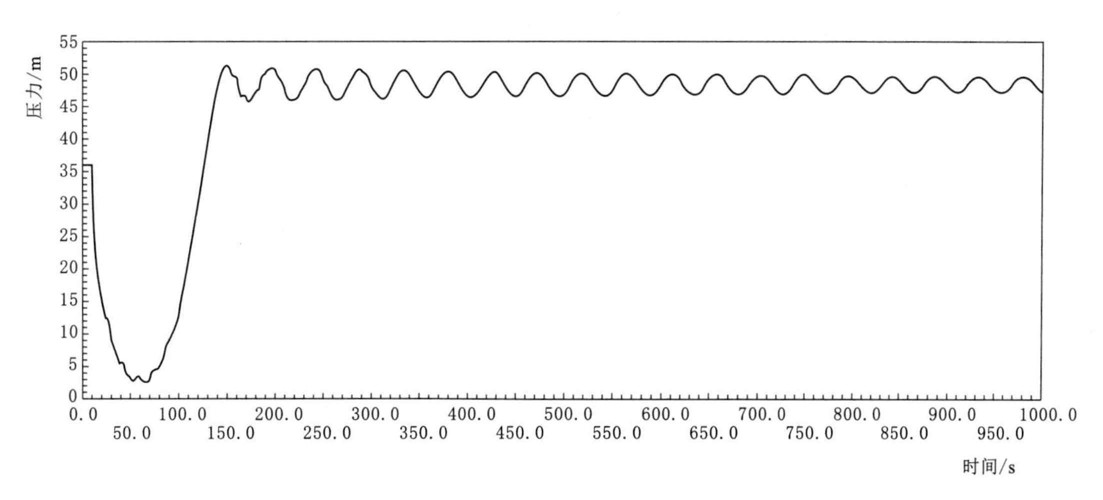

图 5-38　管道沿线压力最小点压力变化过程线（桩号：0+336.55）

由图 5－29～图 5－38 可知，当泵站水泵发生抽水断电事故，采用空气罐＋单向塔的联合防护方案，泵后阀以 5s 关至全闭且发生停泵事故 60s 后末端调流阀以 80s 关至全闭。泵后产生约 67.16m 的降压，泵站水泵发生反转，最大反转速为 1701.58r/min，小于额定转速的 1.2 倍；管道沿线压力极大值为 89.01m，位于桩号 16＋375.62 处，管道沿线压力极小值为 2.56m，位于桩号 K0＋336.55 处。

空气罐＋单向塔的联合防护方案下，空气罐安全水深为 0.39m，不发生漏空；末端调流阀在停泵后 60s 开始关闭，调压室也不发生漏空。泵后输水系统最小内水压力均不小于 0，各管段最大内水压力均未超过管道的承压标准。

第二节　双管支线停泵过渡过程计算

一、线路概况

某线路采用双管输水的方式，线路长 30.35km，共设 3 台工作水泵、1 台备用水泵（事故备用）。水泵均为卧式离心泵，并通过变频恒流，满足远期工况水泵扬程 49.80m，泵站流量恒定为 2.22m^3/s，单泵流量恒定为 0.74m^3/s 的要求，每台泵后均装置 DN600 的重锤蝶阀。

二、恒定流计算分析

泵站恒定流的具体计算工况如下：泵站前池设计水位 168.70m，管线末端净水厂设计水位 190.00m，水泵扬程 49.8m，总流量 2.22m^3/s，单泵流量 0.74m^3/s。

泵站运行工况表见表 5－7，管中心线高程、管中心线高程及测压管水头线和内水压力如图 5－39～图 5－41 所示。

表 5－7　　泵站运行工况表

设计总流量/(m^3/s)	水泵扬程/m	泵站前池设计水位/m	净水厂水位/m	备注
2.22	49.8	168.70	190.00	3 用 1 备

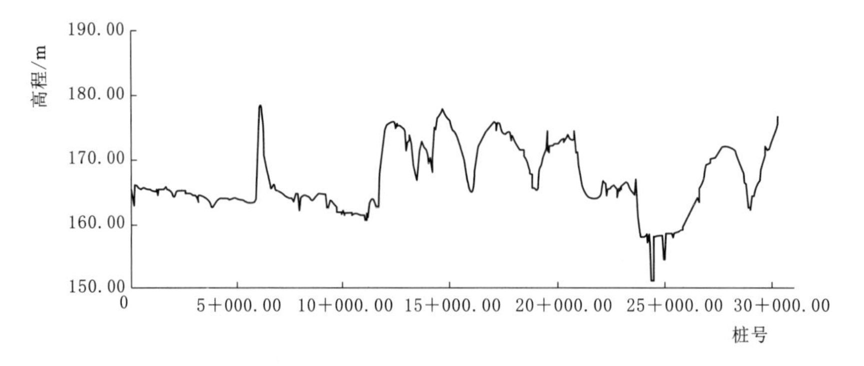

图 5－39　泵后管中心线高程

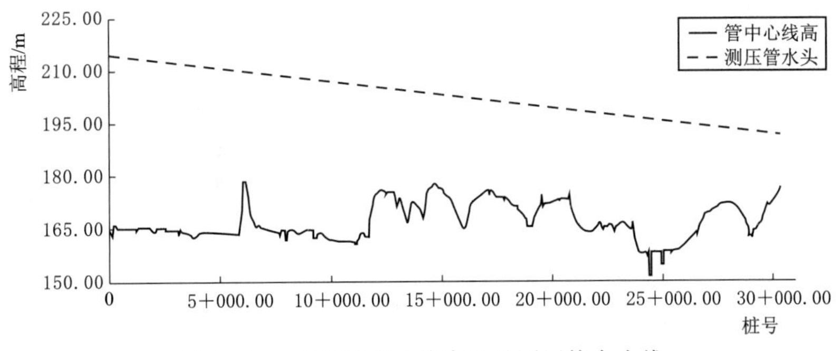

图 5-40　泵后管中心线高程及测压管水头线

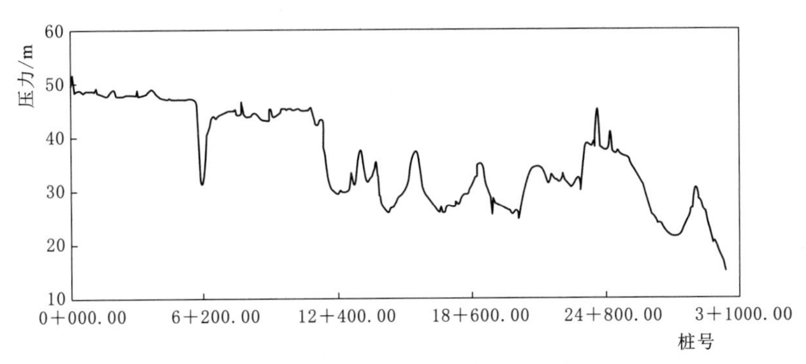

图 5-41　泵后管道沿线内水压力

由图 5-39～图 5-41 可以看出，在恒定流计算工况下泵后管道沿线压力极小值为 14.96m，在输水系统末端桩号 30+353.60 处；压力极大值为 51.46m，出现在泵后桩号 0+125.64 处。由图 5-41 可以看出，输水管段末端内水压力较小，发生停泵事故时，安全裕度较小，极易产生负压。管道管材为 PCCP 管，因此，压力管道内设计内水压力标准值为 $1.5F_{wk}$，即 1.5×51.46=77.19m。

三、无防护措施停泵计算

无防护措施停泵时，最危险工况为泵站工作水泵同时抽水断电且泵站取水口水位为最低运行水位，此时水泵扬程最高，发生停泵事故泵后产生的降压最大。工况拟定：泵站前池设计水位 168.70m，管线末端净水厂设计水位 190.00m，水泵扬程 49.80m，总流量 2.22m^3/s，单泵流量 0.74m^3/s。3 台水泵同时掉电，且泵后工作阀拒动。计算结果如图 5-42～图 5-46 所示。

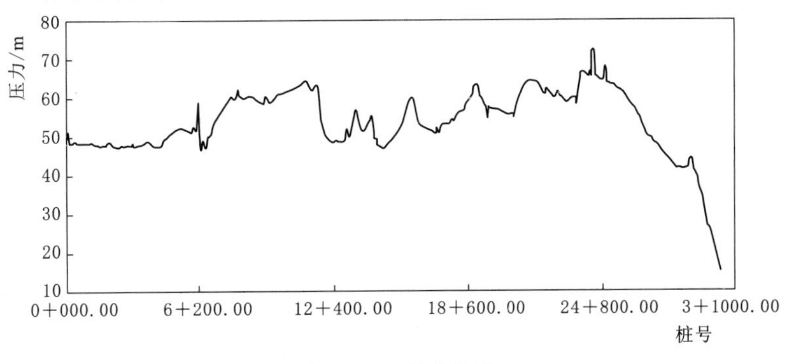

图 5-42　最大压力

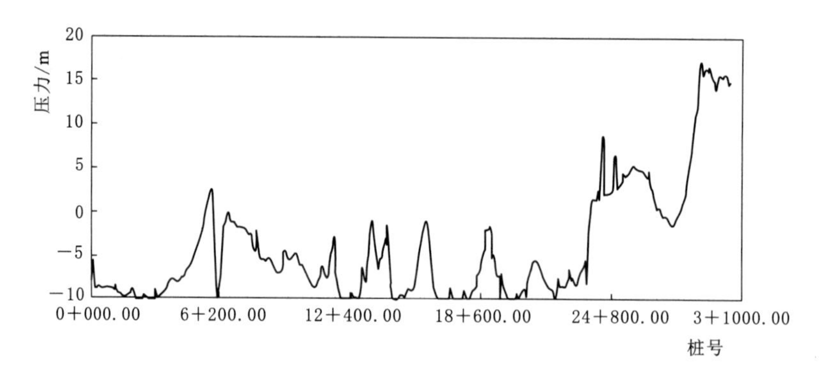

图 5-43　最小压力包络线

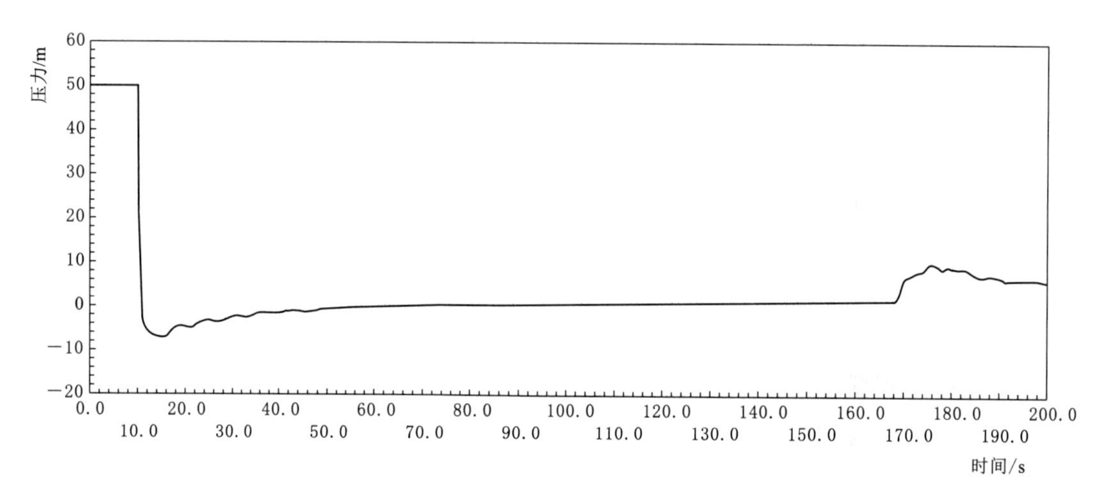

图 5-44　泵站泵后压力变化

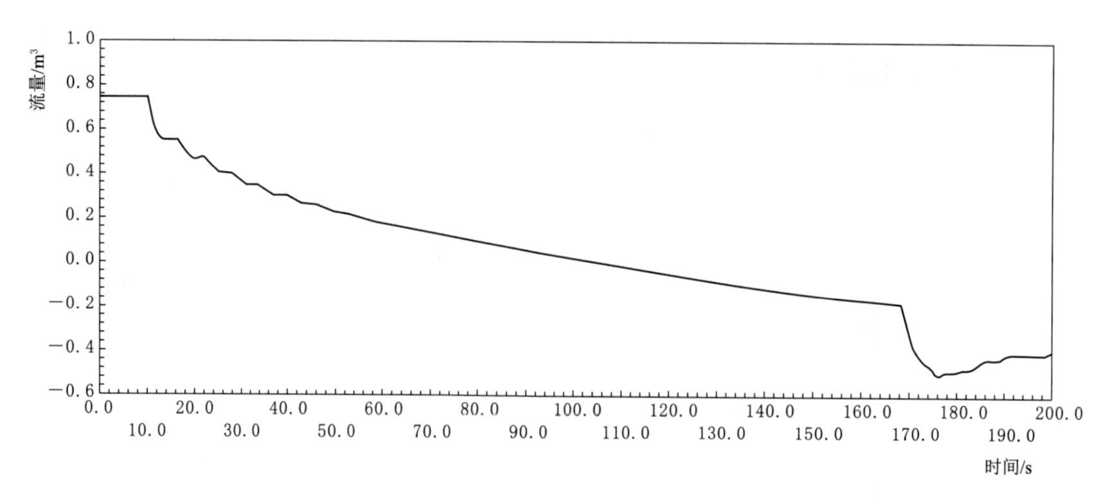

图 5-45　泵站泵后流量变化

由图 5-42～图 5-46 可知，当泵站 3 台水泵同时抽水断电，泵后工作阀拒动时，泵站水泵均发生反转，最大反转速为－679.94r/min，小于额定转速的 1.2 倍。泵后产生

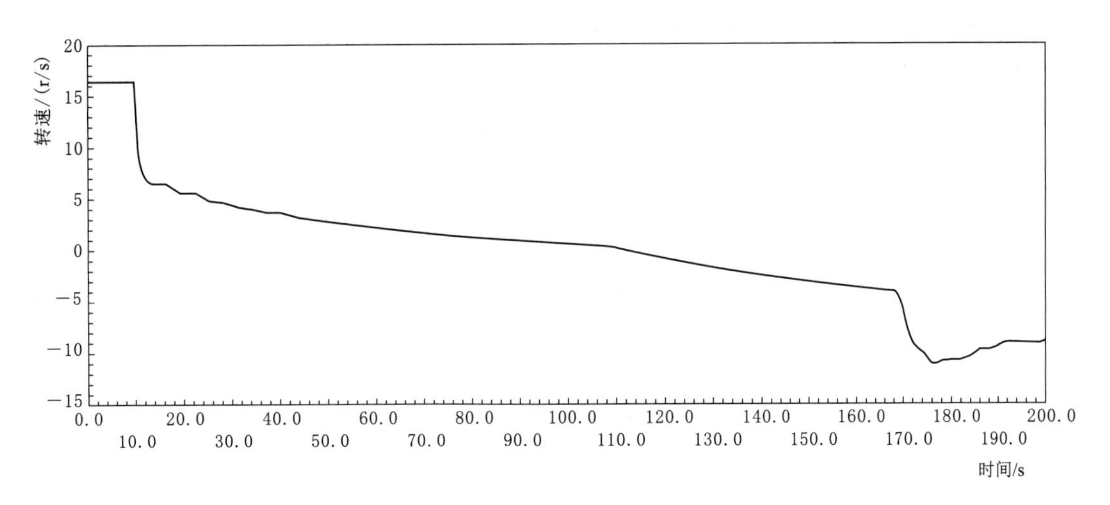

图 5-46 水泵转速变化

57.37m 的降压，该无防护抽水断电工况下泵后管线产生较大负压，压力极小值低于汽化压力−9.98m，位于桩号 2+402.73～2+568.43、3+098.55～3+123.27、6+094.68～6+200.14、11+999.08～12+180.79、12409.38～12452.21、12+845.82～12856.93、16+852.06～17+085.87、17+454.21～17+777.59 等多处。管道沿线压力极大值 72.28m，位于桩号 24+445.63 处。

四、空气阀防护方案计算

通过上节对输水系统的无防护抽水断电计算结果可知，泵站事故停泵且泵后阀门拒动后，管道中将产生较大的负压，危害系统运行和管道安全。因此输水系统需要合理设置相应的水锤防护措施，因为该支线管线设计过程中设置了一定数量的空气阀，所以下面对系统原有的空气阀防护方案进行计算分析，校核负压防护是否满足要求。

原设空气阀位置桩号统计见表 5-8。

表 5-8　　原设空气阀位置桩号统计

0+198.59	7+498.95	13+173.59	18+635.41	24+493.81
0+988.95	8+188.95	13+710	19+503.24	24+312.33
1+788.95	8+988.95	14+416.6	20+108.31	25+063.98
2+588.96	9+728.95	14+815.35	20+708.31	25+680.35
3+388.95	10+568.95	15+025.35	21+283.4	26+300.35
4+188.95	11+378.95	15+355.94	21+883.4	26+920.35
4+988.95	11+934.46	16+337.32	22+573.4	27+855.95
6+094.68	12+180.79	16+933.41	23+199.65	28+820.04
6+738.95	12+524.46	17+777.59	23+626.29	—

计算工况：泵站前池设计水位 168.70m，管线末端净水厂设计水位 190.00m，水泵扬程 49.80m，总流量 2.22m^3/s，单泵流量 0.74m^3/s。3 台水泵同时掉电，泵后工作阀的关

闭规律为泵 20s 后掉电，掉电后泵后工作阀以 5s 快关至 0.3，再以 40s 慢关至全闭。

计算结果如图 5-47～图 5-53 所示。

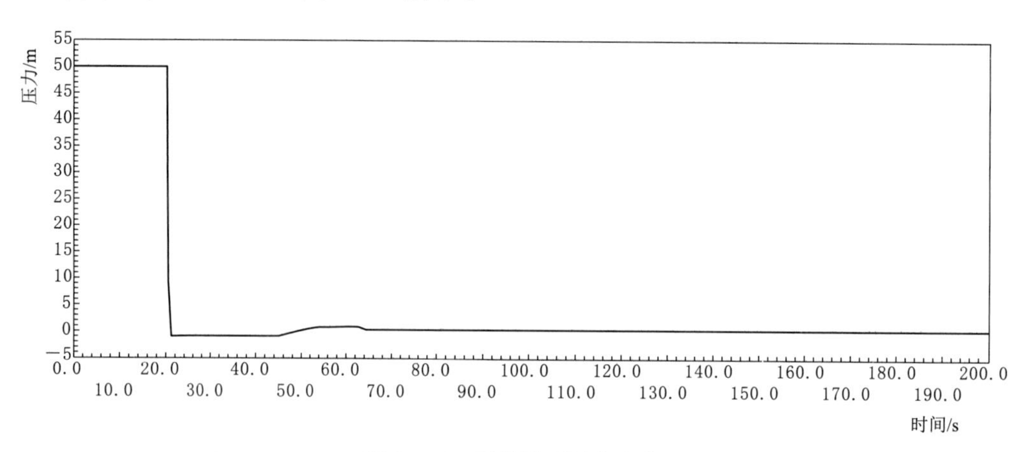

图 5-47　泵站泵后压力变化

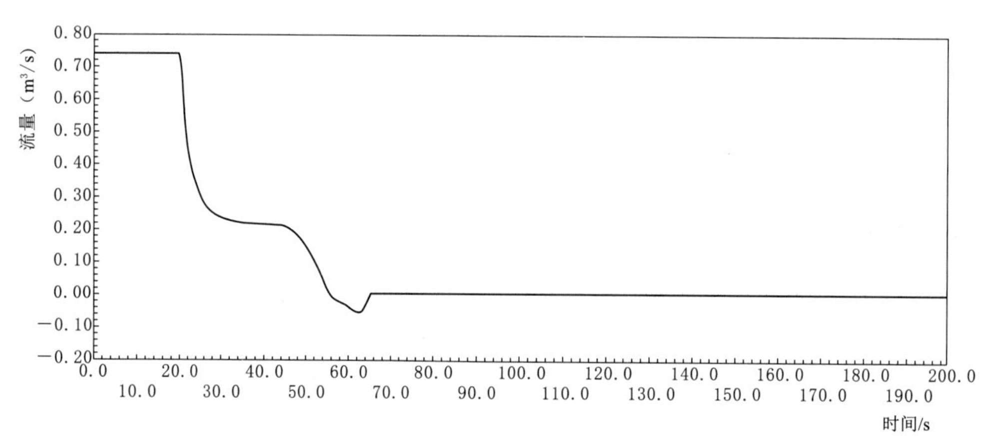

图 5-48　泵站泵后流量变化

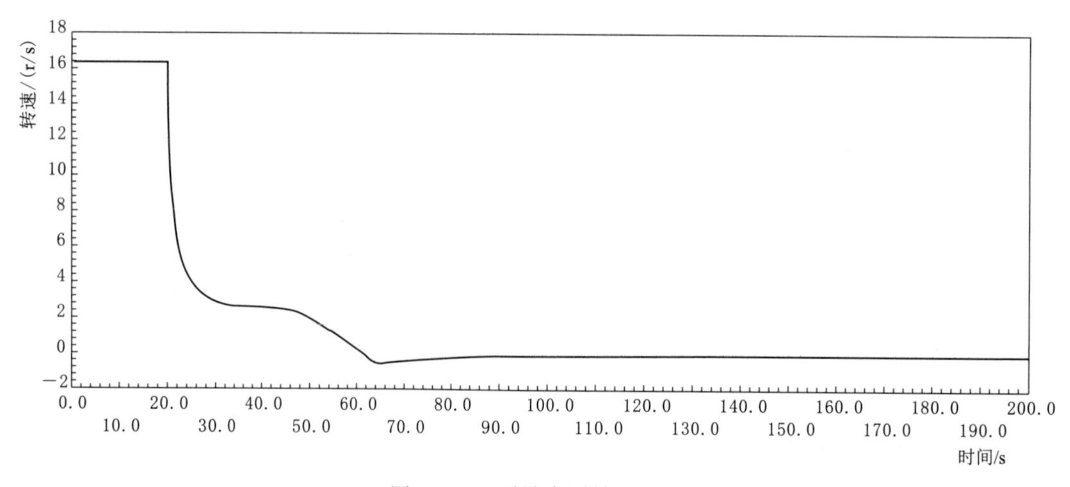

图 5-49　泵站水泵转速变化

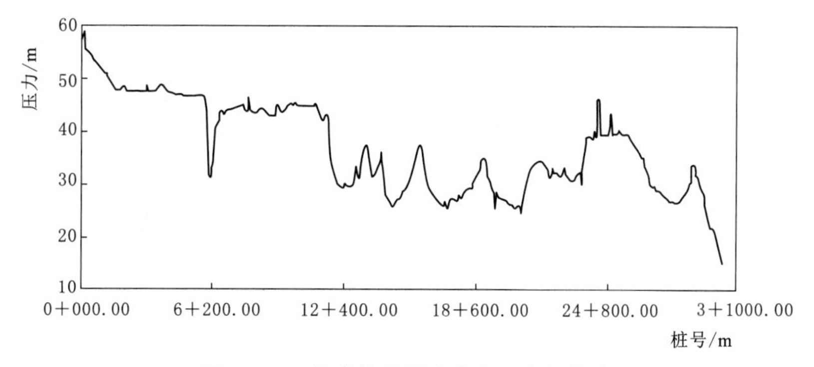

图 5-50 管道沿线最大内水压力包络线

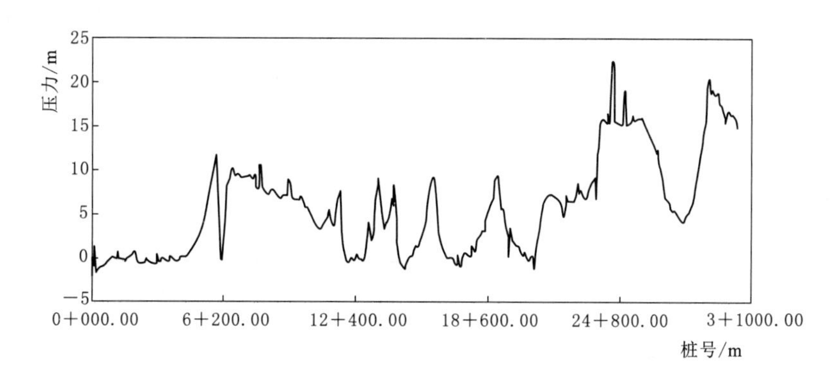

图 5-51 管道沿线最小内水压力包络线

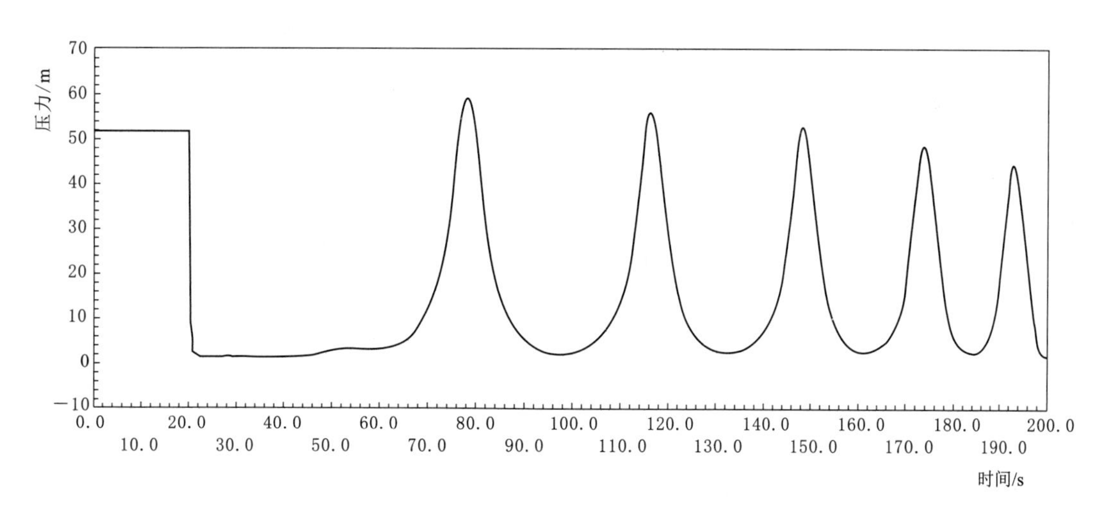

图 5-52 管道沿线压力最大点压力变化过程线（桩号：0+125.64）

由图 5-47～图 5-53 可知，在空气阀的基础上，当泵站 3 台水泵同时抽水断电，泵后工作阀的关闭规律为泵 20s 后掉电，掉电后泵后工作阀以 5s 快关至 0.3，再以 40s 慢关至全闭。泵站水泵最大反转速为－33.53r/min，小于额定转速的 1.2 倍，泵后产生约 51.38m 的降压，管道沿线负压符合负压控制标准，压力极小值为－2.10m，位于泵后桩号 0+000.00 处，管道沿线压力极大值 58.92m，位于桩号 0+125.64 处。

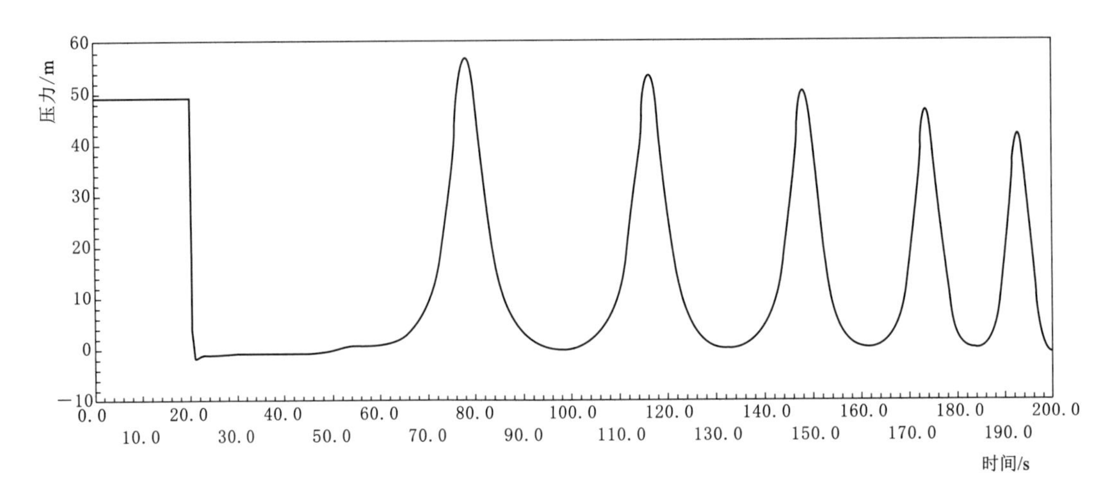

图 5-53　管道沿线压力最小点压力变化过程线（桩号 0+000.00）

动作空气阀位置桩号统计见表 5-9。

表 5-9　　**动作空气阀位置桩号统计**

0+198.59	4+188.95	12+524.46	19+503.24
1+788.95	6+094.68	14+416.6	20+708.31
2+588.96	11+934.46	14+815.35	—
3+388.95	12+180.79	16+933.41	—

五、单向塔防护方案计算

输水系统单管沿线共设置了 3 座单向塔，因为是双管输水，所以共设置了 6 座，以其中一条管线为例，1 号单向塔位于桩号 0+026.58（泵站前池之上）、2 号单向塔位于桩号 12+120.44 处、3 号单向塔位于桩号 29+732.00 处。优化后的单向塔参数见表 5-10。

表 5-10　　**单向塔参数表**

单向塔塔号	位置桩号	管中心线高/m	单向塔截面面积/m^2	塔底高程/m	连接管直径/m	初始水位/m	最低水位/m
1 号	0+026.58	165.15	28.275	167.96	2×0.8	175.15	173.02
2 号	12+120.44	175.40	25.132	177.4	2×0.8	185.50	183.53
3 号	6+094.68	178.31	28.275	180.31	2×0.8	184.31	182.29

具体计算工况：3 台水泵同时掉电，泵后工作阀的关闭规律为泵运行 20s 后掉电，掉电后泵后工作阀以 5s 快关至 0.3，再以 40s 慢关至全闭。采用单向塔防护方案时计算结果如图 5-54～图 5-67 所示。

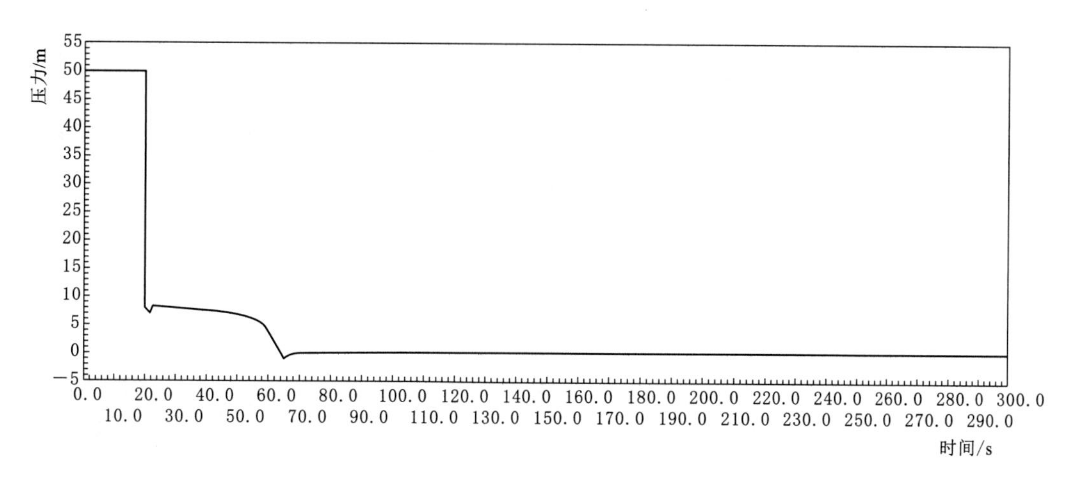

图 5-54　泵后压力变化过程

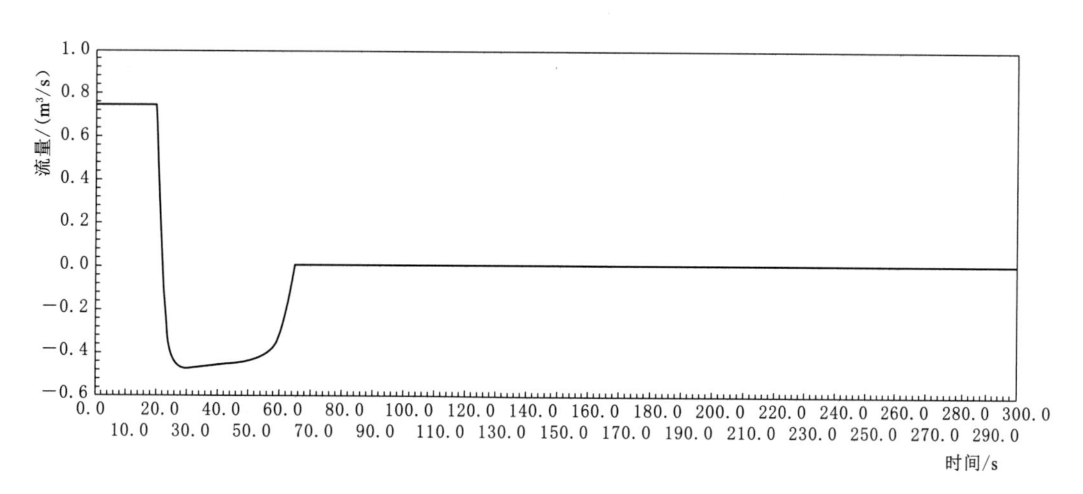

图 5-55　泵后流量变化过程

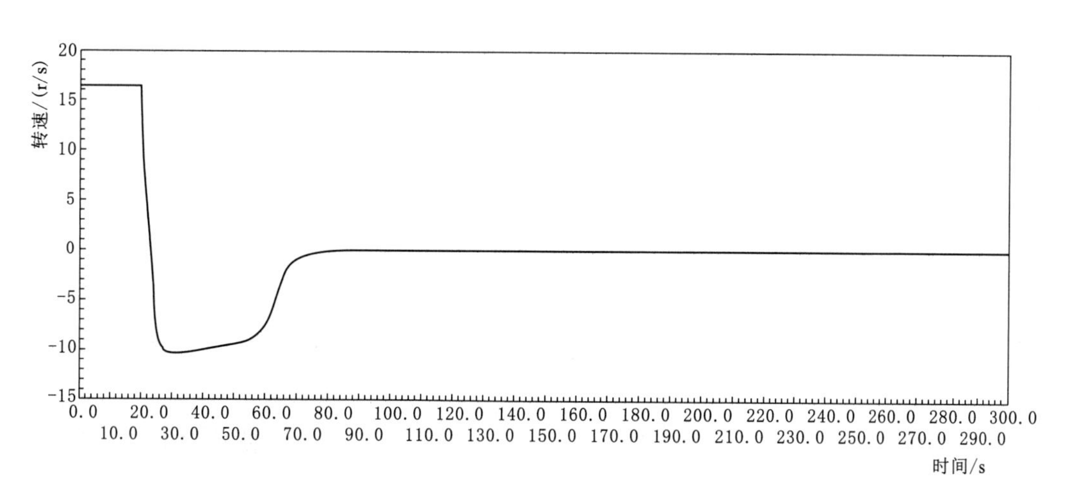

图 5-56　水泵转速变化过程

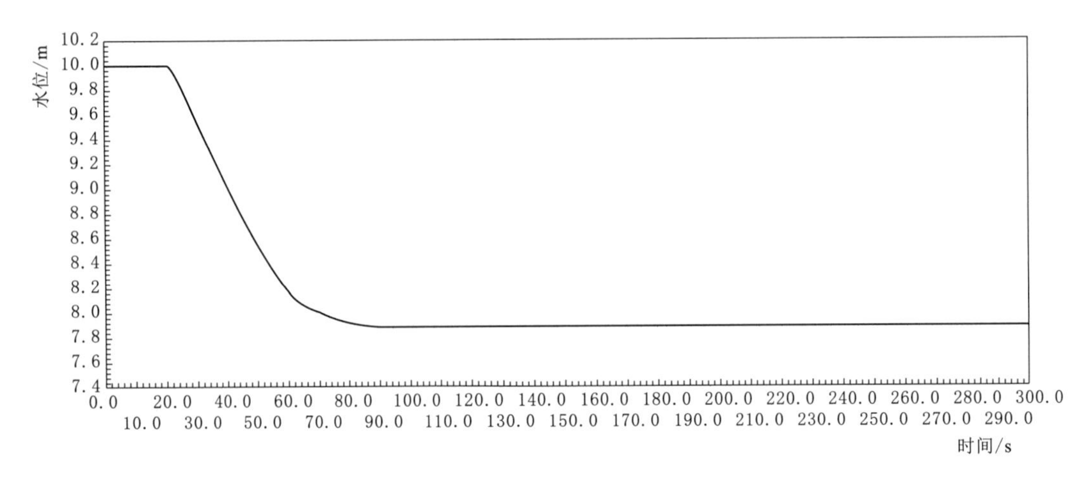

图 5-57　1号单向塔水位变化过程

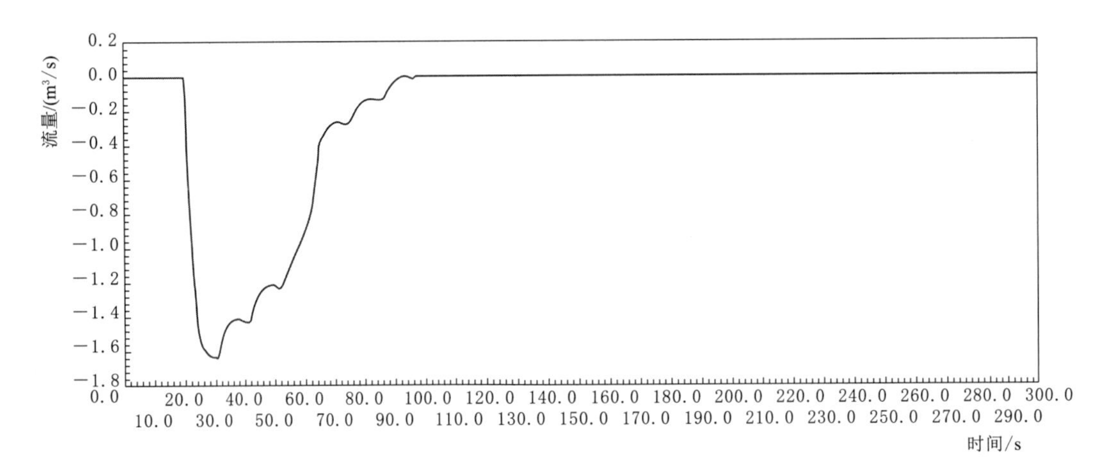

图 5-58　1号单向塔补水流量变化过程

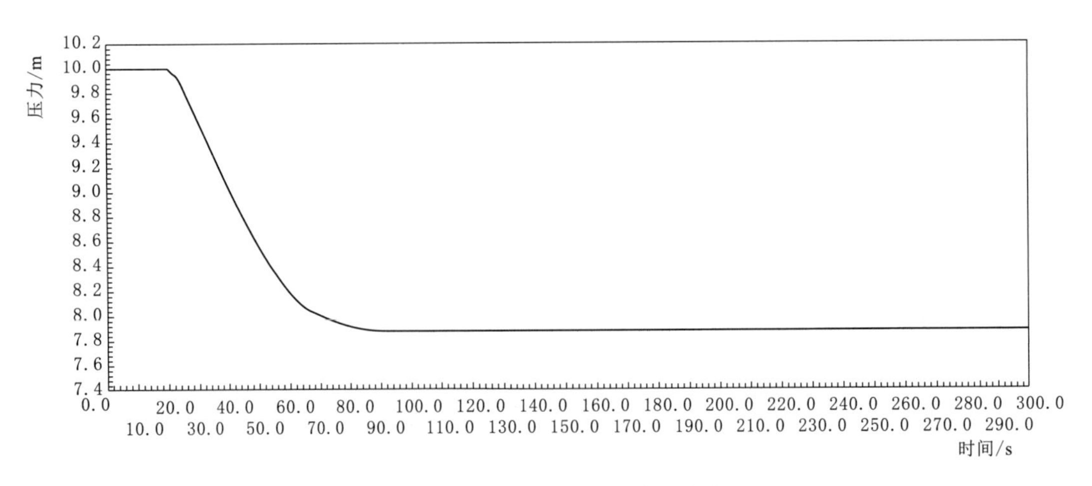

图 5-59　1号单向塔塔底压力变化过程

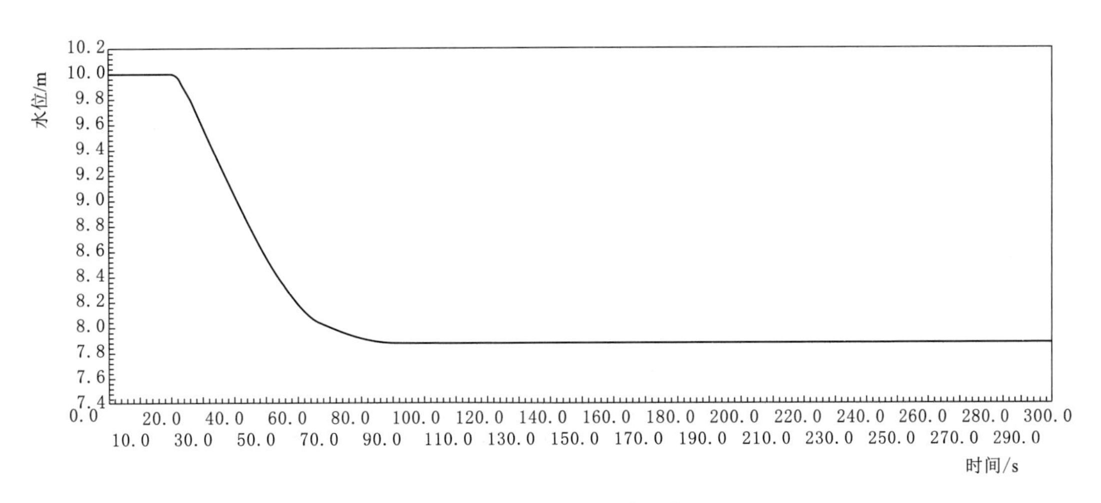

图 5－60　2号单向塔水位变化过程

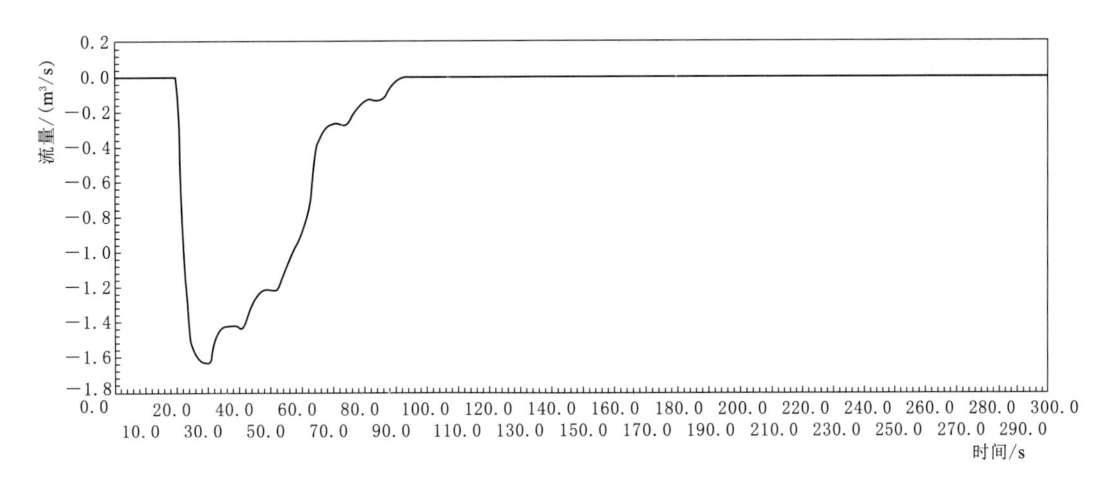

图 5－61　2号单向塔补水流量变化过程

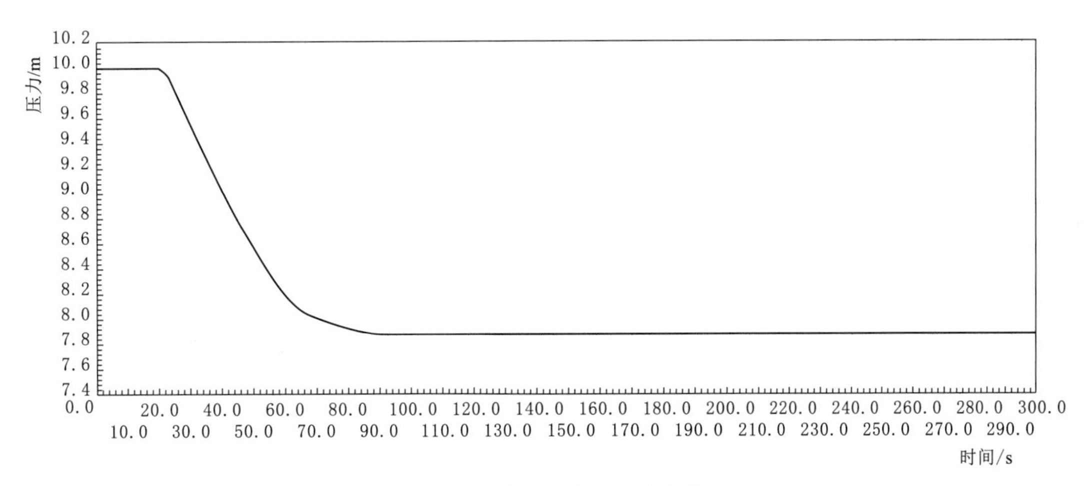

图 5－62　2号单向塔塔底压力变化过程

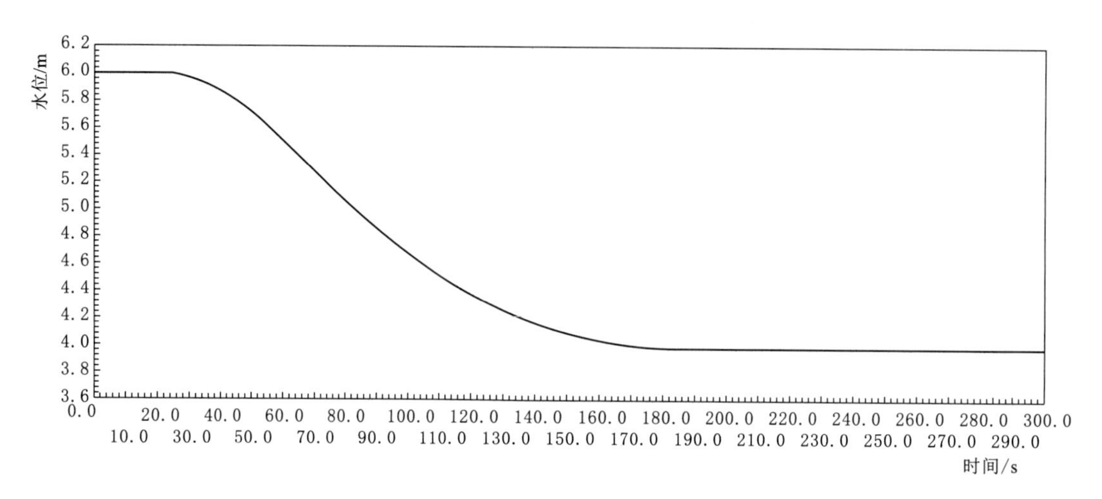

图 5-63 4 号单向塔水位变化过程

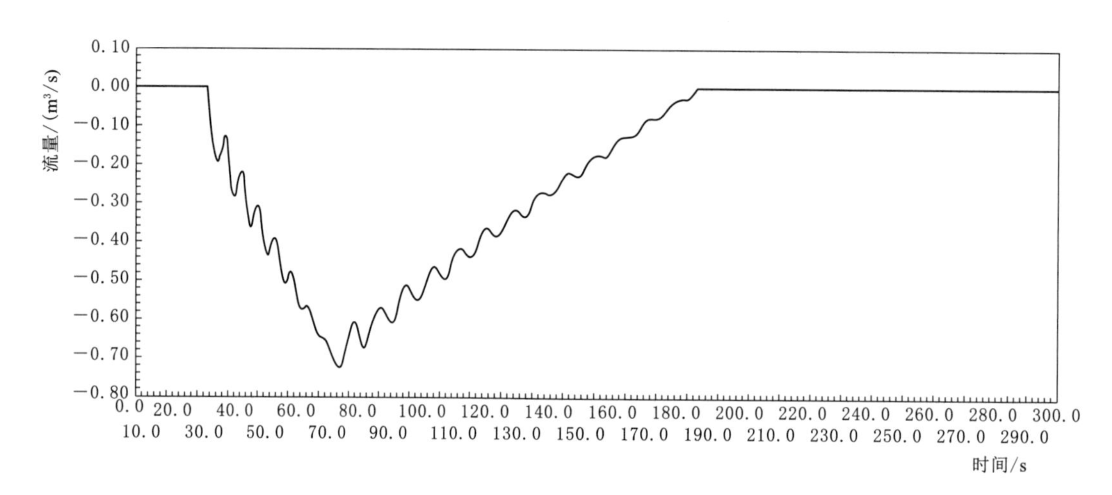

图 5-64 4 号单向塔补水流量变化过程

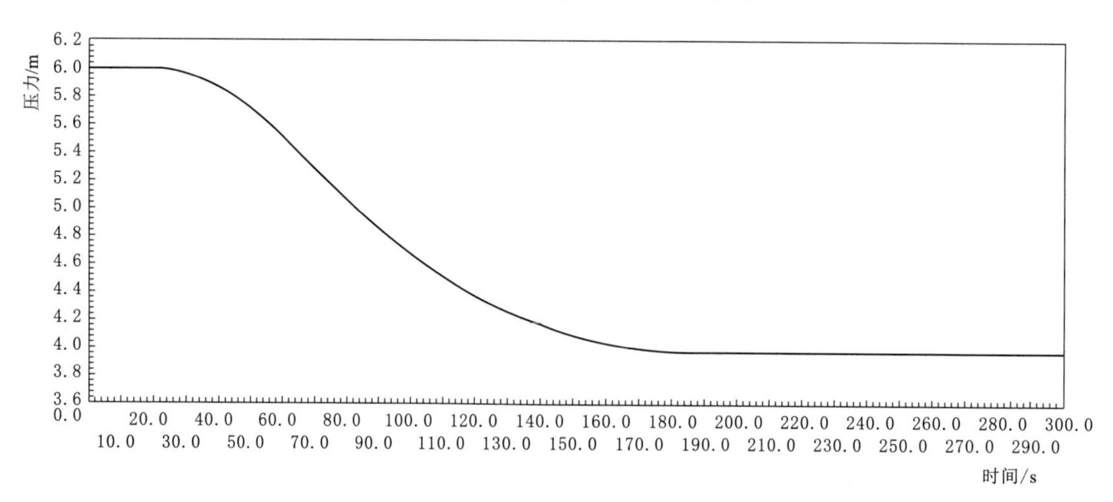

图 5-65 4 号单向塔塔底压力变化过程

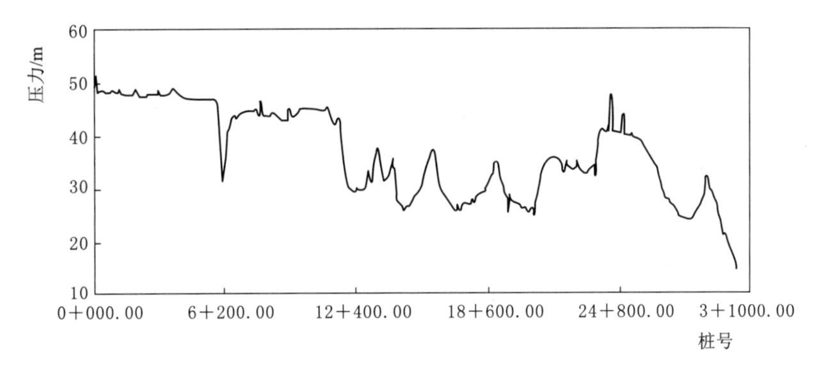

图 5-66　管道沿线最大内水压力包络线

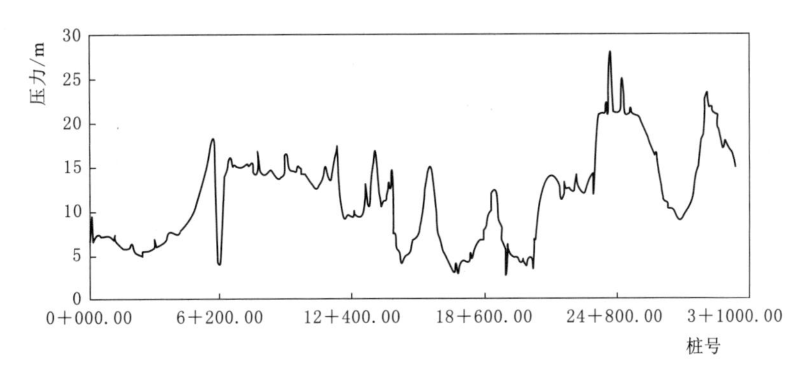

图 5-67　管道沿线最小内水压力包络线

由图 5-54～图 5-67 可知，当泵站水泵发生抽水断电事故，采用单向塔防护方案，且泵后工作阀的关闭规律为泵 20s 后掉电，掉电后泵后工作阀以 5s 快关至 0.3，再以 40s 慢关至全闭。泵后约产生 54.20m 压降，水泵最大反转转速－631.97r/min，未超过额定值的 1.2 倍；管道沿线压力极大值为 51.46m，位于桩号 0＋125.64 处，管道沿线压力极小值为 2.70m，位于桩号 19＋503.24 处，符合管道压力控制标准，说明采用的单向塔防护方案符合要求。

第三节　本　章　小　结

有压输水系统中，采取经济可行的水锤防护措施尤为重要。本章介绍了一维特征线方法的计算原理，建立相应的计算模型，进行输水系统的一维过渡过程数值模拟计算和分析，其计算结果可为有压输水系统的运行方式提供一定借鉴。

本章共列举了两个工程实例，具体介绍了这两个工程实例如何进行水锤分析及水锤防护。

1. 对于第二节中的工程实例

(1) 在恒定流计算工况下输水系统管道沿线压力最小值为 7.57m。在输水系统末端桩号 10＋237.03 处；最大值为 59.13m，出现在泵后桩号 1＋868.86 处。输水管道中后段内水压力较小，发生停泵事故时，安全裕度较小，极易产生负压。管道管材为球墨铸铁管，压力管道内设计内水压力标准值为（F_{wk}+0.5）MPa，即 59.13+50=109.13m。

（2）当泵站 2 台水泵同时抽水断电，泵后工作阀拒动时，泵站水泵均发生反转，最大反转速为－1942.2r/min，超过额定转速的 1.2 倍。泵后产生降压约 61.89m，管道沿线出现较大负压，压力极小值不大于－9.98025m，位于桩号 10+000.00 处，管道沿线压力极大值 57.17m，位于桩号 1+868.86 处。不设置水锤防护措施水泵发生抽水断电事故时，管道多处存在严重程度不同的负压，如不设置水锤防护措施，水体将发生汽化，容易导致弥合水锤事故，危害系统安全。

（3）在设有空气阀的基础上，当泵站 2 台水泵同时抽水断电，泵后阀的关闭规律为泵 10s 掉电后泵后阀以 5s 快关至 0.3，再以 20s 慢关至全闭。泵站水泵均发生反转，最大反转速为 1270.03r/min，小于额定转速的 1.2 倍。泵后产生降压约为 68.24m，管道沿线负压均不小于控制要求－3m，压力极小值为－2.43m，位于桩号 10+000.00 处，管道沿线压力极大值 100.97m，位于桩号 1+118.10 处。

（4）工程上一般不建议仅采用空气阀防护。因此，追加采用空气罐+单向塔的联合防护方案。泵后阀以 5s 关至全闭且发生停泵事故 60s 后末端调流阀以 80s 关至全闭。泵后产生约 67.16m 的降压，泵站水泵发生反转，最大反转速为 1701.58r/min，小于额定转速的 1.2 倍；管道沿线压力极大值为 89.01m，位于桩号 16+375.62 处，管道沿线压力极小值为 2.56m，位于桩号 k0+336.55 处。空气罐安全水深为 0.39m，不发生漏空，单向塔也未发生漏空。泵后输水系统最小内水压力均不小于 0，各管段最大内水压力均未超过管道的承压标准。

2. 对于第三节中的工程实例

（1）在恒定流计算工况下管道沿线压力极小值为 14.96m，在输水系统末端桩号 30+353.60 处；压力极大值为 51.46m，出现在桩号 0+125.64 处。输水管段末端内水压力较小，发生停泵事故时，安全裕度较小，极易产生负压。管道管材为 PCCP 管，压力管道内设计内水压力标准值为 $1.5F_{wk}$，即 1.5×51.46=77.19m。

（2）当泵站 3 台水泵同时抽水断电，泵后工作阀拒动时，泵站水泵均发生反转，最大反转速为－679.94r/min，小于额定转速的 1.2 倍。泵后产生 57.37m 的降压，该无防护抽水断电工况下泵后管线产生较大负压，压力极小值低于汽化压力－9.98025m，位于多处管段。管道沿线压力极大值 72.28m，位于桩号 24+445.63 处。

（3）在装设空气阀的基础上，当泵站 3 台水泵同时抽水断电，泵后工作阀的关闭规律为泵 20s 后掉电，掉电后泵后工作阀以 5s 快关至 30%，再以 40s 慢关至全闭。泵站水泵最大反转速为－33.53r/min，小于额定转速的 1.2 倍，泵后产生约 51.38m 的降压，管道沿线负压符合负压控制标准，压力极小值为－2.10m，位于泵后桩号 0+000.00 处，管道沿线压力极大值 58.92m，位于桩号 0+125.64 处。

（4）工程上一般不建议仅采用空气阀防护，因此，追加采用单向塔防护方案。泵后工作阀的关闭规律为泵 20s 后掉电，掉电后泵后工作阀以 5s 快关至 0.3，再以 40s 慢关至全闭。泵后产生约 54.20m 的压降，水泵最大反转转速为－631.97r/min，未超过额定值的 1.2 倍；管道沿线压力极大值为 51.46m，位于桩号 0+125.64 处，管道沿线压力极小值为 2.70m，位于桩号 19+503.24 处，各管段最大、最小内水压力均符合管道的压力标准。

第六章　系统长距离供水工程水锤防护实例

第一节　大型长距离多分水口供水工程

一、线路概况

某输水线路从水库经泵站提水，取水设计水位为水库死水位 210.80m，经过 A、B、C、D、E、F、G 受水城镇，最终输水至末端净水厂结束。输水线路总长 112.83km，净水厂设计水位 201.75m，B、G 的受水水位分别为 238.18m、182.00m。考虑各受水城镇的设计水位与管线沿程水头损失，不能满足重力自流的条件，需要通过泵站加压提水。该线路输水总流量为 3.07m^3/s，A、B、C、D、E、F、G 以及末端净水厂的设计流量分别是 0.17m^3/s、0.56m^3/s、0.43m^3/s、0.10m^3/s、0.23m^3/s、0.14m^3/s、0.02m^3/s、1.42m^3/s。已知有总干线及 B、G 分水支线的管道具体参数，其余均处理为分水口。末端净水厂调流阀阀径取为 1000mm；B 支线调流阀阀径取为 700mm；G 调流阀阀径取为 200mm。泵站共设 4 台工作水泵、1 台备用水泵（事故备用）。水泵均为卧式离心泵，并通过变频恒流，满足远期工况水泵扬程在 32.83～48.00m 范围内，泵站流量恒定为 3.07m^3/s，单泵流量恒定为 0.7675m^3/s 的要求。

该输水线路的干线及 B、G 支线的管线走势如图 6-1～图 6-3 所示。

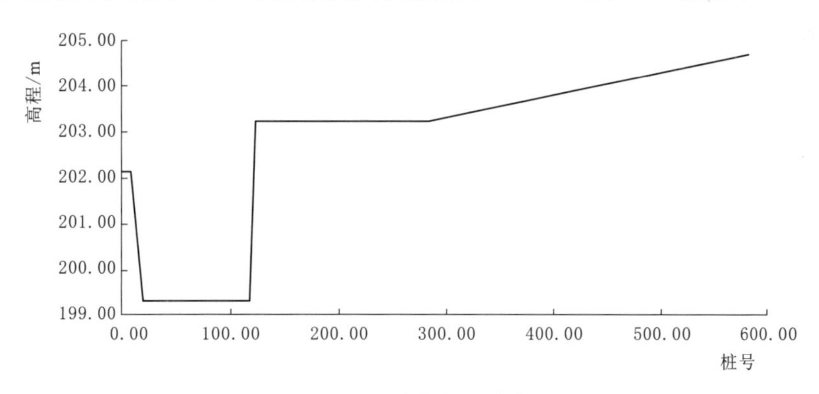

图 6-1　干线管中心线高程

二、恒定流计算分析

恒定流计算的主要目的：一是通过分析稳定运行时的最大内水压力控制工况校核管道最大内压满足承压标准；二是根据最小内水压力的控制工况校核系统的过流能力。

输水线路的最小内水压力控制工况如下：水库死水位 210.80m，管线末端净水厂设计水位 201.75m，B 支线水厂受水水位 238.18m，G 支线水厂受水水位 182.00m，水泵扬程

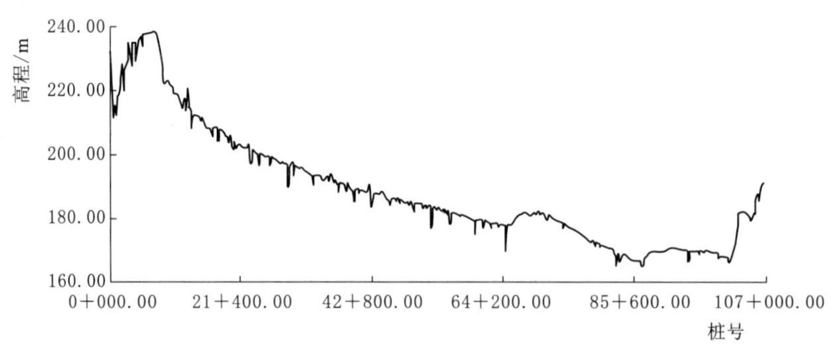

图 6-2　B 支线管中心线高程图

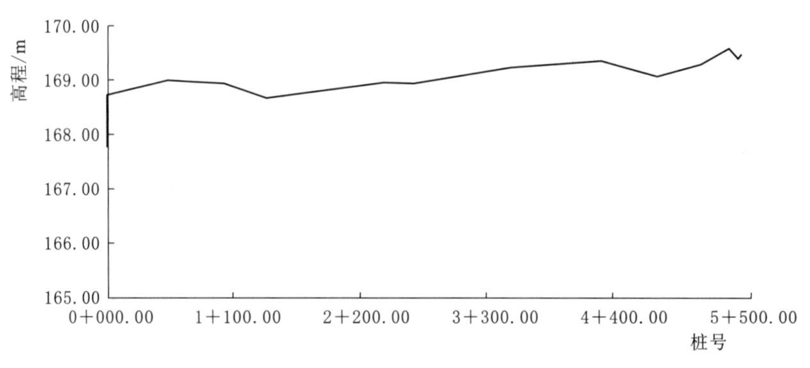

图 6-3　G 支线管中心线高程

40.75m，总流量 3.07m^3/s，单泵流量 0.7675m^3/s，A 分水 0.17m^3/s，B 分水 0.56m^3/s，C 分水 0.43m^3/s，D 分水 0.10m^3/s，E 分水 0.23m^3/s，F 分水 0.14m^3/s，G 分水 0.02m^3/s。干线、B 支线、G 支线净水厂调流阀开度分别为 0.2436、0.417、1。

泵站运行工况表见表 6-1，输水线路的测压管水头线和内水压力如图 6-4～图 6-9 所示。

表 6-1　　泵站运行工况表

设计总流量/(m^3/s)	水泵实际扬程/m	水库水位/m	B 支线净水厂水位/m	C 支线净水厂水位/m	干线末端净水厂水位/m	备注
3.07	40.75	210.80	238.18	182.00	201.75	4 用 1 备

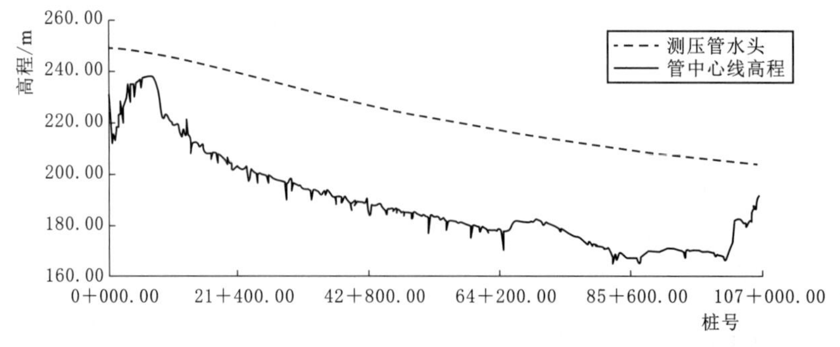

图 6-4　干线管中心线高程及测压管水头线

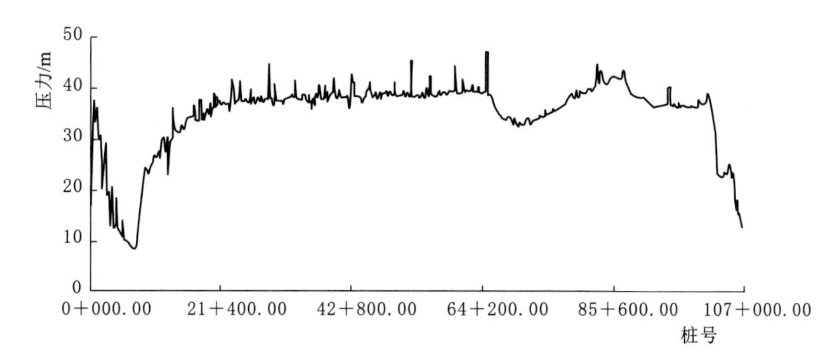

图 6-5　干线管道沿线内水压力

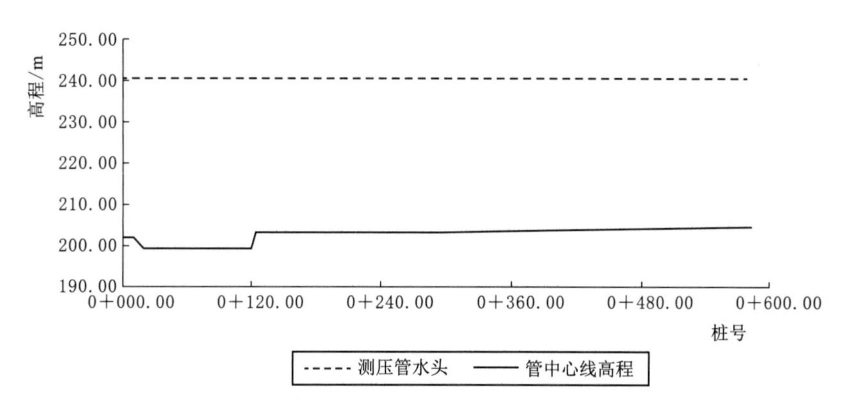

图 6-6　B 支线管中心线高程及测压管水头线

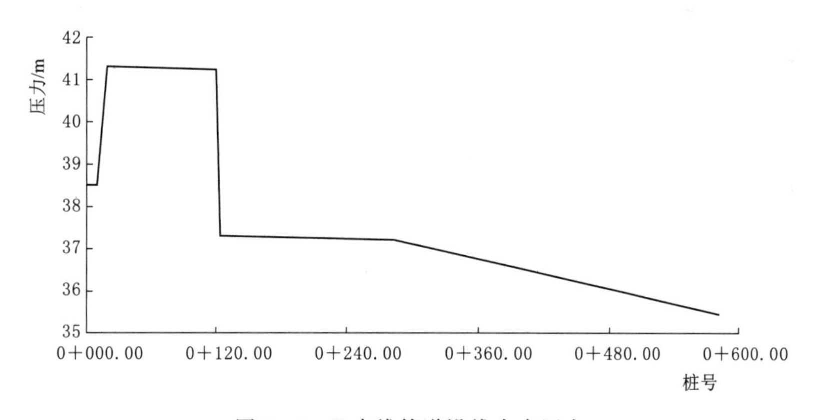

图 6-7　B 支线管道沿线内水压力

由图 6-4～图 6-9 可以看出，在最小内水压力控制工况下，干线管道沿线压力最小值为 8.39m，出现在桩号 7+350.89 处；B 支线管道沿线压力最小值为 35.47m，出现在桩号 0+582.38 处；G 支线管道沿线压力最小值为 17.73m，出现在桩号 5+404.45 处。输水系统满足过流能力。

输水线路的最大内水压力控制工况如下：水库死水位 210.80m，管线末端净水厂设计

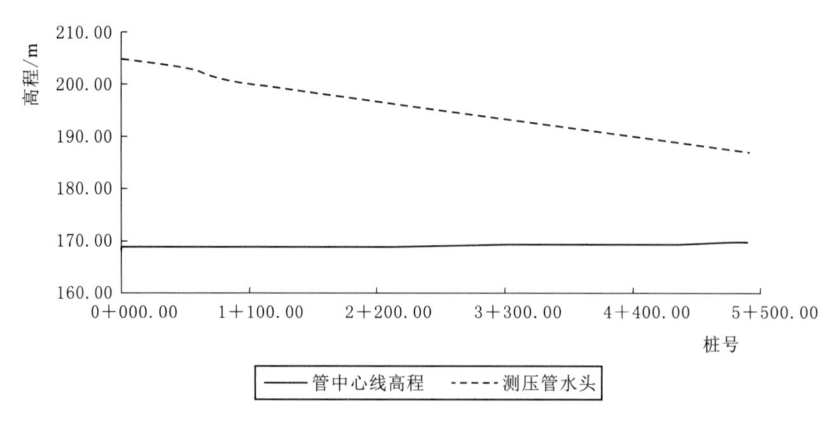

图 6-8 G 支线管中心线高程及测压管水头线

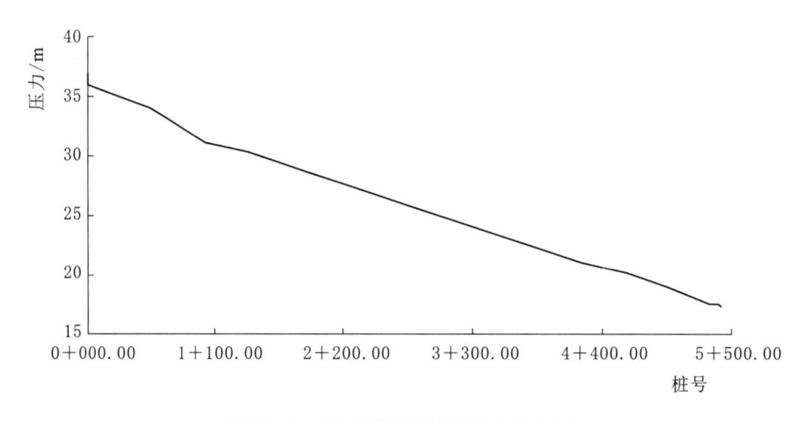

图 6-9 G 支线管道沿线内水压力

水位 201.75m，B 支线水厂受水水位 224.50m，G 支线水厂受水水位 182.00m，水泵扬程 32.08m，总流量 0.56m^3/s，单泵流量 0.14m^3/s，A 分水 0m^3/s，B 分水 0.56m^3/s，C 分水 0m^3/s，D 分水 0m^3/s，E 分水 0m^3/s，F 分水 0m^3/s，G 分水 0m^3/s，干线末端分水 0m^3/s。干线、B 支线、G 支线调流阀阀开度分别为 0、1.000、0。输水线路的测压管水头线和内水压力如图 6-10～图 6-15 所示。

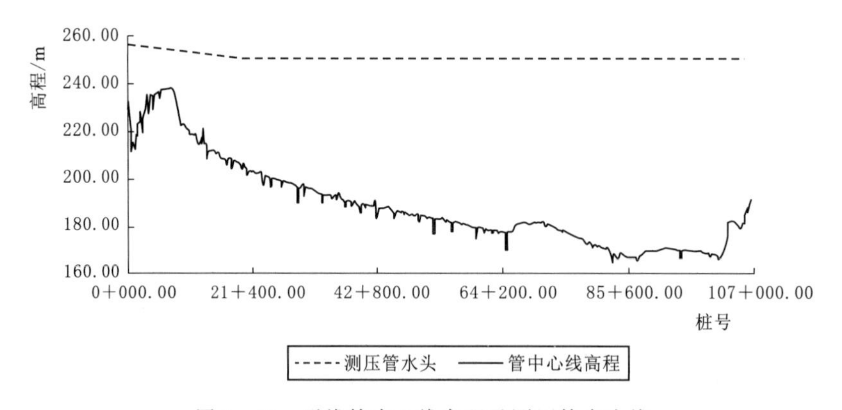

图 6-10 干线管中心线高程及测压管水头线

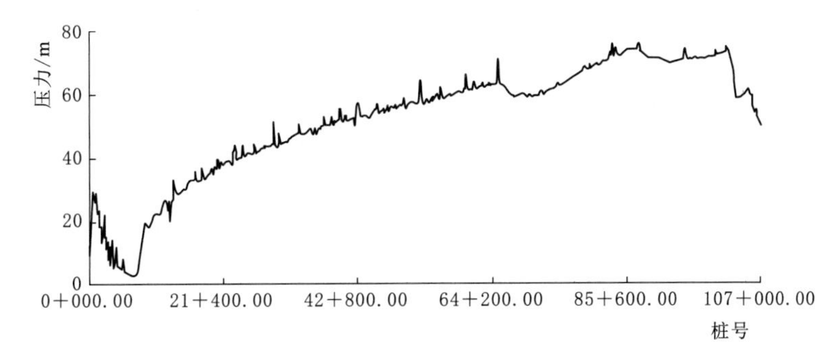

图 6-11　干线管道沿线内水压力

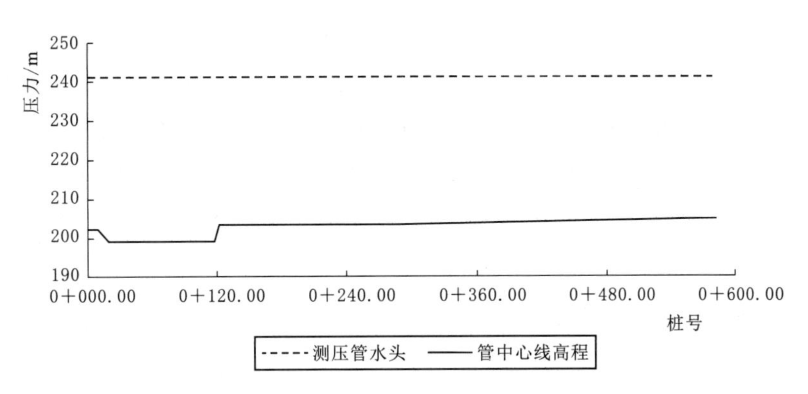

图 6-12　B支线管中心线高程及测压管水头线

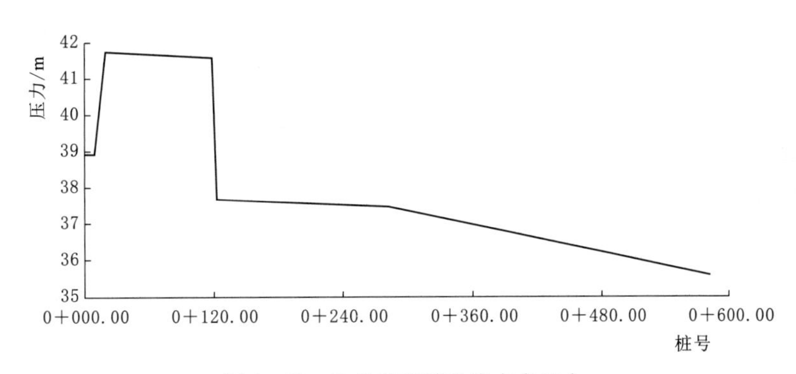

图 6-13　B支线管道沿线内水压力

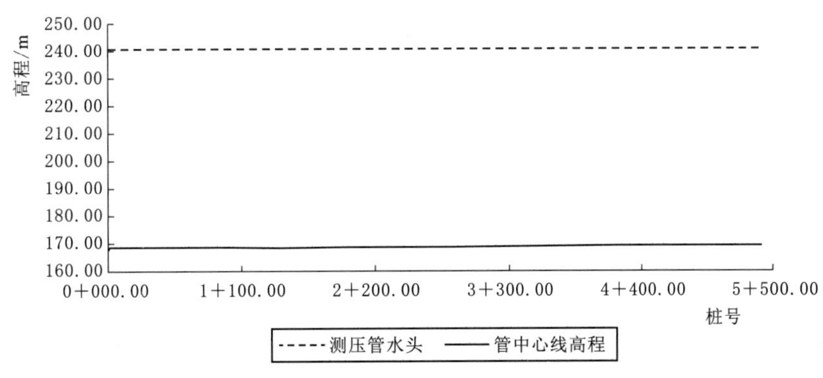

图 6-14　G支线管中心线高程及测压管水头线

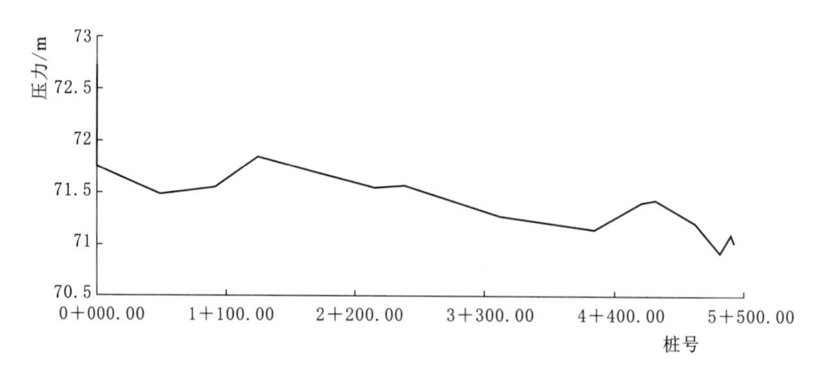

图 6-15　G 支线管道沿线内水压力

由图 6-10～图 6-15 可以看出，在干线最大内水压力控制工况下，干线管道沿线压力最大值为 75.65m，出现在桩号 82+720.29 处；B 支线管道沿线压力最大值为 41.71m，出现在桩号 0+020 处；G 支线管道沿线压力最大值为 72.72m，出现在桩号 0+000 处。干线管道管材为 PCCP 管，压力管道内设计内水压力标准值为 $1.5F_{wk}$，即 1.5×75.65=113.48m。

三、无防护措施停泵计算

根据水泵掉电的个数及顺序，将无防护停泵具体拟定为五种工况。

工况一：水库死水位 210.80m，管线末端净水厂设计水位 201.75m，水泵扬程 40.75m，总流量 3.07m^3/s，单泵流量 0.7675m^3/s。1 台水泵掉电，且泵后工作阀拒动，其余 3 台水泵正常运行。

工况二：水库死水位 210.80m，管线末端净水厂设计水位 201.75m，水泵扬程 40.75m，总流量 3.07m^3/s，单泵流量 0.7675m^3/s。2 台水泵同时掉电，且泵后工作阀拒动，其余 2 台水泵正常运行。

工况三：水库死水位 210.80m，管线末端净水厂设计水位 201.75m，水泵扬程 40.75m，总流量 3.07m^3/s，单泵流量 0.7675m^3/s。3 台水泵同时掉电，且泵后工作阀拒动，其余 1 台水泵正常运行。

工况四：水库死水位 210.80m，管线末端净水厂设计水位 201.75m，水泵扬程 40.75m，总流量 3.07m^3/s，单泵流量 0.7675m^3/s。4 台水泵同时掉电，泵后工作阀拒动。

工况五：水库死水位 210.80m，管线末端净水厂设计水位 201.75m，水泵扬程 40.75m，总流量 3.07m^3/s，单泵流量 0.7675m^3/s。4 台水泵相继掉电，泵后工作阀拒动。

干线各抽水断电工况压力极小值统计见表 6-2。B 支线各抽水断电工况压力极小值统计见表 6-3。C 支线各抽水断电工况压力极小值统计见表 6-4。

表 6-2　　干线各抽水断电工况压力极小值统计

工况编号	压力极小值/m	所在桩号
工况一	≤－9.98025	6+967.67
工况二	≤－9.98025	6+967.67

续表

工况编号	压力极小值/m	所在桩号
工况三	≤−9.98025	6+967.67
工况四	≤−9.98025	6+967.67
工况五	≤−9.98025	6+967.67

表 6-3　　　　B 支线各抽水断电工况压力极小值统计

工况编号	压力极小值/m	所在桩号
工况一	11.20	0+582.38
工况二	11.19	0+582.38
工况三	11.19	0+582.38
工况四	11.19	0+582.38
工况五	11.20	0+582.38

表 6-4　　　　C 支线各抽水断电工况压力极小值统计

工况编号	压力极小值/m	所在桩号
工况一	15.67	3+425.00
工况二	15.66	3+425.00
工况三	15.66	3+425.00
工况四	15.66	3+425.00
工况五	15.67	3+425.00

各抽水断电工况最小压力包络线如图 6-16～图 6-18 所示。

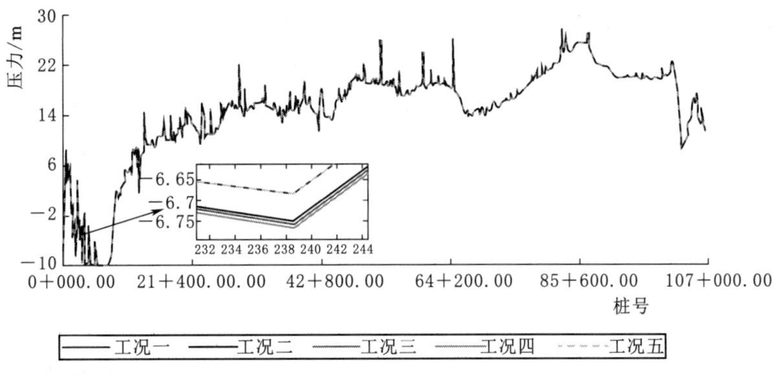

图 6-16　干线各抽水断电工况最小压力包络线

由图 6-16～图 6-18 及表 6-2～表 6-4 可知，五种无防护抽水断电工况下干线均产生较大负压，其中，工况四的负压程度最为严重，压力极小值小于等于−9.98025m，位于桩号 6+967.67 处。相较于其他四种无防护抽水断电工况，工况四中各控制管段产生的负压最大，因此，应该将工况四作为输水线路停泵水锤防护的最不利工况。

输水系统在实际运行期间有多种运行工况，不同工况下工程沿线的测压管水头和内水

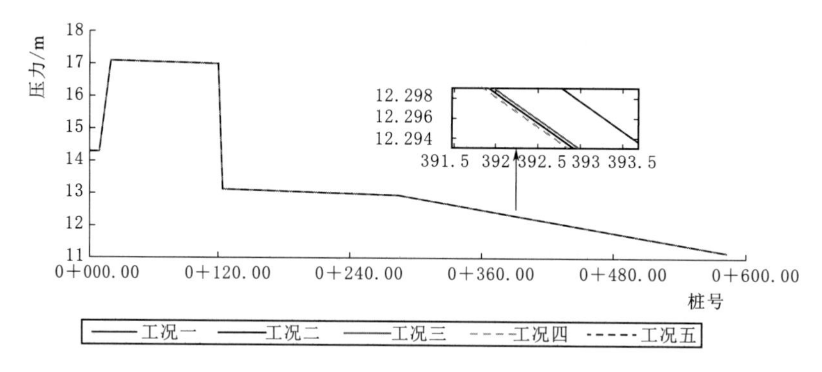

图 6-17　B 支线各抽水断电工况最小压力包络线

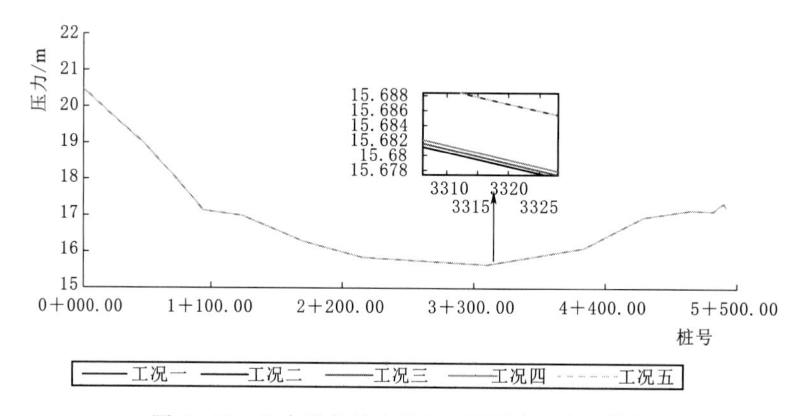

图 6-18　C 支线各抽水断电工况最小压力包络线

压力都有较大的不同，最危险工况为泵站工作水泵同时抽水断电且泵站取水口水位为最低运行水位，此时水泵扬程最高，发生停泵事故泵后产生的降压最大，接下来将根据工况四对输水线路进行具体停泵水锤计算分析，计算结果如图 6-19～图 6-33 所示。

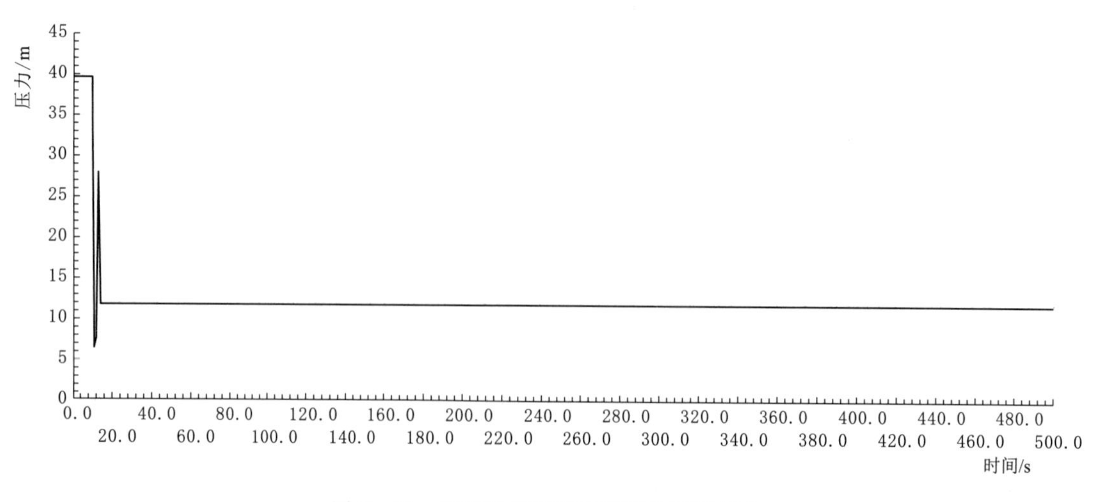

图 6-19　无防护措施停泵时泵站泵后压力

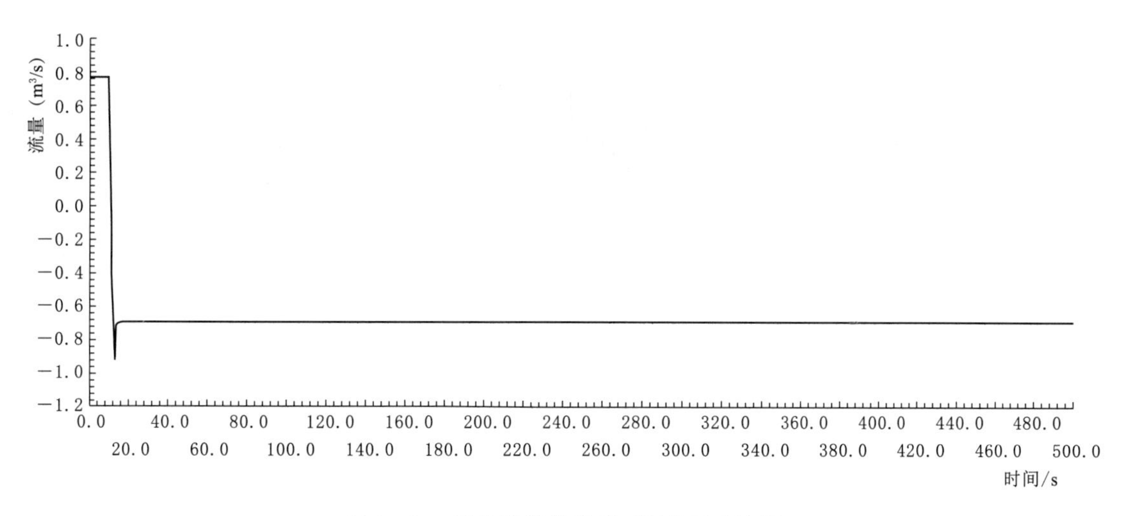

图 6-20　无防护措施停泵时泵站泵后流量

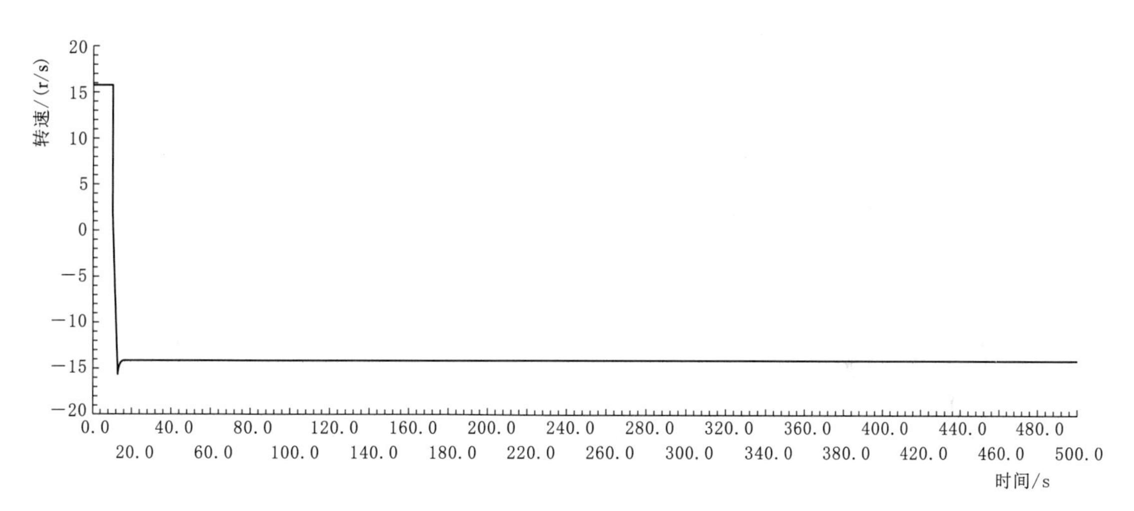

图 6-21　无防护措施停泵时泵站水泵转速

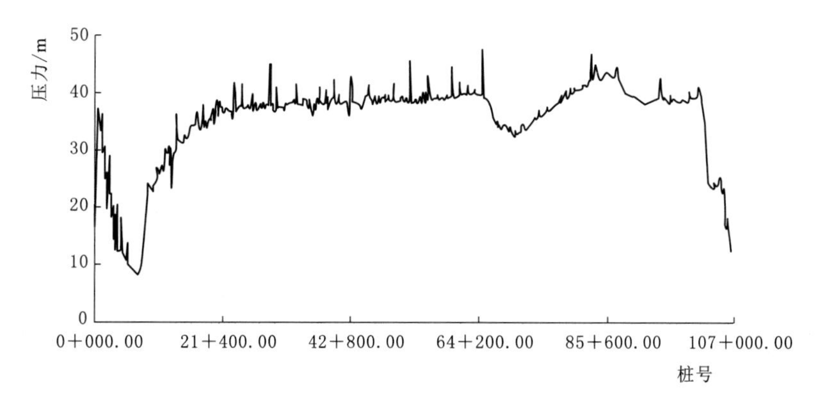

图 6-22　干线管道沿线最大内水压力包络线

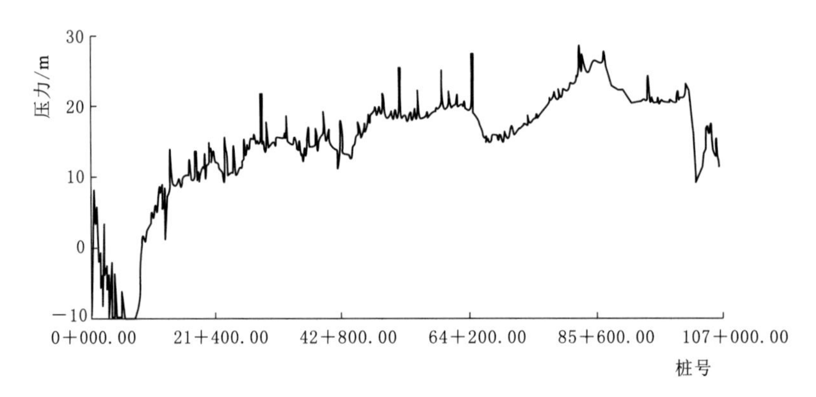

图 6-23　干线管道沿线最小内水压力包络线

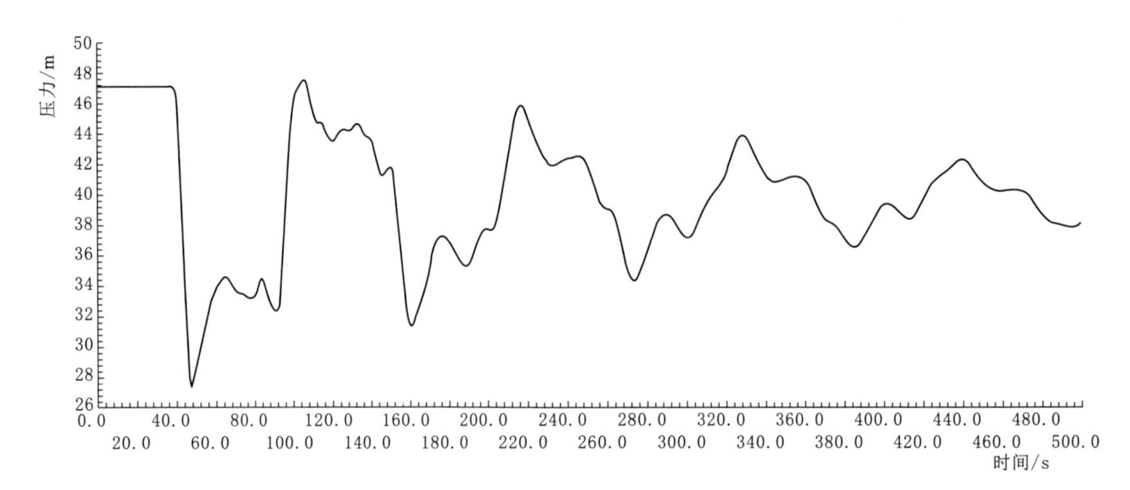

图 6-24　干线管道沿线压力最大点压力变化过程（桩号 64+652.34）

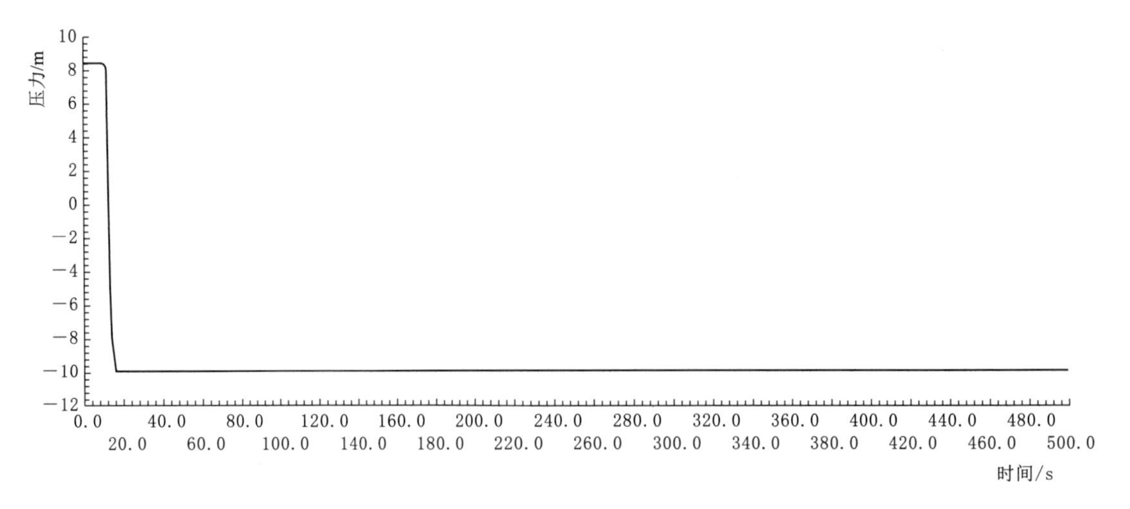

图 6-25　干线管道沿线压力最小点压力变化过程（桩号 6+967.67）

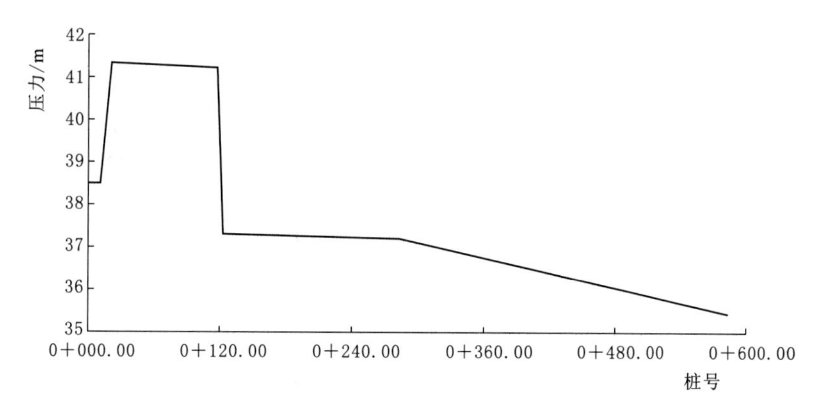

图 6-26　B支线管道沿线最大内水压力包络线

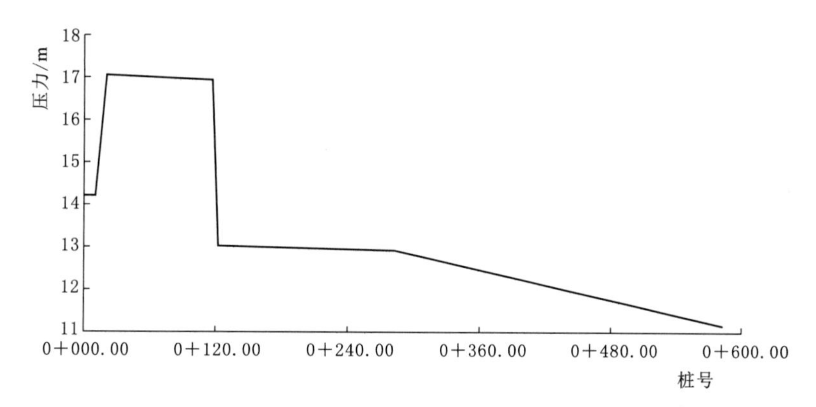

图 6-27　B支线管道沿线最小内水压力包络线

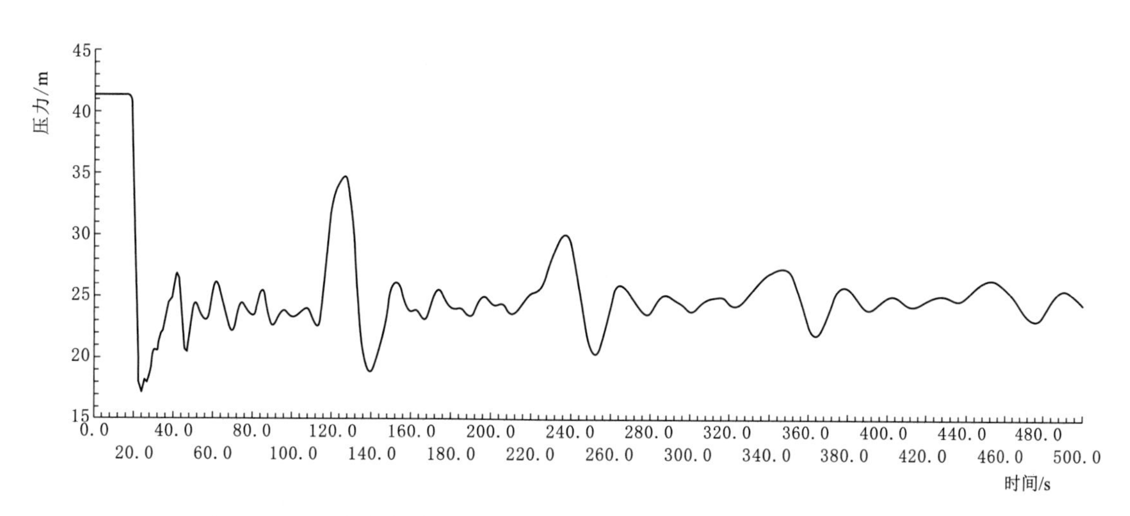

图 6-28　B支线管道沿线压力最大点压力变化过程（桩号 0+020.00）

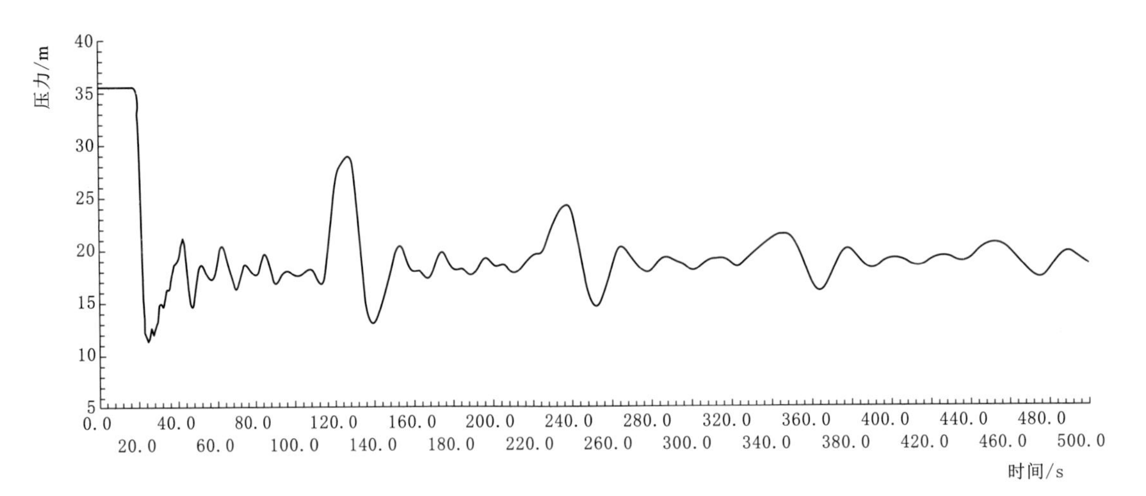

图 6-29　B 支线管道沿线压力最小点压力变化过程（桩号 0+582.38）

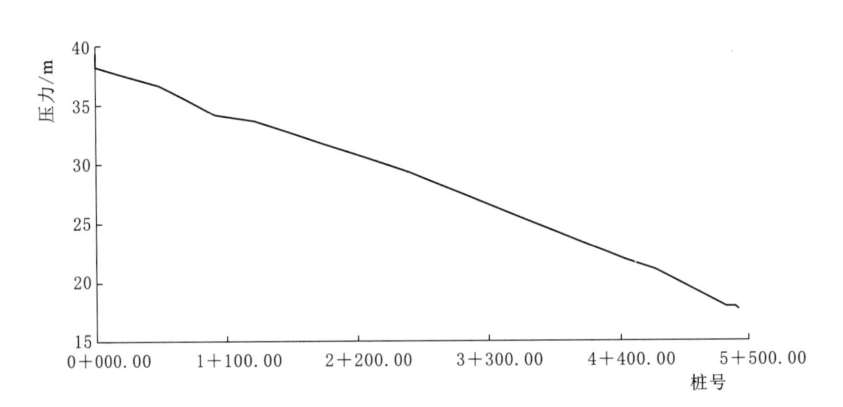

图 6-30　G 支线管道沿线最大内水压力包络线

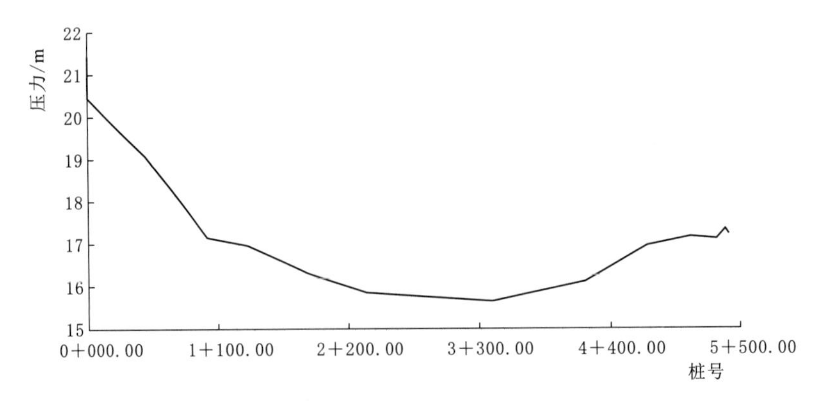

图 6-31　G 支线管道沿线最小内水压力包络线

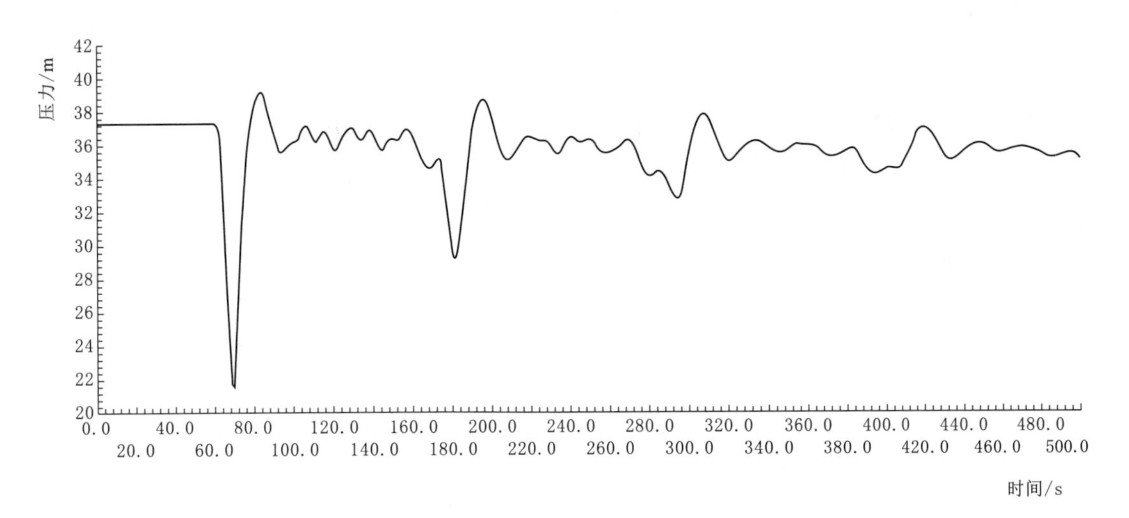

图 6-32　G 支线管道沿线压力最大点压力变化过程（桩号 0+000.00）

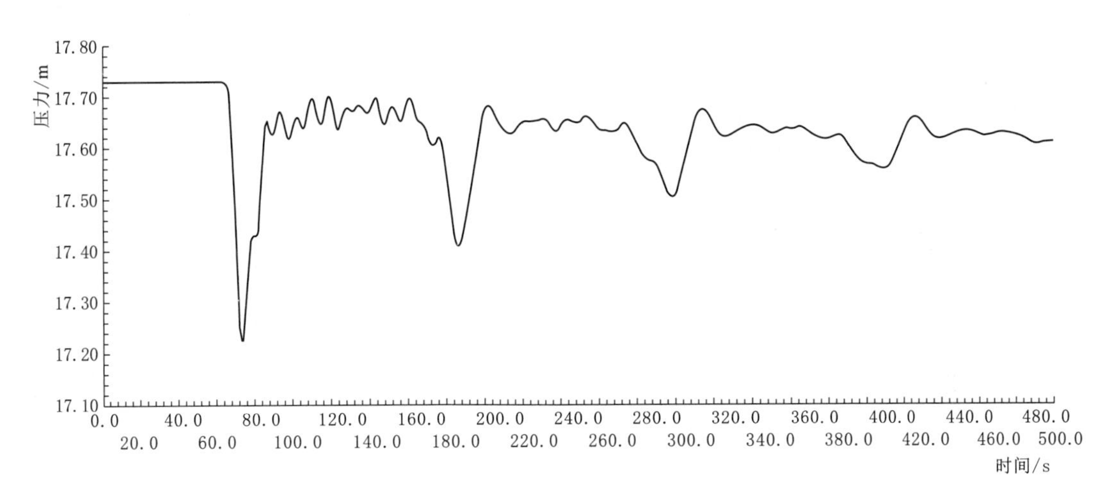

图 6-33　G 支线管道沿线压力最小点压力变化过程（桩号 3+425.00）

由图 6-19～图 6-33 可知，当泵站 4 台水泵同时抽水断电，泵后工作阀拒动时，泵站水泵均发生反转，最大反转速为－947.68r/min，小于额定转速的 1.2 倍。泵后产生约 37.36m 的降压，泵站至干线末端净水厂之间管道沿线出现较大负压，压力极小值不大于－9.98025m，位于桩号 6＋967.67 处，管道沿线压力极大值 47.58m，位于桩号 64＋652.34 处；B 支线管道沿线压力极小值为 11.19m，位于桩号 0＋582.38 处，管道沿线压力极大值 41.30m，位于桩号 0＋020.00 处；G 支线管道沿线压力极小值为 15.66m，位于桩号 3＋425.00 处，管道沿线压力极大值 39.17m，位于桩号 0＋000.00 处。

由计算结果知，计算工况下泵后不设置防护措施水泵发生抽水断电事故时，干线桩号 0＋000.00～0＋401.15、桩号 1＋479.14～2＋377.22、桩号 2＋579.09～8＋753.04 之间管道存在严重程度不同的负压，如不设置水锤防护措施，水体将发生汽化，容易导致弥合水锤事故，危害系统安全。

接下来将分别以空气阀防护、单向塔与调压井的联合防护的形式对该工程实例进行水锤防护。

四、空气阀防护方案计算

通过对支线输水系统的无防护抽水断电计算结果可知，泵站事故停泵且泵后阀门拒动后，管道中将产生较大的负压，危害系统运行和管道安全。因此输水系统需要合理设置相应的水锤防护措施，因为该支线管线设计过程中设置了一定数量的空气阀，所以下面对系统原有的空气阀防护方案进行计算分析，校核负压防护是否满足要求。

输水线路原设空气阀位置桩号统计见表6－5～表6－7。

表6－5　　干线空气阀位置桩号统计

0＋000.00	24＋477.85	52＋492.87	81＋323.08
0＋050.88	24＋715.45	52＋712.34	82＋123.08
0＋841.27	25＋465.45	53＋512.34	82＋622.10
1＋516.26	26＋215.45	54＋378.59	82＋868.78
2＋348.31	26＋517.88	55＋178.59	83＋195.22
2＋589.09	27＋317.88	55＋548.25	83＋334.09
3＋207.8	28＋117.88	55＋709.33	84＋114.09
3＋856.1	28＋817.88	56＋509.36	84＋914.09
4＋312.16	29＋529.43	57＋309.36	85＋714.09
4＋464.92	30＋329.43	58＋109.36	86＋239.07
5＋318.98	31＋129.43	58＋909.36	86＋711.51
5＋923.98	31＋929.43	59＋534.75	87＋140.53
6＋723.98	32＋729.43	59＋668.90	87＋940.53
7＋523.98	33＋437.18	60＋284.63	88＋740.53
8＋323.98	33＋640.35	60＋900.36	89＋500.53
8＋991.32	34＋468.34	61＋700.36	90＋340.53
9＋923.98	35＋318.34	62＋500.36	91＋140.53
10＋723.98	36＋000.68	63＋300.36	91＋940.53
11＋523.98	36＋740.68	64＋100.36	92＋740.53
12＋323.98	37＋393.85	64＋597.21	93＋540.53
12＋857.30	37＋579.99	64＋789.63	94＋340.53
13＋124.47	38＋379.99	65＋589.63	95＋140.53
13＋524.47	39＋037.89	66＋389.63	95＋940.53
13＋660.18	39＋887.89	67＋189.63	96＋740.53
14＋450.18	40＋057.41	68＋159.49	97＋540.53
15＋250.18	40＋918.50	68＋959.49	98＋340.53
16＋050.18	41＋718.50	69＋759.49	99＋140.53
16＋850.18	42＋478.50	70＋559.49	99＋950.53
17＋650.18	43＋124.19	71＋359.49	100＋662.03
17＋922.76	43＋924.19	72＋159.49	101＋615.32
18＋187.75	44＋724.19	72＋523.08	102＋582.33
18＋824.08	45＋524.19	73＋329.01	103＋382.40

续表

0+000.00	24+477.85	52+492.87	81+323.08
19+522.76	46+324.19	74+231.56	104+279.89
20+289.85	47+124.19	74+923.08	104+861.47
20+462.14	47+924.19	75+723.08	105+152.42
20+851.36	48+724.19	76+523.08	105+800.50
21+701.36	49+524.19	78+123.08	105+892.42
22+551.36	50+324.19	78+638.43	106+382.42
23+401.36	51+024.19	79+535.54	—
23+681.36	51+824.19	80+523.08	—

表 6-6　　B 支线原设空气阀位置桩号统计

0+119.11	—	—	—

表 6-7　　G 支线原设空气阀位置桩号统计

0+008.00	1+825.00	3+425.00	5+075.00
1+025.00	2+625.00	4+225.00	—

表 6-5～表 6-7 中，型式上全都采用复合式排气阀，空气阀的公称直径一般取管道直径的 1/12～1/8，我们采用的是 1/10；管道实际流速非常接近 1m/s，故取 1/10，可确保进气速度不超过 100m/s；若管道实际运行流速大于 1m/s，建议空气阀直径取管道直径 1/8 甚至更大。

具体计算工况为：水库死水位 210.80m，管线末端净水厂设计水位 201.75m，水泵扬程 40.75m，总流量 3.07m^3/s，单泵流量 0.7675m^3/s。4 台水泵同时掉电，泵后工作阀的关闭规律为泵 10s 后掉电，掉电后泵后工作阀以 10s 快关至 0.2，再以 40s 慢关至全闭。

输水线路的计算结果如图 6-34～图 6-42 所示，动作空气阀的位置桩号统计及进气体积变化过程如图 6-43～图 6-49 所示。

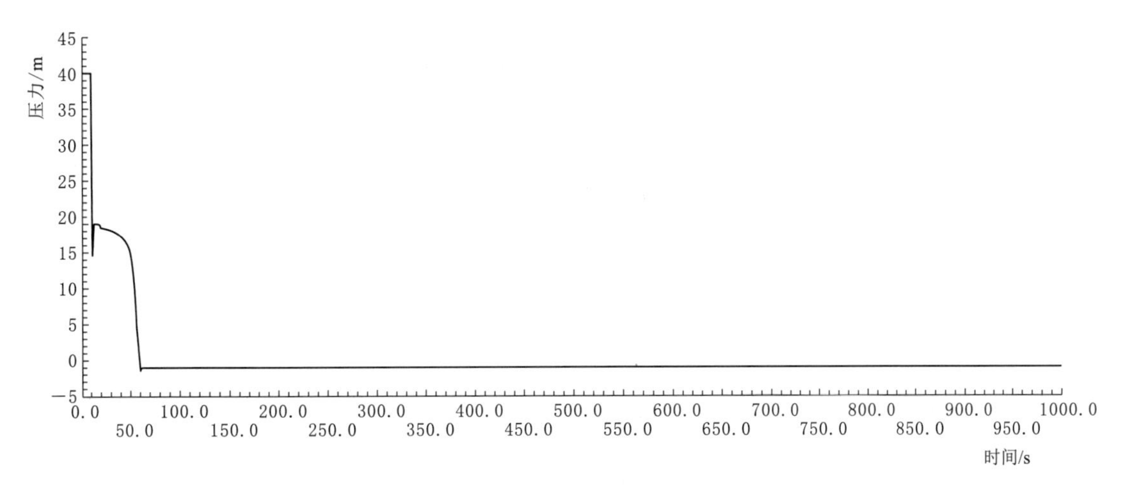

图 6-34　泵站泵后压力变化

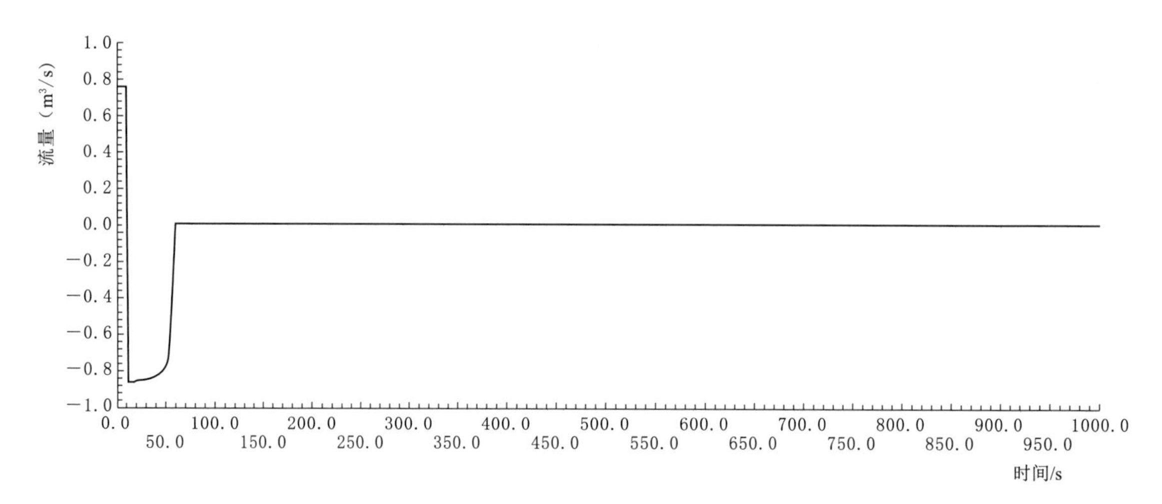

图 6-35　泵站泵后流量变化

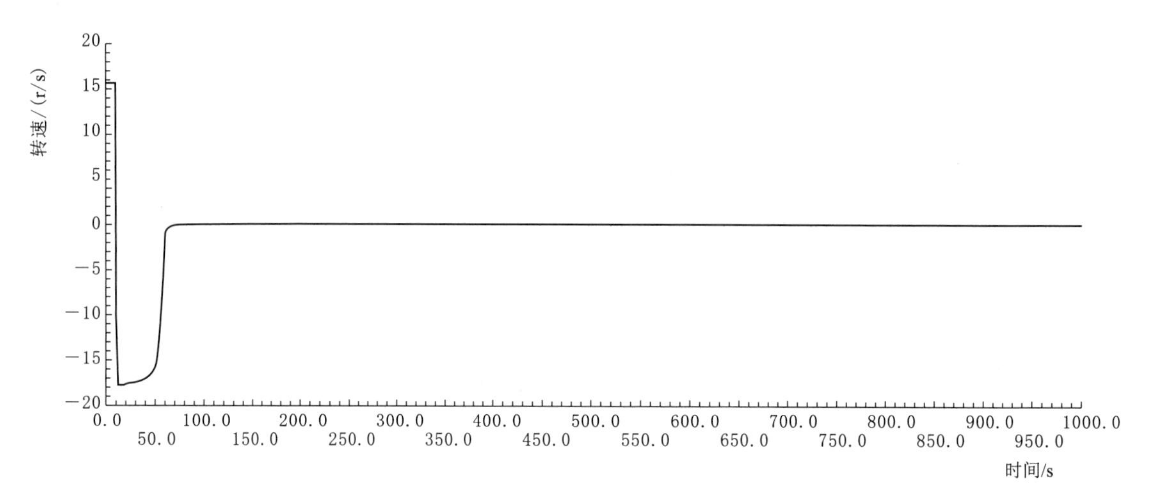

图 6-36　泵站水泵转速变化

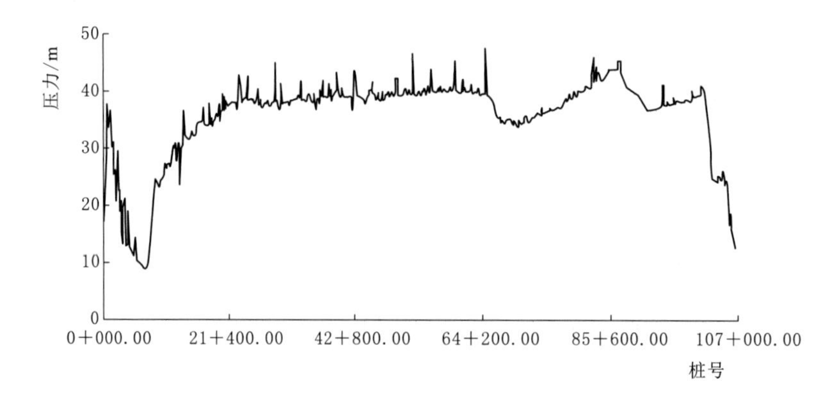

图 6-37　干线管道沿线最大内水压力包络线

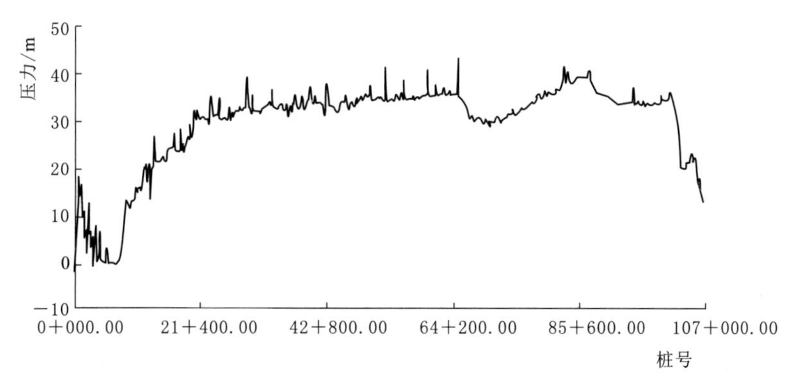

图 6-38　干线管道沿线最小内水压力包络线

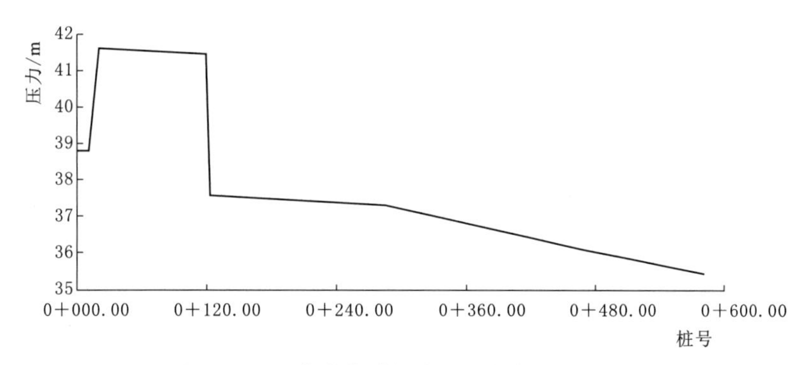

图 6-39　B 支线管道沿线最大内水压力包络线

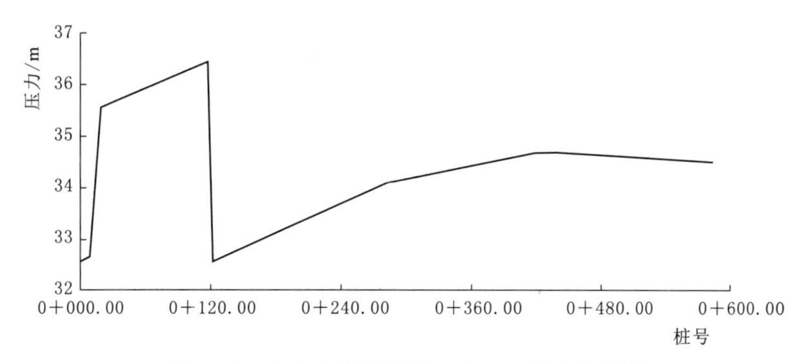

图 6-40　B 支线管道沿线最小内水压力包络线

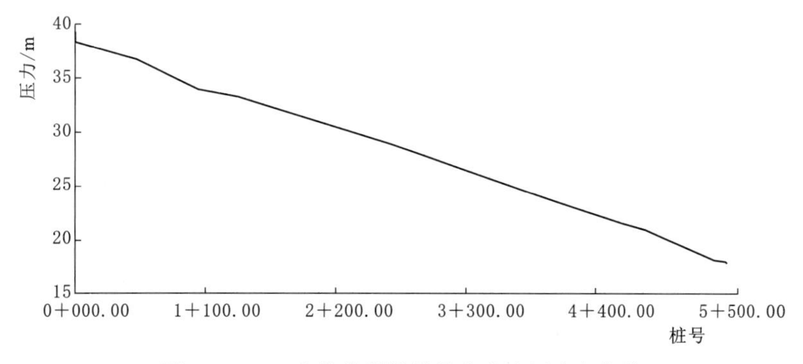

图 6-41　G 支线管道沿线最大内水压力包络线

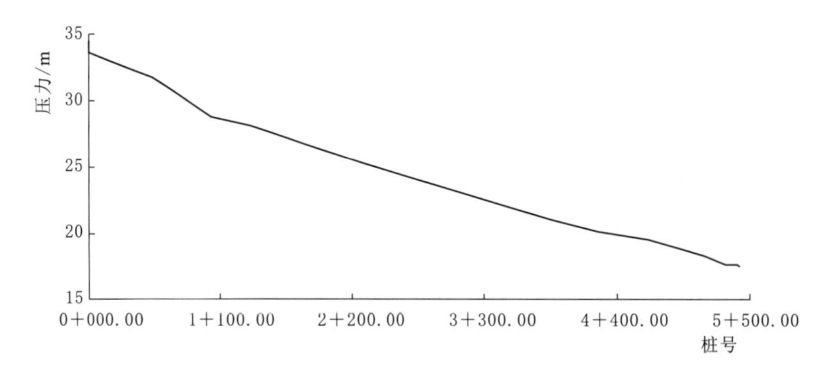

图 6-42　G支线管道沿线最小内水压力包络线

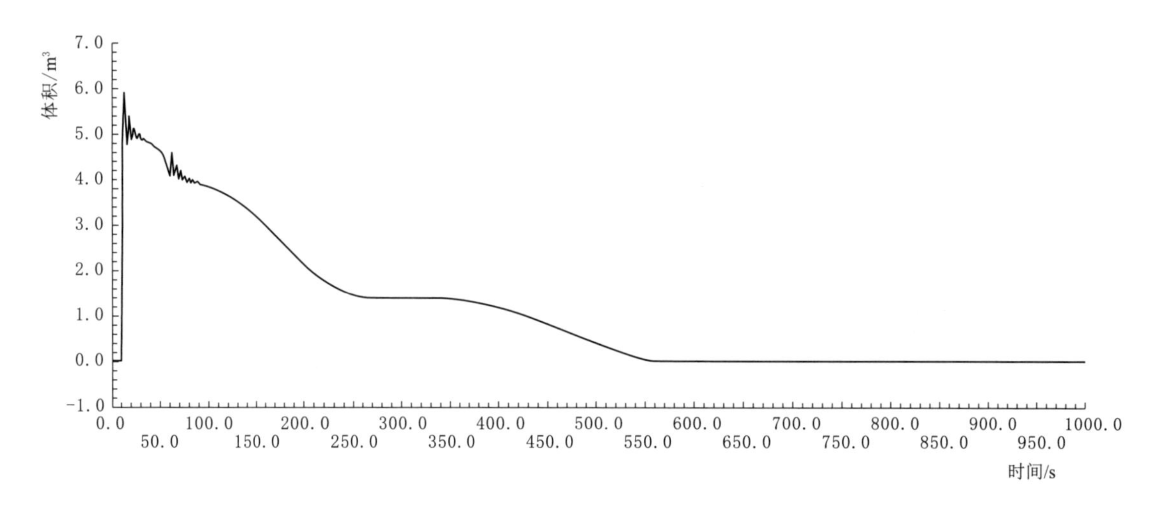

图 6-43　桩号 0+000.00 空气阀进气体积变化过程

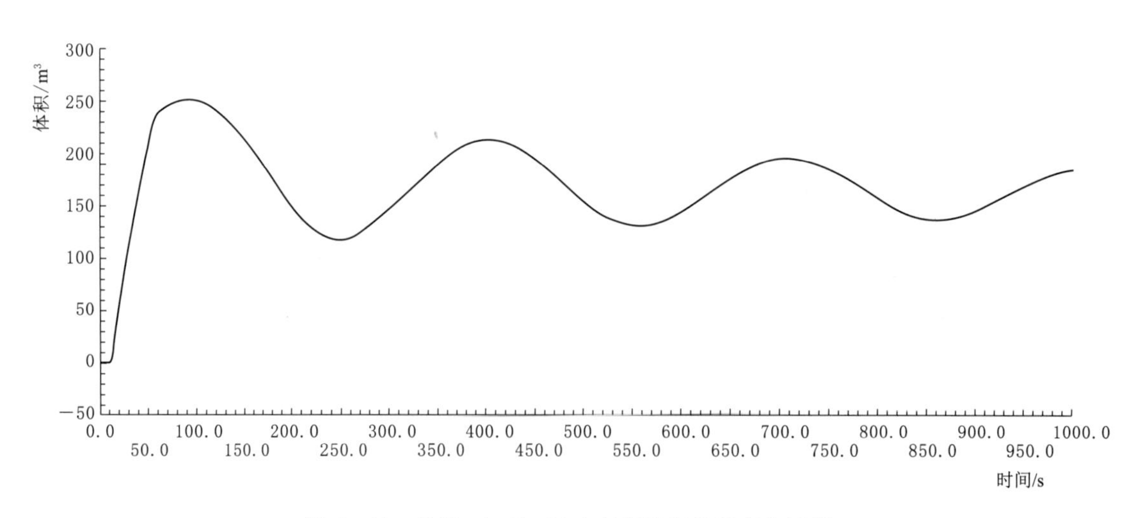

图 6-44　桩号 0+050.88 空气阀进气体积变化过程

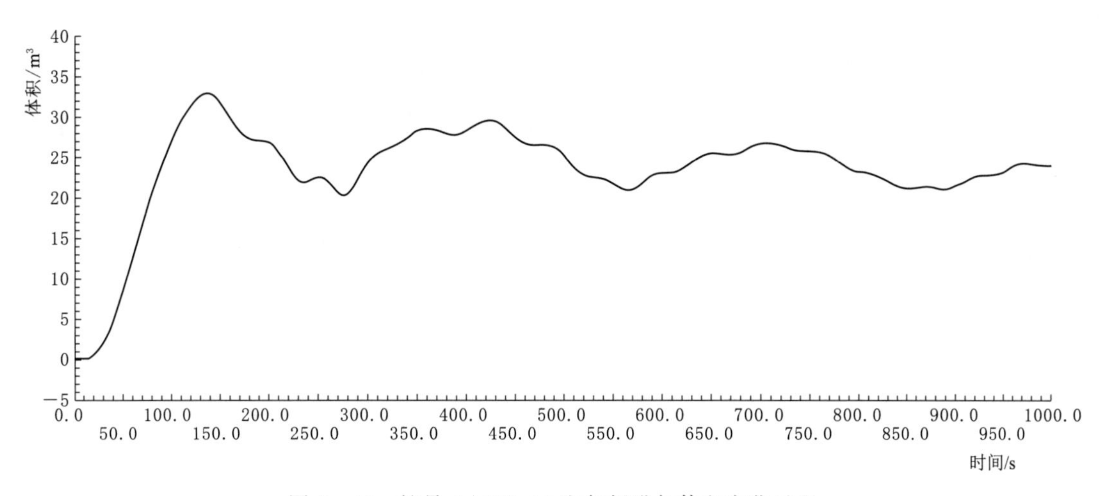

图 6-45　桩号 3+856.10 空气阀进气体积变化过程

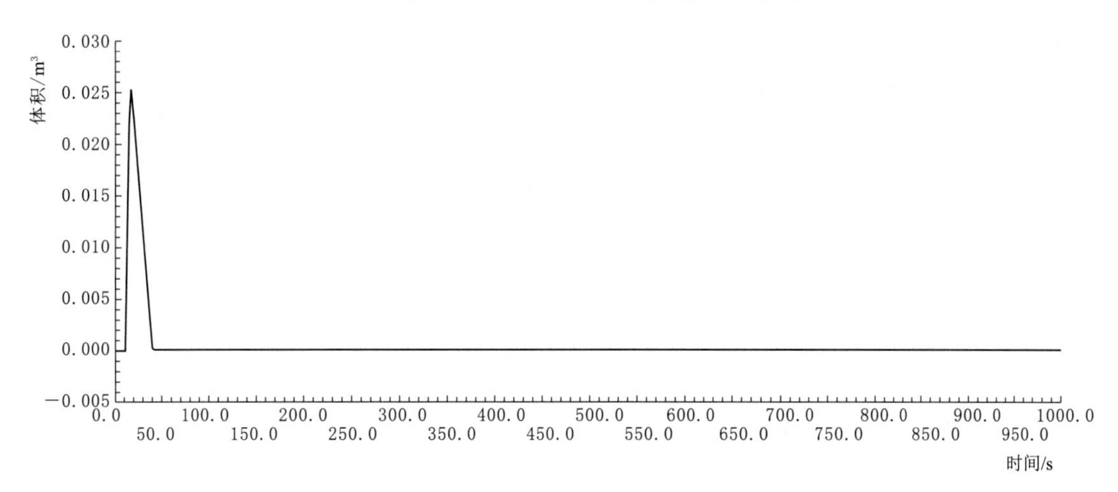

图 6-46　桩号 5+318.98 空气阀进气体积变化过程

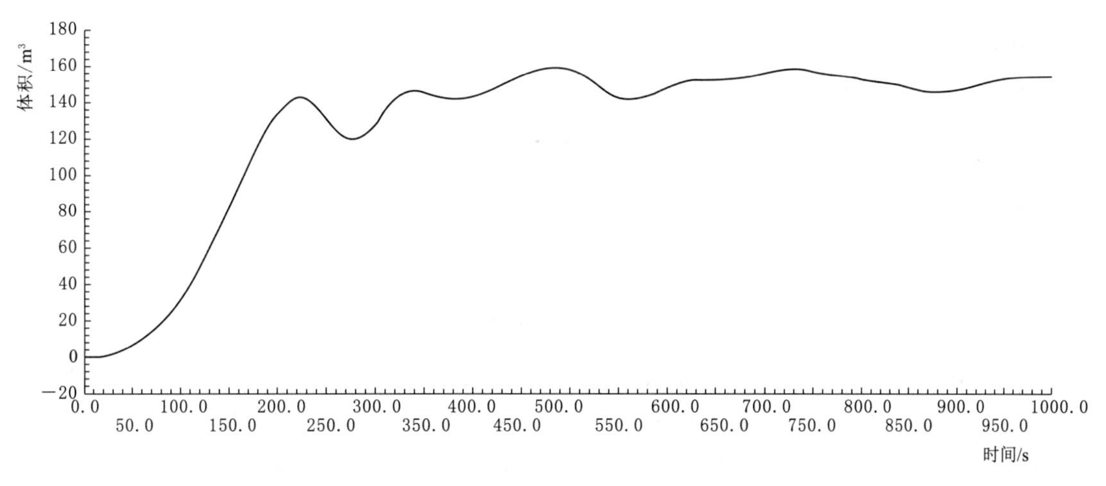

图 6-47　桩号 5+923.98 空气阀进气体积变化过程

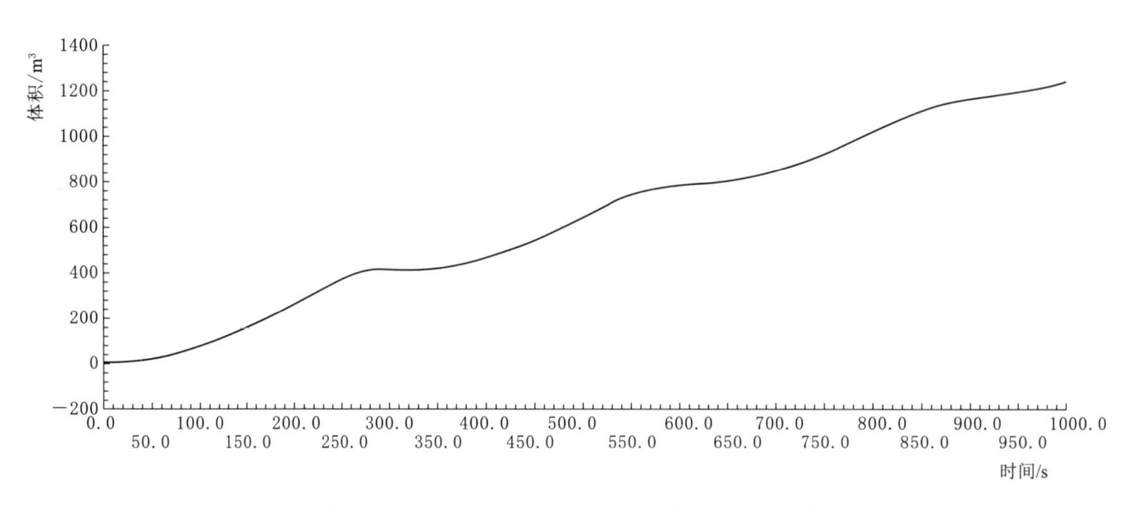

图 6-48 桩号 6+723.98 空气阀进气体积变化过程

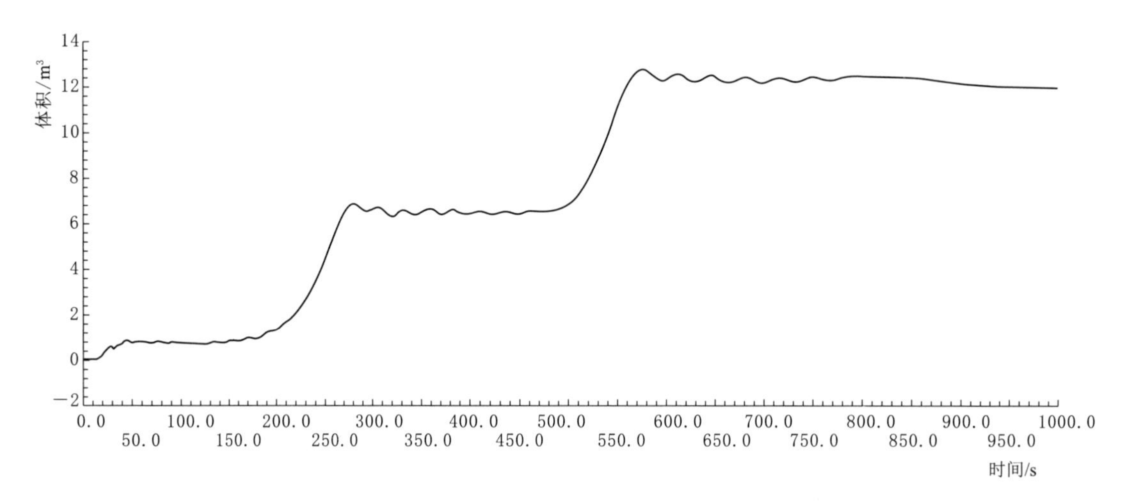

图 6-49 桩号 7+523.98 空气阀进气体积变化过程

由图 6-34～图 6-42 可知，在装设空气阀后，当泵站 4 台水泵同时抽水断电，泵后工作阀的关闭规律为泵 10s 后掉电，掉电后泵后工作阀以 10s 快关至 0.2，再以 40s 慢关至全闭。泵站水泵均发生反转，最大反转速为－1069.3r/min，小于额定转速的 1.2 倍。干线压力极小值为－2.58m，位于干线桩号 0+041.00 处，压力极大值 47.51m，位于干线桩号 64+652.34 处。B 支线压力极小值为 32.54m，位于桩号 0+000.00 处；G 支线压力极小值为 17.63m，位于桩号 5+404.45 处。

五、单向塔+调压井的联合防护方案计算

工程上一般不建议仅采用空气阀防护。主要原因是对于复合式排气阀，空气需要速进缓排，速进的目的是通过大量管道进气来缓解负压，缓排的目的是避免排气结束时产生气柱弥合水锤，由此给实际运行带来了很大的不便。一旦泵站发生抽水断电事故，需要进行整个管道的排气检查，才能恢复运行，否则管道将带气运行，流量不稳定，可能导致爆管

与共振。规范规定：管道不允许带气运行。仅采用空气阀防护原则上是不行的。因此，本节在不考虑空气阀的基础上拟定了单向塔+调压井的联合防护方案。单向塔设置在泵后高点处，调压井设置在干线桩号 7+042.64 处。其防护示意图如图 6-50 所示，虚线为单向塔和调压井布置过程线。优化后的单向塔参数以及调压井参数见表 6-8 和表 6-9。

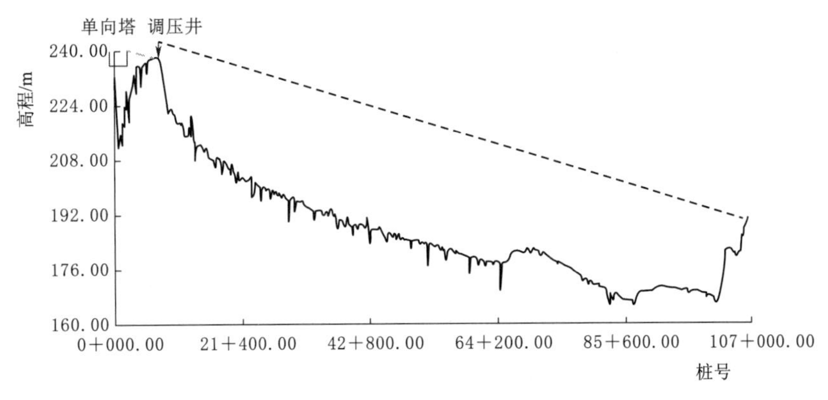

图 6-50　防护示意图

表 6-8　　**单向塔参数表**

位置桩号	管中心线高/m	单向塔截面面积/m^2	塔底高程/m	连接管直径/m	初始水位/m	最低水位/m
0+045.00	232.37	28.26	237.37	1.4	245.37	241.13

表 6-9　　**调压井参数表**

位置桩号	管中心线高/m	调压井截面面积/m^2	初始水位/m	最高涌浪/m	最低涌浪/m
7+042.64	238.07	176.625	246.50	246.50	241.30

计算工况：水库死水位 210.80m，管线末端净水厂设计水位 201.75m，水泵扬程 40.75m，总流量 3.07m^3/s，单泵流量 0.7675m^3/s。4 台水泵同时掉电，泵后工作阀的关闭规律为泵 10s 后掉电，掉电后泵后工作阀以$\frac{1}{10}$s 一段直线规律关至全闭。事故发生 60s 后，A 受水厂调流阀按$\frac{1}{60}$s 的关闭规律一段直线关闭、B 受水厂调流阀按$\frac{1}{120}$s 的关闭规律一段直线关闭，C、D、E、F、G 调流阀均按$\frac{1}{180}$s 的关闭规律一段直线关闭，干线末端净水厂调流阀按$\frac{1}{2160}$s 的关闭规律一段直线关闭。(关阀时间需大于 5 个相长，一般是 5～10 个相长）干线、B 支线、C 支线调流阀开度分别为 0.2436、0.417、1。

需要说明的是各受水厂关闭调流阀是为了防止调压井漏空进气，各受水厂水位较低，末端净水厂关阀速率不宜过快，关阀阀前升压较大，无法满足压力控制要求；同时，若水厂阀门关闭速率过慢且所设调压井直径较小，调压井会往末端水厂方向不断补水，调压井容积不足，容易发生漏空进气，因此上述拟定的调压井直径为 15m，容积裕度较大。

按上述计算工况，采用单向塔+调压井的联合防护方案时其计算结果如图 6-51～图 6-64 所示。

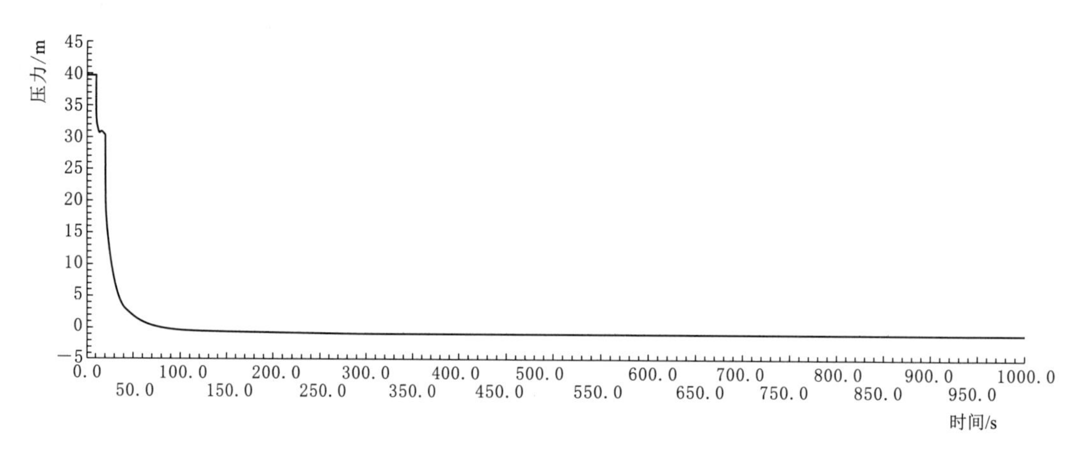

图 6-51　泵站泵后压力变化

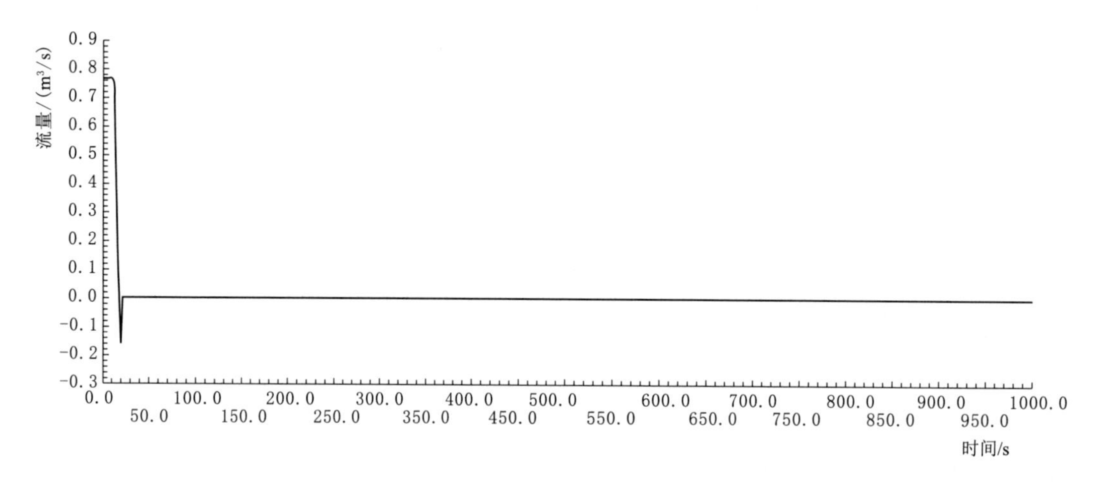

图 6-52　泵站泵后流量变化

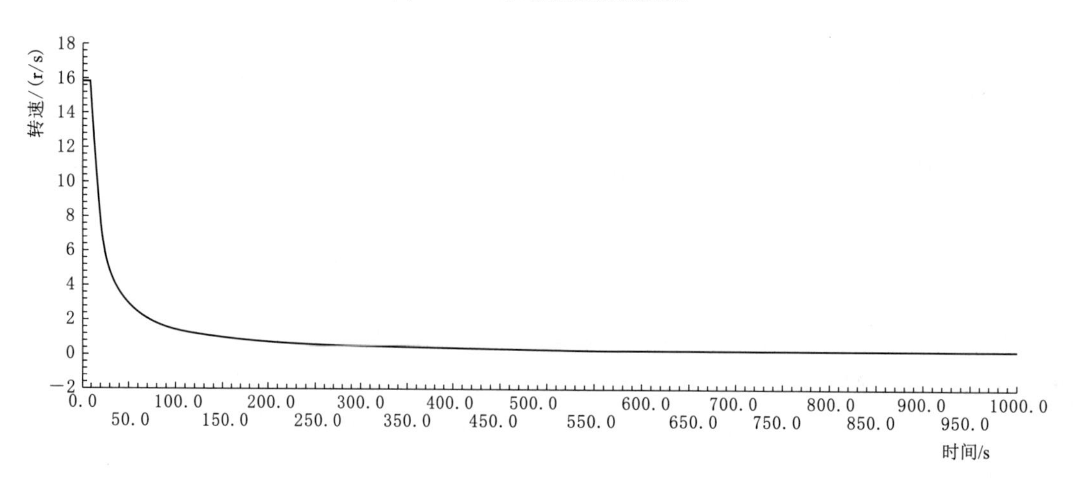

图 6-53　泵站水泵转速变化

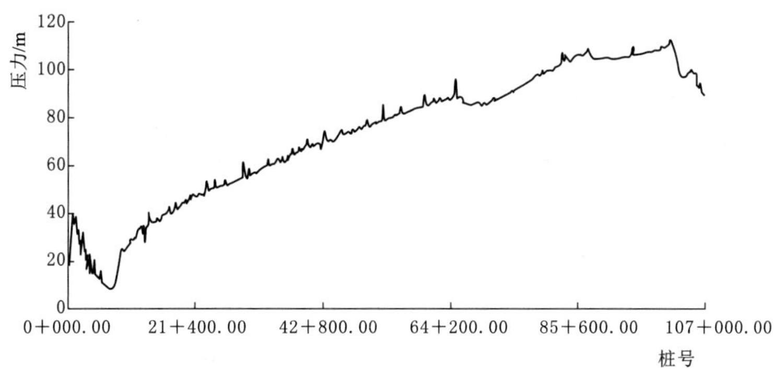

图 6-54 干线管道沿线最大内水压力包络线

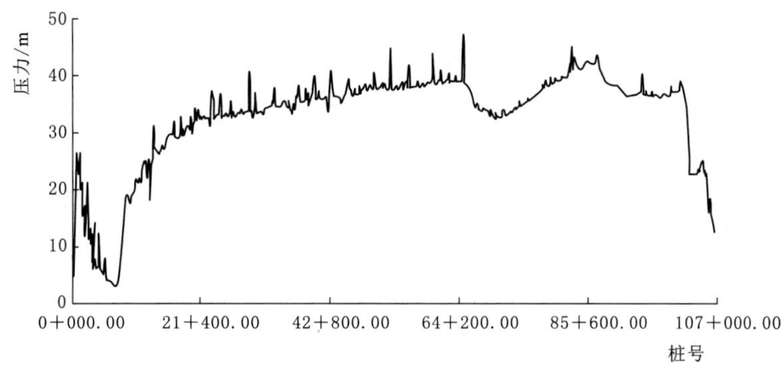

图 6-55 干线管道沿线最小内水压力包络线

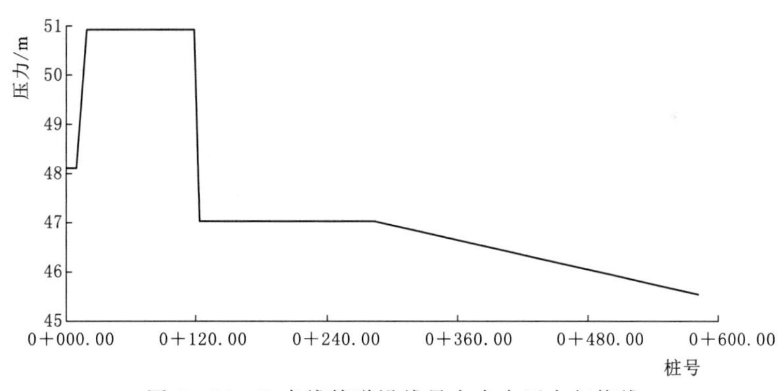

图 6-56 B 支线管道沿线最大内水压力包络线

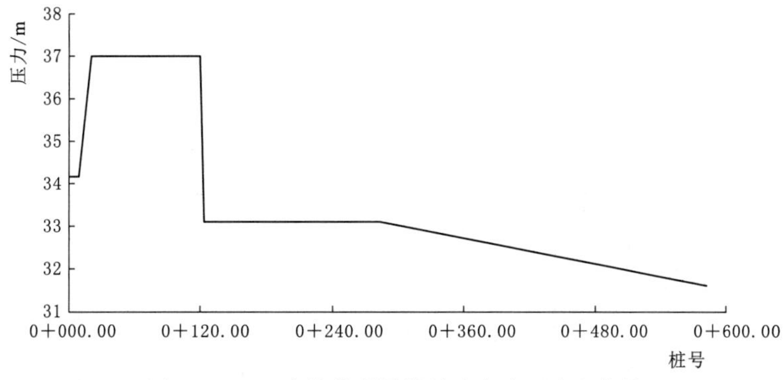

图 6-57 B 支线管道沿线最小内水压力包络线

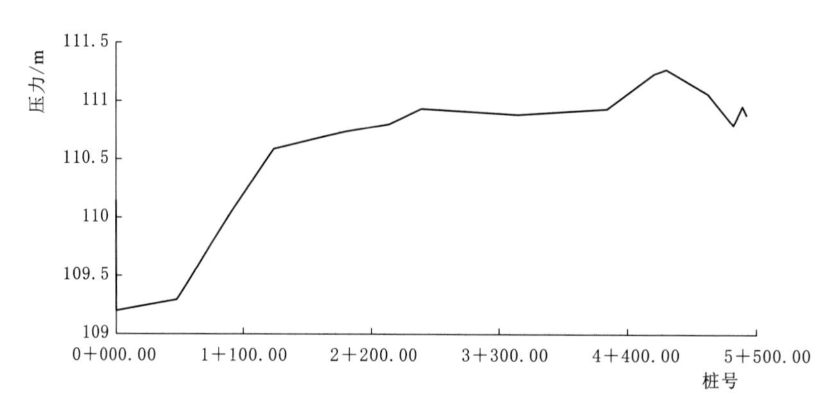

图 6-58　C 支线管道沿线最大内水压力包络线

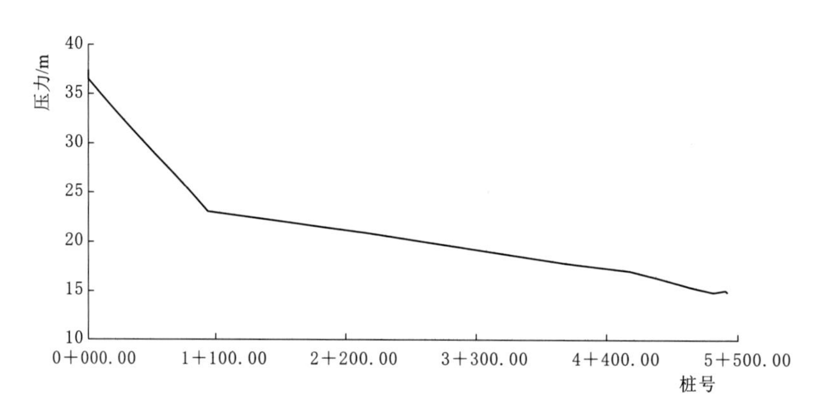

图 6-59　C 支线管道沿线最小内水压力包络线

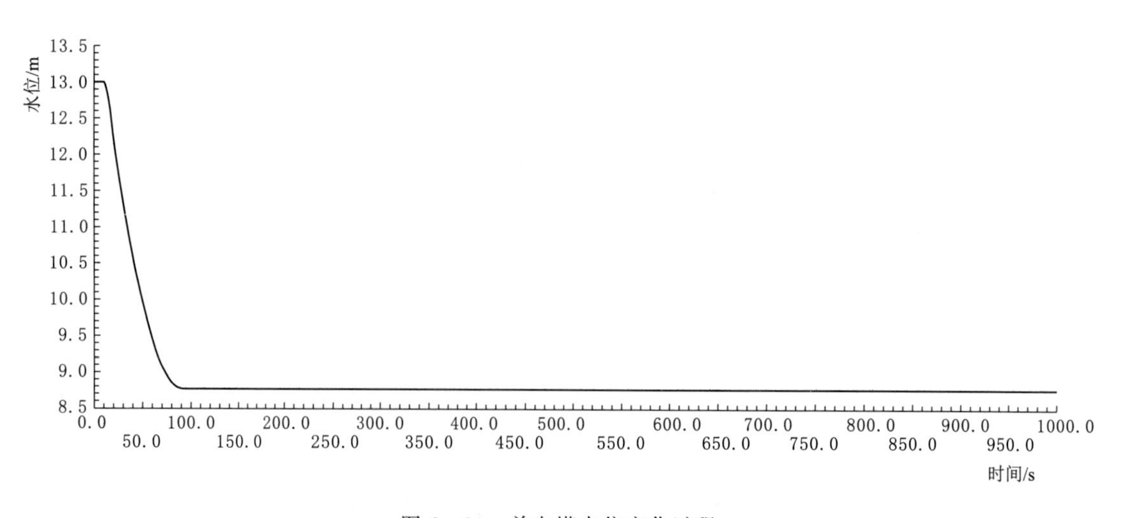

图 6-60　单向塔水位变化过程

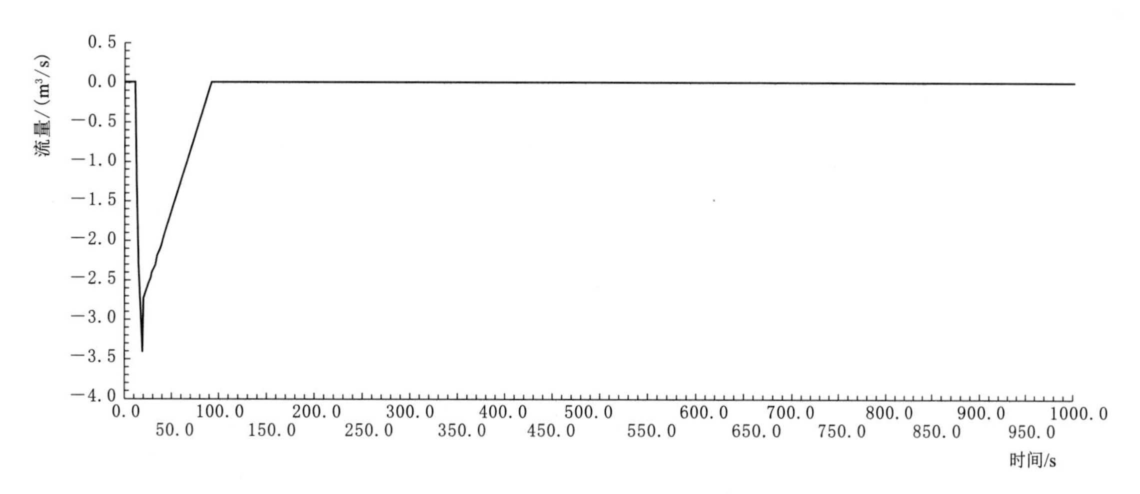

图 6－61　单向塔补水流量变化过程

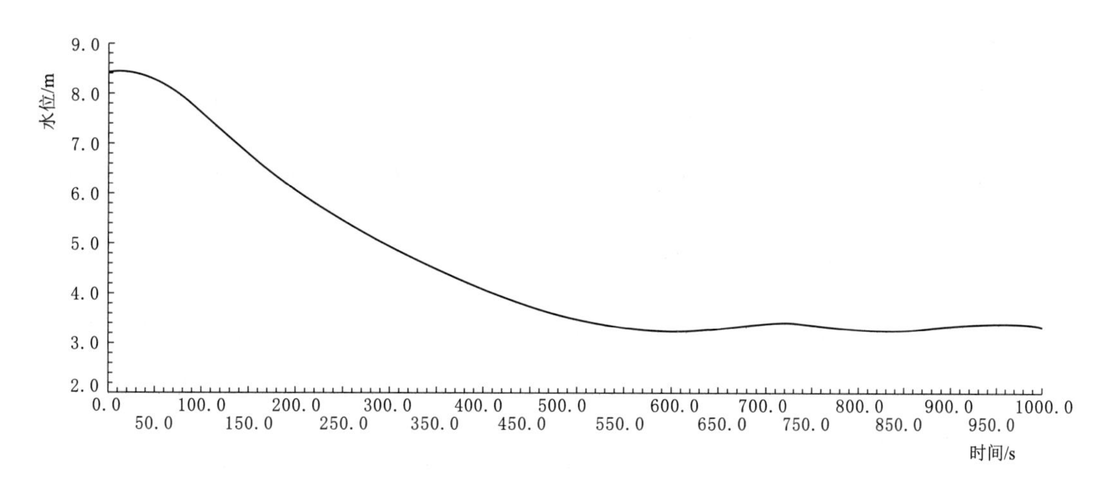

图 6－62　调压室水位变化过程

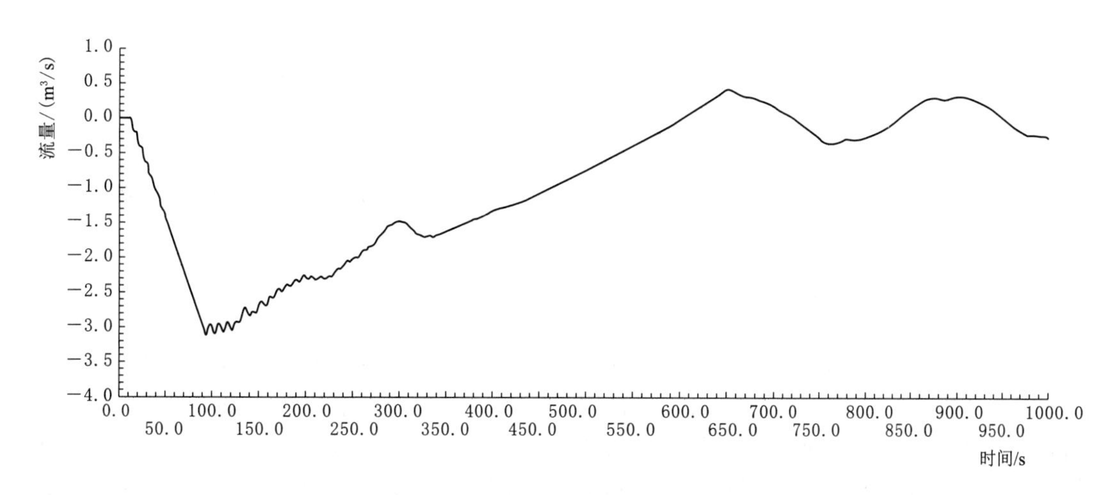

图 6－63　调压室补水流量变化过程

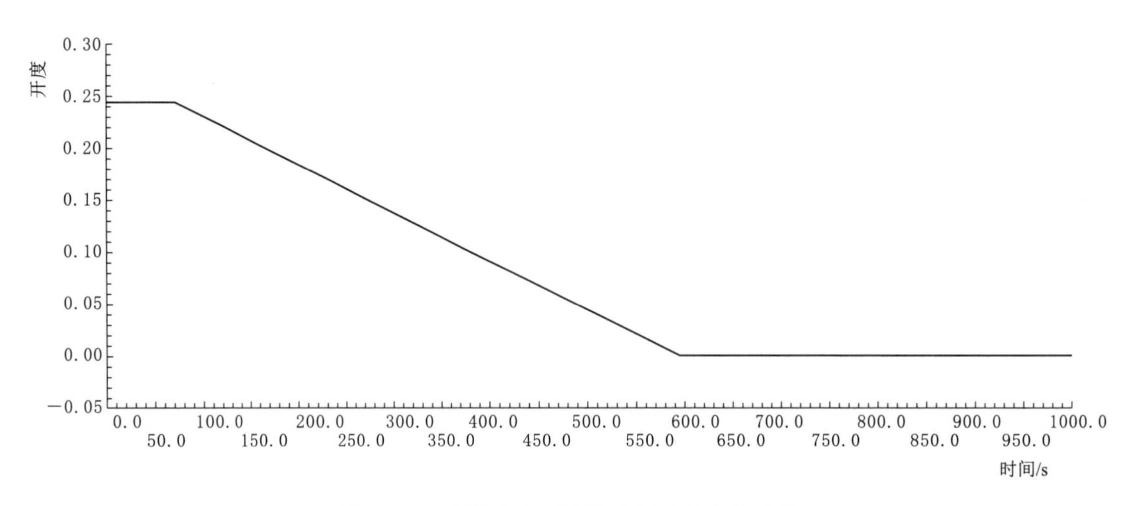

图 6-64　末端净水厂前调流阀开度变化过程

由图 6-51～图 6-64 可知，当泵站水泵发生抽水断电事故，采用单向塔＋调压井的联合防护方案，泵后工作阀的关闭规律为泵 10s 后掉电，掉电后泵后工作阀以$\frac{1}{10}$s 一段直线规律关至全闭。事故发生 60s 后，A 受水厂调流阀按$\frac{1}{60}$s 的关闭规律一段直线关闭、B 受水厂调流阀按$\frac{1}{120}$s 的关闭规律一段直线关闭，C、D、E、F、G 均按$\frac{1}{180}$s 的关闭规律一段直线关闭，末端净水厂调流阀按$\frac{1}{2160}$s 的关闭规律一段直线关闭时，水泵均未发生反转；泵后产生约 38.7m 的降压，管道沿线未出现负压，干线压力极小值为 3.23m，位于桩号 6＋967.67 处，管道沿线压力极大值 111.91m，位于桩号 100＋797.36 处。B 支线压力极小值为 31.63m，位于桩号 0＋582.38 处；G 支线压力极小值为 14.84m，位于桩号 5＋296.96 处。所设单向塔安全水深为 3.76m，不发生漏空；调压井安全水深 3.23m，不发生漏空。泵后输水系统最小内水压力均不小于 0，各管段最大内水压力均未超过管道的承压标准。

第二节　本　章　小　结

本章列举了东北某复杂系统长距离供水工程水锤防护实例，对于该大型长距离多分水口供水工程：

(1) 恒定流工况下。在最小内水压力控制工况下，干线管道沿线压力最小值为 8.39m，出现在桩号 7＋350.89 处；B 支线管道沿线压力最小值为 35.47m，出现在桩号 0＋582.38 处；G 支线管道沿线压力最小值为 17.73m，出现在桩号 5＋404.45 处。输水系统满足过流能力；在干线最大内水压力控制工况下，干线管道沿线压力最大值为 75.65m，出现在桩号 82＋720.29 处；B 支线管道沿线压力最大值为 41.71m，出现在桩号 0＋020.00 处；G 支线管道沿线压力最大值为 72.72m，出现在桩号 0＋000.00 处。干线管道管材为 PCCP 管，因此，压力管道内设计内水压力标准值为 $1.5F_{wk}$，即 1.5×75.65＝113.48m。

（2）泵后不设置防护措施水泵发生抽水断电事故时，干线桩号 0＋000.00～0＋401.15、桩号 1＋479.14～2＋377.22、桩号 2＋579.09～8＋753.04 之间管道存在严重程度不同的负压。如不设置水锤防护措施，水体将发生汽化，容易导致弥合水锤事故，危害系统安全。

（3）在设有空气阀的基础上，当泵站 4 台水泵同时抽水断电，泵后工作阀的关闭规律为泵 10s 后掉电，掉电后泵后工作阀以 10s 快关至 0.2，再以 40s 慢关至全闭。泵站水泵均发生反转，最大反转速为－1069.3r/min，小于额定转速的 1.2 倍，泵后产生约 41.14m 的降压。干线管道沿线负压有较大改善，压力极小值为－2.58m，位于干线桩号 0＋041.00 处，管道沿线压力极大值 47.51m，位于干线桩号 64＋652.34 处。B 支线压力极小值为 32.54m，位于桩号 0＋000.00 处；G 支线压力极小值为 17.63m，位于桩号 5＋404.45 处。

（4）工程上一般不建议仅采用空气阀防护，因此，追加采用单向塔＋调压井的联合防护方案。当泵站水泵发生抽水断电事故，采用单向塔＋调压井防护方案，泵后工作阀的关闭规律为泵 10s 后掉电，掉电后泵后工作阀以 $\frac{1}{10}$s 一段直线规律关至全闭。事故发生 60s 后，各受水厂调流阀依次按照时间规律关闭。干线管道沿线未出现负压，干线压力极小值为 3.23m，位于干线桩号 6＋967.67 处，管道沿线压力极大值 111.91m，位于干线桩号 100＋797.36 处。B 支线压力极小值为 31.63m，位于桩号 0＋582.38 处；G 支线压力极小值为 14.84m，位于桩号 5＋296.96 处。单向塔和调压井最低水位均在安全水深以上，且泵后输水系统最小内水压力均不小于 0，各管段最大内水压力均未超过管道的承压标准。

第七章　复杂系统长距离供水工程充水过程实例

输水管道首次充水工况中涉及复杂的气液两相流，不仅涉及漫流、明满流等复杂的水流流态，对于起伏段管道而言，还存在着气囊分割等现象，这就导致整个管道系统内的压力变化呈现出动态化，差异化的特点。此外，大型供水工程中的管道系统往往规模庞大，不仅管线布置复杂，沿线还有空气阀、调压井等各种水锤防护装置，这就使得充水过程变得更加复杂多样。因此，总结管线充水过程中水流和气体的运动规律，将整个复杂的管道系统做出简化处理，得到能够反映充水过程中水气变化规律的一维数学模型，并能指导于实际工程应用，显然具有十分重要的意义。

第一节　工　程　实　例

一、线路概况

以某供水工程中某支线为例做充水计算。该支线供水线路由工程总干线向该支线末端净水厂供水。供水管线通过管道从供水工程总干线分水口引水至支线末端净水厂。分水口位于总干线桩号 83＋203.17 处。该段支管管线总长为 9.533km，设计输水流量为 $1.02m^3/s$。管道管材为 PCCP 管，管径为 1200mm，采用单管重力流方式供水。某支线管中心线高程分布图如图 7－1 所示。

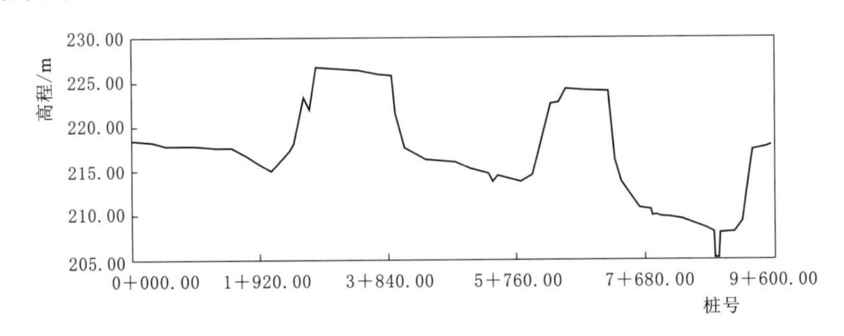

图 7－1　某支线管中心线高程分布图

由图 7－1 可以看到，该支线整体分布比较平缓，管线起伏不大，因此水流的流动大多依靠充水口的初始流速而缺乏足够的重力势能使其运动，如果采取整段充水，在充水过程中由于沿程水头损失会导致水流在中后段中流速变慢，大大降低充水的效率。除此之外，由于管线的起伏分布造成管线中有着极多的驼峰结构，使得充水过程中水流不能连续而在其中产生滞留气泡和截留气团，在充水过后还需打开空气阀将这些气团排出。如果整段充水无疑会使得管线中的截留气团数量增加，这同时也会给随后的空气阀开关阀操作带来影响和不便。并且，整段充水时管道内气液两相流运动的复杂性也会给程序的编制和计算带来不便。因此，不论是从工程实际还是从计算难度来看，都应该采取分段充水的策略。

管线沿程除了管道外还包含了很多管路元件，如空气阀、检修阀、空气罐、泄水阀等，为了简化计算，计算时只考虑管线上对充水影响比较大的空气阀和检修阀，忽略其他的管路原件，并整理整个管线上所有纵向坡度的转折点的桩号、高程等数据得到部分管线数据和分段见表 7-1。

表 7-1　　部分管线数据及分段

分　段	桩　号	管中心高程/m	特　征　点
第一段	K0+048.01	217.67	JXF、KQF
	K0+430.62	218.43	KQF
	K1+045.93	215.93	KQF
	K1+935.99	215.41	KQF
	K2+826.57	221.28	KQF、JXF
第二段	K3+054.71	226.67	KQF
	K3+881.35	226.07	KQF
	K4+736.13	216.36	KQF
	K5+336.13	215.35	KQF
	K5+840.23	214.41	KQF
	K6+738.02	224.34	KQF
	K7+031.96	224.18	JXF
第三段	K7+529.45	214.91	KQF
	K8+125.92	209.99	JXF
第四段	K8+305.79	209.84	KQF
	K9+048.01	208.01	KQF
	K9+648.33	217.7	KQF

二、计算流程

对计算管道，以气囊分割点即 V 型管最低点为界，将整个管线划分为若干个计算单元，而后对计算管线做充水进度分析，确定水流运动到各个单元管段中的先后次序；将计算管线中各个管段的斜率、管径、空气阀布置桩号等信息输入程序中，并根据水深与充水时间的关系确定管道内发生气囊分割的时刻以及沿程各空气阀的运行时间和关闭时刻，输入充水流量和空气阀的流量系数以及口径等信息，根据气相的状态方程求解管道内的气体压力。值得一提的是，在每一个充水管段中，只有第一段的充水流量是确定的，等于充水起始端检修阀或调流阀的流量，但后面的单元段的充水流量并不是完全是人为控制的，而是由当前单元上升段管道斜率和上一单元下降段斜率之比所决定的，因此在进行数值模拟

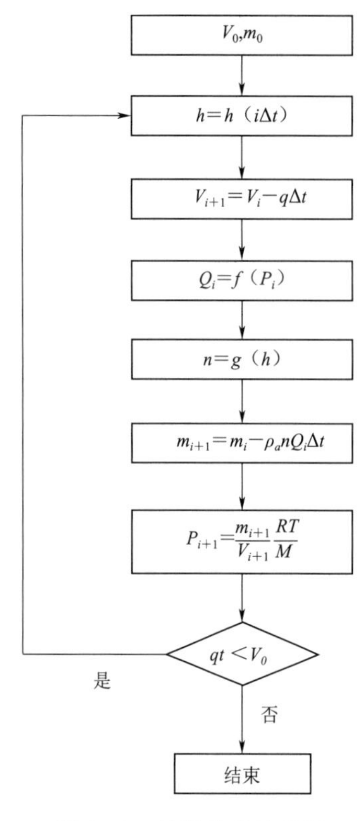

图 7-2　计算流程示意图

之前先要确定各个单元段的进水流量。计算流程示意图如图 7-2 所示。

图 7-2 中 V、m 表示管道中空气的体积与质量；q 代表充水流量；Q 表示空气阀的排气流量；h 表示管内水深；n 表示工作空气阀的数量，t 代表充水的时间；Δt 为时间步长。在初始时刻，管道内空气体积等于整个管道体积，管内空气通过空气阀与外界大气相同，其值为大气压。

三、单元的划分

在充水过程中涉及气囊分割现象，导致管线中气囊的数量一直在不断的变化，无法一直追踪监测，因此除了对管道进行充水操作时的分段外，还要对管道进行计算单元的划分。在管线中，每两个相邻的 V 形管最低点之间不会再发生气囊分割，其中的气体始终连续，可以按照此准则进行计算单元的划分。以第一段管道为例，第一段的计算单元划分如图 7-3 所示，将充水起始点至桩号 K0+412.09 划分为第一单元段；桩号 K0 +412.09 至 K2+337.14 段划分为第二单元段；桩号 K2+337.14 至桩号 K2+826.57 划分为第三单元段。

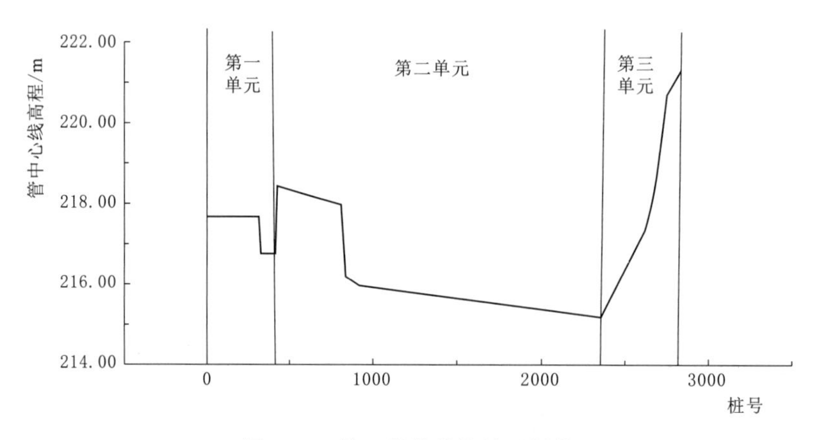

图 7-3　第一段的计算单元划分

四、计算结果分析

根据工程经验及相关文献得知，工程中防止充水流量过大造成管道水锤破坏，一般采取小流量充水，充水流速基本固定在相当于其满管流速 0.3～0.4m/s 的充水流量，但小流量充水虽然能尽可能保证安全，但效率较低。为在安全基础上充分利用管道的承载能力，选取了较常规充水流量更大的充水流量（q）进行计算，分别为 2.2m^3/s、2.4m^3/s、2.6m^3/s、

2.8m³/s、3m³/s、3.2m³/s。第一段管道各单元的计算结果如图 7-4 和图 7-5 所示。

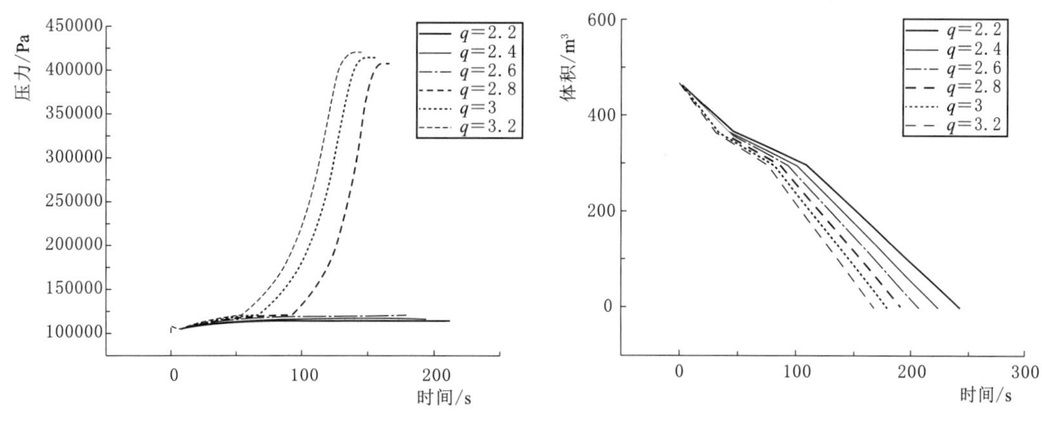

图 7-4 第一单元内气体压力变化　　图 7-5 第一单元内气体体积变化

根据图 7-4 可知，第一单元在充水过程中，其管内压强与充水流量之间为正相关，即充水流量越大，管内压力越大，变化越剧烈。当流量小于 $2.8m^3/s$ 时，管道内压力一直处于较低水平，只在充水前期有较小幅度的增长，而后趋于稳定；在充水流量不小于 $2.8m^3/s$ 时，管道压力变化分为两个阶段，一阶段是低速增长而后到达一个临界值时，另一阶段是增长速度突然变快，管内压力骤增。其原因是充水速度过快，空气阀的排气能力不足使得管内外压差增加至空气阀的临界压差，排气能力下降从而导致压力突增。

由图 7-5 可知各个充水流量下气体体积变化的趋势相同，充水流量越大，充水所需时间越短。图中的曲线大致分为三个阶段，这是由管道中水流向不同计算单元运动造成的。管道在充水开始后，水流会先聚集在桩号 K0＋320.12 至 K0＋412.09 之间这段水平管道内并将这段管道充满，随后水面会分别沿着桩号 K0＋315.51 至 K0＋320.12 之间以及管和桩号 K0＋412.09 至 K0＋420.62 之间的两段斜管上升，也就是说，此时的水流并不是完全流向第一单元，对于第一单元而言，其流量是小于充水流量的，这也是第二阶段气体体积下降曲线斜率变小的原因；当水深增长至桩号 K0＋315.51 后水流才开始在此处至充水口之间的这段水平管道内汇集并最终充满，虽然在此阶段内下一单元内的水深也在增加，但由于管道斜率的不同导致增加同样的水深，两段管道内增加的水体积相差巨大，所以最后的这个阶段第一单元内的流量几乎等于充水流量。

第二单元内气体压力变化和第二单元内气体体积变化如图 7-6 和图 7-7 所示。由图 7-6 及图 7-7 可以看出，在充水初期管道内气压有小幅度的下降，其原因是第二单元作用的空气阀数量多造成初期排气量过大，在这之后气体压力缓慢上升并经过两个阶段，第一阶段气体压力增加速度较慢，这是由于在这一阶段管中的水流会同时流入两个单元，且大部分进入了第一单元，导致第二单元的实际充水流量较小，压力增长不明显；当第一单元充满后水流大部分流入第二单元，此时压力增长的速度加快，和第一单元一样，当充水流量达到 $2.8m^3/s$ 时，由于空气阀排气能力的不足，管内压力会出现急剧增长。由图可知，第二单元的最大压力是低于第一单元的，这是由于第二单元在充水的后半阶段都会有部分水流会流向下一单元，使得这一单元内实际的充水流量小于进口流量，其压力小于第一单元。其体积变化曲线分为三个阶段，第一阶段水深在两个单元同时增长，当第一单元内水深增长至桩号 K0＋315.51 进入第二阶段水流绝大部分流入第一单元，此时第二单元的进水量几乎为 0，在图中反映为一段几乎水平的直线，而后当第一单元充满之后达到第三阶段，水流得以重新流向第二单元。

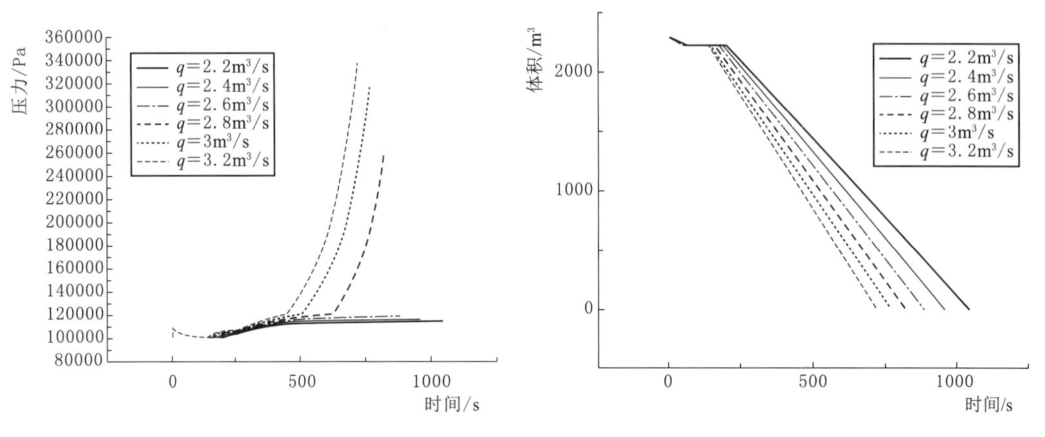

图 7－6　第二单元内气体压力变化　　图 7－7　第二单元内气体体积变化

第三单元内气体压力变化和气体体积变化如图 7－8 和图 7－9 所示。由图 7－8 及图 7－9 第三单元的气体压力增长趋势同第一单元类似，充水前半段有一部分水流同时流向两个单元，因此这一阶段的实际流量较小，压力变化幅度很小；当第二单元充满后，水流全部流入第三单元，此后压力增长速度变快。管内的气体体积变化也因此而呈现出两个不同的阶段，第一阶段的气体体积减小速度小于第二阶段的气体体积减小速度。

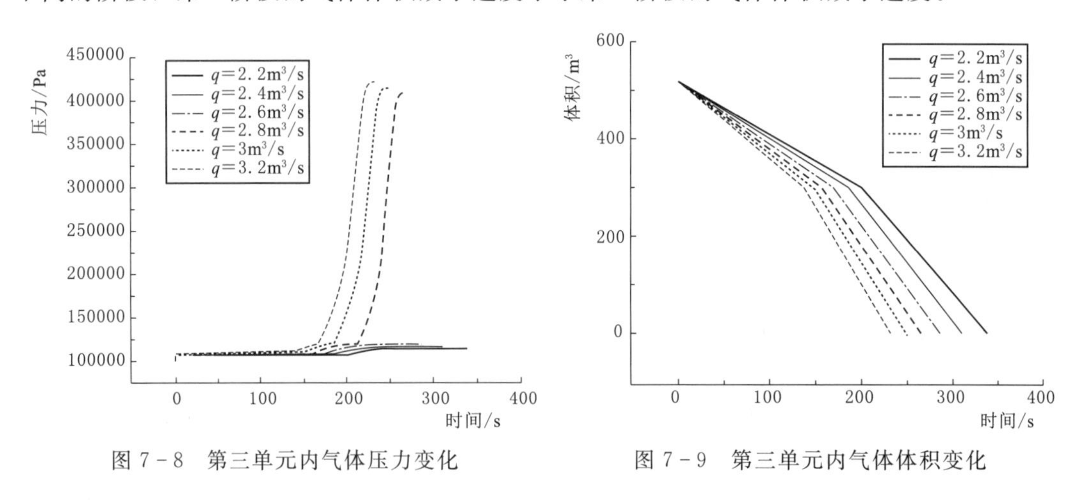

图 7－8　第三单元内气体压力变化　　图 7－9　第三单元内气体体积变化

五、结果分析

（1）充水过程中管内气体是不连续的，V 形管底部发生气囊分割会使管道中的有效空气阀数量减少并对气体压力产生较大影响，计算时必须考虑气囊分割现象并对管线进行计算单元划分。

(2) 计算并分析了在不同的充水流量下输水管道内气体压力及气体体积随时间的变化情况。结果表明：当充水流量小于 $2.8m^3/s$ 时，在空气阀及时、充分排气的情况下，管道内气体压力变化不是很大，气体压力基本维持在大气压附近，当充水流量大于 $2.8m^3/s$ 时，管道内会因空气阀排气能力不足而造成气体压力突增；若考虑能充分利用管道的承载能力，并缩短充水时间，可适当增加充水流量。充水流量越大，管道内气体压力越大，充水时间越短，但是能达到的最大压力值也越大，越不安全。

因此，在实际充水过程中，为了确保管道的使用安全，合理地选择充水流量是十分必要的。计算结果可以为长距离有压管道在充水过程中做出科学的安全评估提供依据。

第二节　典型管道充水过程的三维数值模拟

充水过程涉及复杂的气液两相流，传统的一维方法难以反映其复杂的流动特性，因此建立一段具有代表性的管道模型，使其包含实际输水管线中可能出现的上升段、下降段、驼峰段等部位，采用 CFD 技术进行数值模拟，选择 VOF 气液两相流模型模拟可视化的充水过程，能够直观地认识充水过程中的气液两相流流态变化，其结果能对实际工程中的充水流量控制和操作具有一定指导意义。

一、模型建立及网格划分

为了研究起伏段管道中充水过程的气液两相瞬变流变化过程，建立管道模型，计算模型及压力监测点如图 7-10 所示。模型中包含下坡段、上坡段、驼峰段和堵头，几乎涵盖了供水工程中管道布置的各种类型，管道全长 17.63m，管径 1.2m，包含一个进口，驼峰端空气阀为出口。

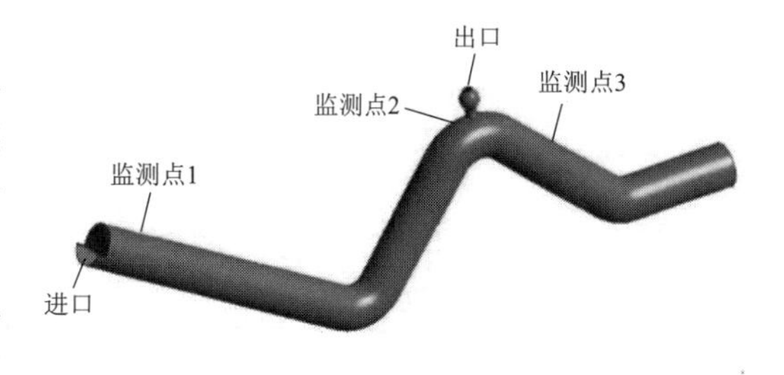

图 7-10　计算模型及压力监测点

在 CFD 计算中，网格质量和数量直接影响计算的速度和精度。网格划分采用 ICEM CFD 软件进行，网格类型包含结构化网格和非结构化网格。对于一些形状比较复杂的模型，内部流场也相对复杂，需要运用结构化网格对模型的不同位置做区别划分。对于此处的管道系统而言，管道的几何形状比较简单，且非结构化网格自适应性更强，划分操作也更加便捷，因此采用非结构化网格。由于研究的过程属于瞬态过程，进行计算耗时较长，为保证工作准确性的同时提高工作效率，在正式计算前先进行了网格无关性验证。好的网格需要在正交质量、纵横比、雅克比等指标上符合质量评价标准，同时也要满足研究内容的需求（如边界层的设置）。网格数量对计算的精度和计算结果在某种程度上有非常大的影响，当计算域的网格过密，会导致计算效率低、计算时间长（网格数量具有一定规模时，10 万个网格和 100 万个网格对计算结果影响不大）；当计算域的网格过疏，轻则可能导致会计算精度较差，重则计算结果发散，运行出错。因此在生成网格之前要考虑好物理场的设置，生成之后要对网格进行网格无关性验证。

本节设置了四种网格数量的方案，各方案局部网格如图 7－11 所示，分别为方案 1、方案 2、方案 3 和方案 4。

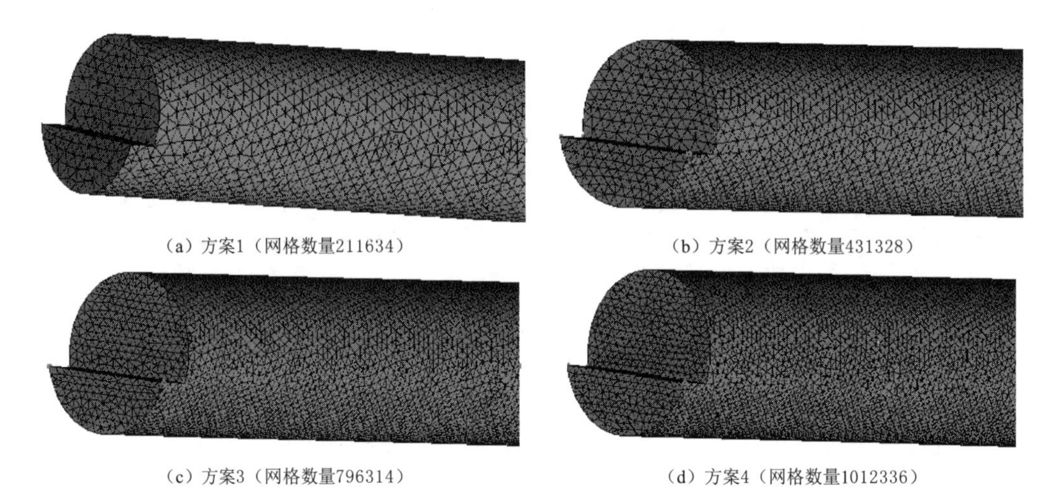

(a) 方案1（网格数量211634）　(b) 方案2（网格数量431328）

(c) 方案3（网格数量796314）　(d) 方案4（网格数量1012336）

图 7－11　各方案局部网格

设置距管道进口轴向距离 200mm 和距堵头 200mm 为监测点，分别为监测点 A 和监测点 B，监测管道以 1.2m/s 速度进行充水时前 5s 内的压力变化情况，并记录压力的最大值和最小值。网格无关验证结果见表 7－2。

表 7－2　网格无关性验证结果

方案	监测点 A		监测点 B	
	最大压力值/Pa	最小压力值/Pa	最大压力值/Pa	最小压力值/Pa
方案 1	2825.447	2238.214	2758.624	2202.797
方案 2	2762.695	2118.487	2684.582	2219.650
方案 3	2639.449	2245.977	2694.375	2215.696
方案 4	2637.211	2244.738	2692.359	2216.185

据表 7－2 内容可知，方案 1 和方案 2 存在较大差异，方案 3 和方案 4 差别很小，在网格数量达到方案 3 数量后，质量趋于稳定，选择方案 3 为最终计算网格。

二、模型选择及边界条件

模型以空气和水为研究对象；采用时间非稳态计算，时间步长为 0.005s，选择压力基求解器，重力设置为 9.81m/s^2，沿 z 轴方向。多相流模型选择 VOF 模型，相的数量为 2，其中主相为空气，次相为液态水。湍流模型选择 RNG $k-\varepsilon$ 模型。

考虑到实际工程中能够通过控制闸门开度控制流速，因此管道人口边界条件设置为速度进口，分别设置为 1.2m/s、1.5m/s、1.8m/s、2.1m/s，折算为满管流速在 0.4～0.7m/s 之间，符合工程中充水流速的合理区间。管道出口设置在空气阀处，出口边界条件设置为压力出口，其值为大气压强。管道其余部位均为固定壁面，在壁面处采用壁面函数法加以处理。初始化时，将管道内部空间水的体积分数设置为 0，代表初始时刻管内全部是空气；从时间 0 点开始，向管道中流入水．压力插值格式选用加权体积力；压力速度耦合方式为 PISO；动量和体积分数采用二阶迎风格式。

在充水过程中，空气阀处浮球会在受到水的浮力而浮起关闭出口，在本节中将充水过程分为两个步骤，一是空气阀开启状态下充水，关注空气阀处水的体积分数，当空气阀处充满水时，改变边界条件，将空气阀处压力出口设置为壁面，二是模拟关阀操作，而后进行关阀后的充水过程，直至充满。

三、充水过程的三维流场分析

充水进口流速为 1.5m/s 的工况下，充水过程各时间点管内水气两相分布如图 7-12 所示（图中浅色代表水，深色代表空气）。

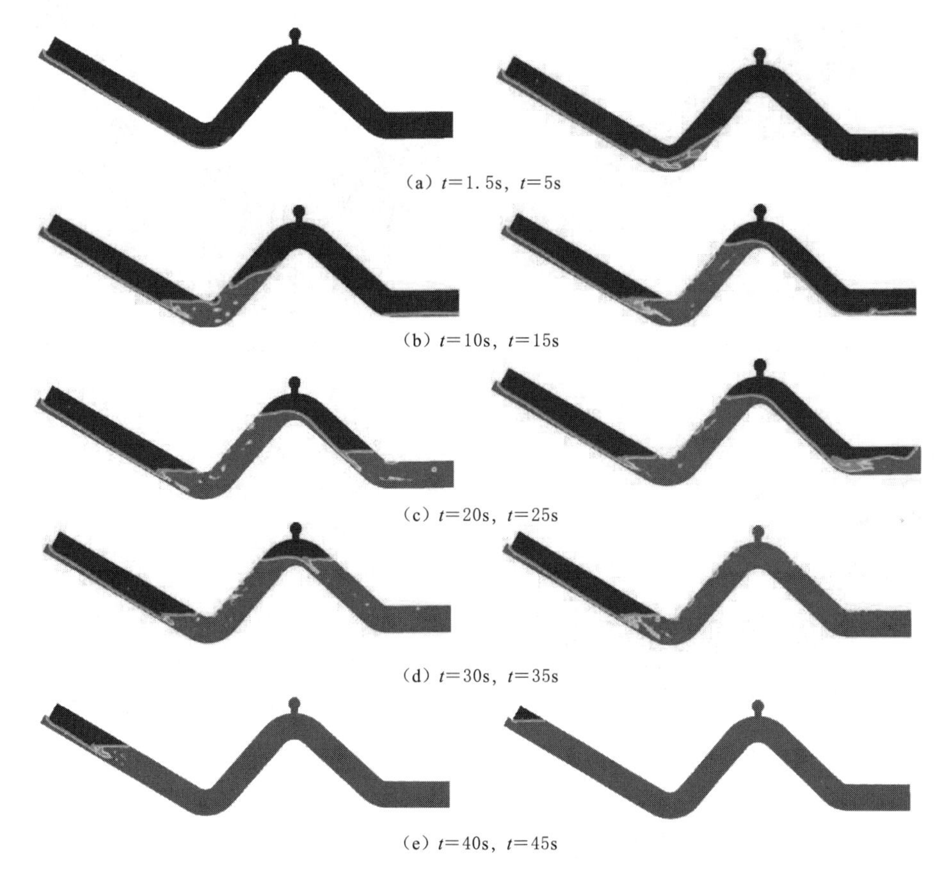

（a）t=1.5s，t=5s

（b）t=10s，t=15s

（c）t=20s，t=25s

（d）t=30s，t=35s

（e）t=40s，t=45s

图 7-12　充水过程各时间点管内水气两相分布

如图 7-13 所示，在 1.5s 时，充水处于起始阶段，水流沿第一个倾斜管段顺流而下，流态比较平缓。在 5s 左右时，水流到达管道的凹点，流态开始变得混乱，而且出现掺气现象。在 5～10s 内，凹点处出现积水，水平面开始上升，掺气现象随积水越来越多开始减弱，总体上呈现平稳上升；在 15s 左右，水深上升至驼峰段，而后开始向沿第二个倾斜段管道向下流动；在接近 20s 时，水流流至堵头处，流态趋于混乱，产生大量掺气现象。在 20～30s 内，第二个倾斜段内水位上升，在 30s 左右到达驼峰段；34s 左右，水位已上升至空气阀中，空气阀关闭。35～50s 管道内继续充水，但发现管道内水位上升速度明显变慢，其原因是在充水过程中管道内有气体残留，在关阀过后气体不能排出，后面充进来的水需要占据残留气体的体积，因此管中水位上升速度变慢。在大约 52s，管中充满水，充水过程结束。

下降段管壁处局部流态如图 7-13 所示。根据充水过程云图可见，整个充水阶段气液相互作用最强烈的是在管道凹点和堵头处，在这两个位置，水流流动方向发生突变，部分水体向上方飞跃，掺杂气体，气水同流，而且在下方水体中出现漩涡，两相流流态趋于混乱，根据图 7-13 可知。充水速度越快，其掺气现象越严重。水流到达管底凹点时局部流态如图 7-14 所示。水流到达堵头处局部流态如图 7-15 所示。

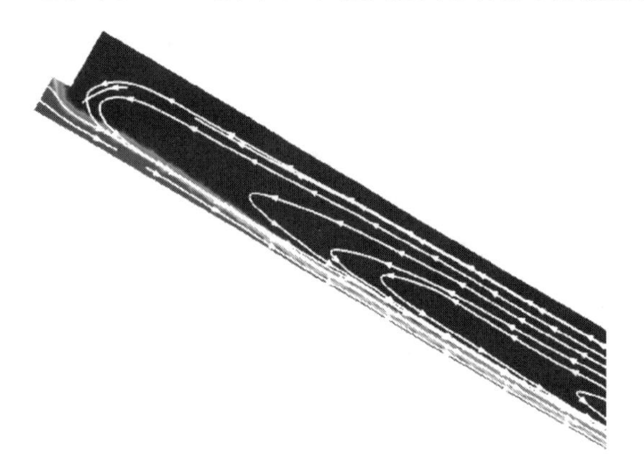

图 7-13　下降段管壁处局部流态

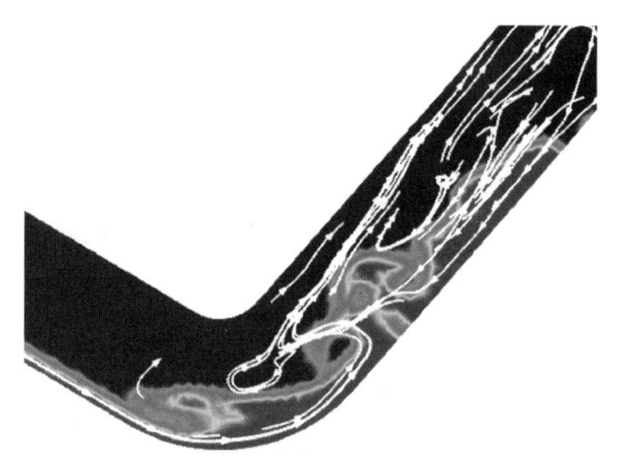

图 7-14　水流到达管底凹点时局部流态

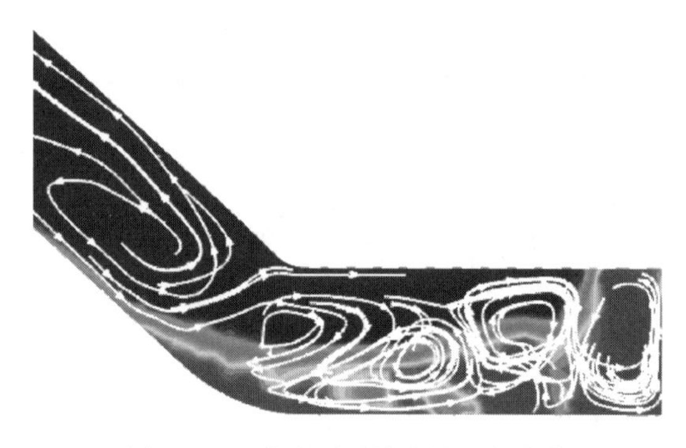

图 7-15　水流到达堵头处局部流态

从图 7-13 到图 7-15 可以更为清晰地看到，水流在光滑平直管道处流态良好，水气交界面明显，几乎不会发生掺混现象，当水体到达凹点时，因管壁作用改变了水流流动方向，水流流态趋于紊乱，水气交界面被打破，水体上方的气体被带动随水体一同做无规律运动；在堵头处，管壁是竖直的，对水体的阻挡作用力更强，水流在到达堵头处流态相较于管底凹点处更加混乱。

四、充水过程管道内滞留气泡及气囊

充水过程中在管道拐弯处及堵头处水流流态混乱，发生掺气现象。若管道运行过程中，管内积聚空气，发生含气水锤，或工作人员操作不当，将在气团处产生异常压力，从而导致各类爆管事故，而这些爆管事故绝大多数都与水流冲击气团产生的异常压力有关。因此在工程中要杜绝管内含气运行的状况。

当管内水体中含有气泡时，因重力在作用气泡会向管道上方移动，如果是倾斜管道，则气泡会沿着管道内壁一直向驼峰处移动，直至到达水面，从空气阀排出，如图 7-16 所示。

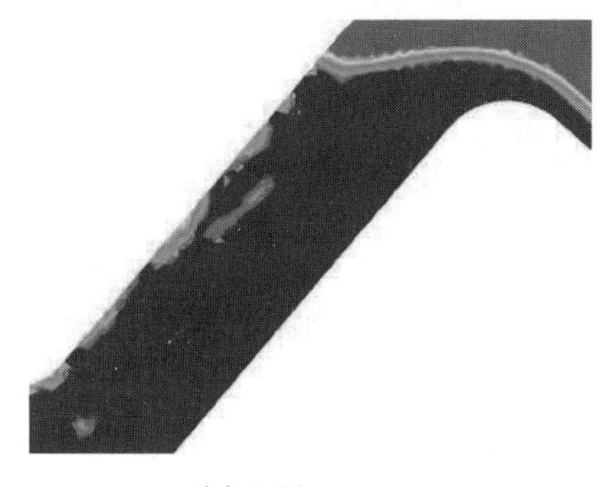

(a) $t=20s$

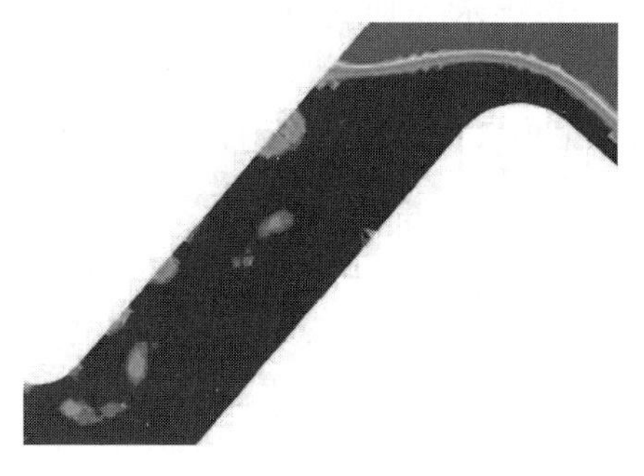

(b) $t=25s$

图 7-16 $t=20s$ 和 $t=25s$ 时刻上升段管道气泡分布

在水平管段，因气泡所受浮力正好被管道上管壁所抵消，管道无法靠自身排出，只能依靠管内水体波动时水内携带一部分气泡向两侧移动，因此在水平段管道内含气现象最为严重，堵头处滞留气泡如图 7-17 所示。

图 7-17 堵头处滞留气泡

由图 7-17 可以看到，在堵头前一段水平管道内，管道上壁面处聚集了大量气泡，因所建模型中此水平管道距离较短，故在水体震荡运动的作用下，这些气泡还有一部分可以运动到上坡段并排出，在实际工程中，一段水平管道可能达到上百米甚至几公里，如果空气阀设置数量或者位置不达标，这些残留气泡很难排出管外。

当充水速度过快时，一方面因速度过快，运动更加紊乱，掺气现象更加严重；另一方面，气泡从水中上浮到排出需要一个过程，而充水速度过快会导致气体还没有排出时空气阀便已经关闭，从而使得气泡永久滞留于管道内。不同充水速度下堵头前管道上管壁气泡分布如图 7-18 所示。

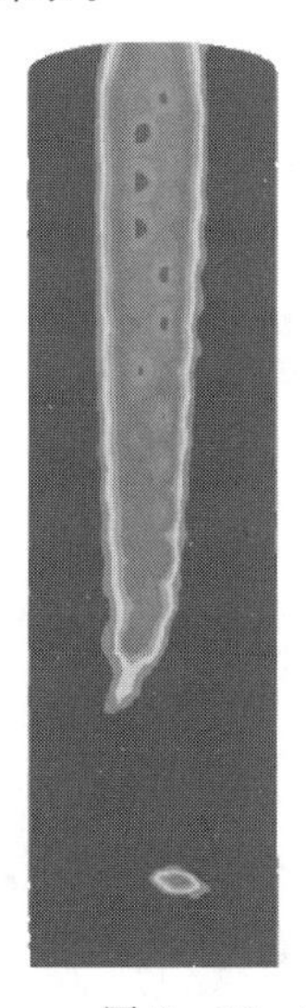

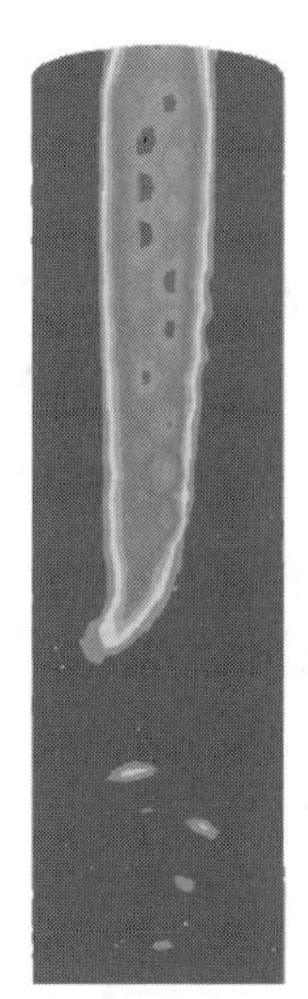

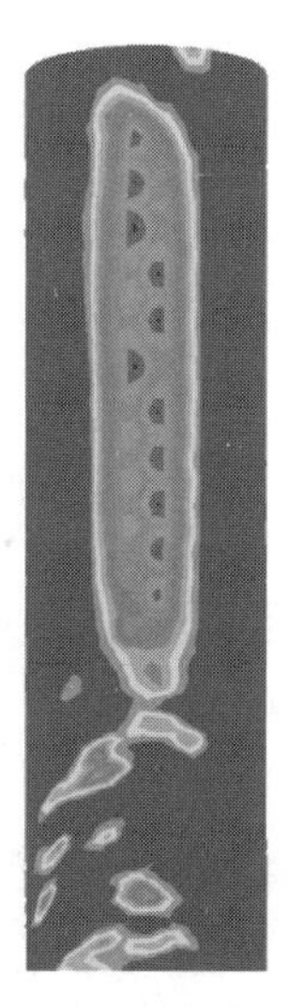

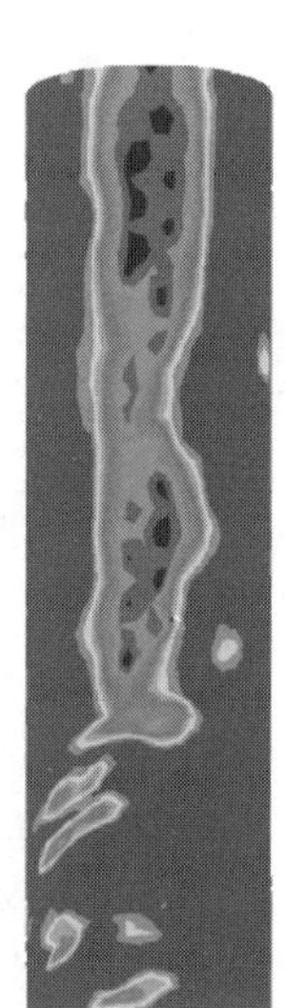

图 7-18 不同充水速度下堵头前管道上管壁气泡分布

图 7-18 所示为四种充水速度下（从左至右分别为 1.2m/s、1.5m/s、1.8m/s、2.1m/s）堵头前一段水平管道上管壁的气团分布情况，从图中可以明显看出，充水速度越大，其管道内气体残留越多。四种不同充水速度下整个管道内水体体积分数随时间变化情况如图 7-19 所示。

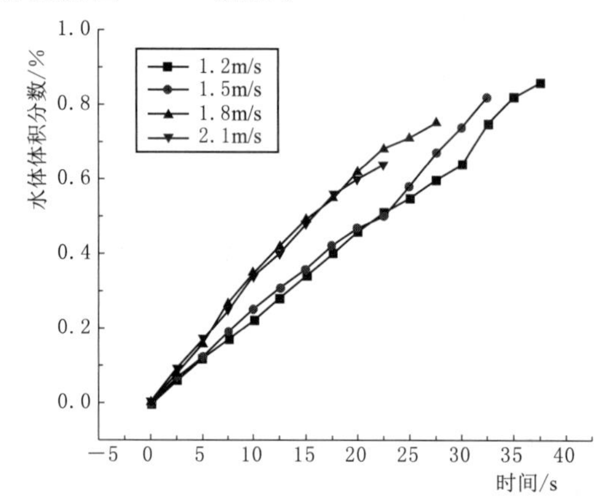

图 7-19　管道内水体体积分数随时间变化情况

图 7-19 是管道内水体体积分数从充水开始时刻至空气阀关闭时刻的变化曲线，由图可知，充水速度越大，其关阀时刻越早，但关阀时其管内气体的体积分数也越大，其原因有两个：一是关阀速度过快导致水中气泡没有足够的时间排出管道外面；二是因为充水速度过快导致管道下降管段和上升管段中液面高度并不相同，因此在下降段还没有充满水时，驼峰处已经充满水，导致空气阀关闭。并且充水速度越大，两端管道中液面差也越大，剩余气体也就越多。因此在工程中，需要严格控制充水速度，尽量采取小流量充水原则，在地势较为起伏的管道段充水操作时应当特别注意。

五、充水过程管道内压力变化分析

充水过程中如果操作不当，致使管内压力突增，极易发生爆管事故，因此管道内压力是充水过程中需要重点关注的特征量，需要在整个充水过程中密切监视。一维的计算方法中忽略了流体局部运动对管道内压力变化的影响，在 CFD 模拟充水时能够更加直观准确地捕捉到管道内各个位置的压力变化趋势。充水过程中 5s、10s、15s、20s 时刻管道内压力分布如图 7-20～图 7-23 所示。

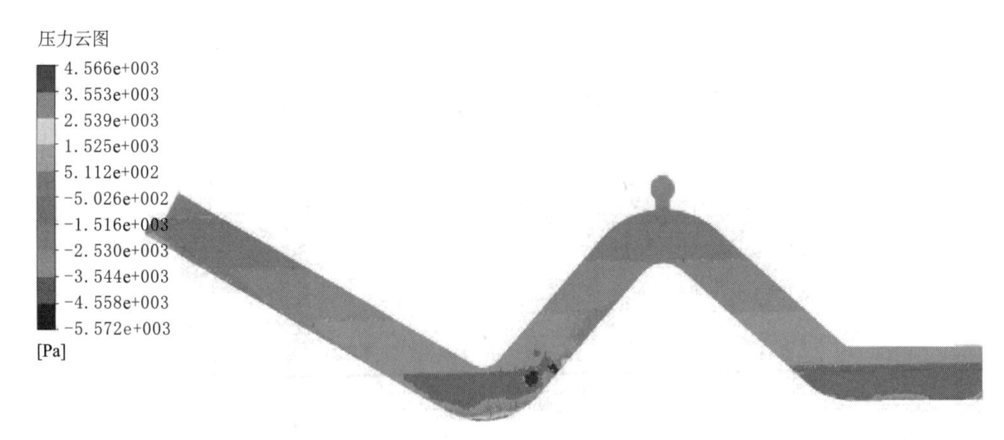

图 7-20　t=5s 时管内压力分布云图

由上面几张压力云图可以看到，在管道充水初期，管内压力分布比较均匀，从上而下呈现比较规律的层状分布，管道下方压力较小，而上方压力较大，这是因为充水时，水往

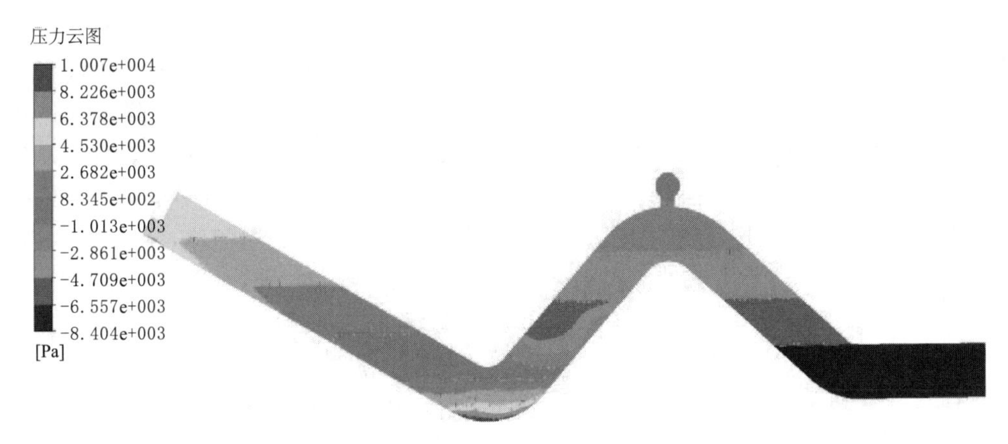

图 7-21　$t=10$s 时管内压力分布云图

图 7-22　$t=15$s 时管内压力分布云图

图 7-23　$t=20$s 时管内压力分布云图

下流从而使空气都向上方移动，在管道顶部积聚，因此管道上方压力会有所升高；在 10s 左右，管道凹点处压力升高，主要是此位置开始积水，且水深不断增加，因此此处压力来自水压力；与此同时，发现自凹点两侧气囊压力明显不同，其原因在于凹点处积水导致管内的气囊被分割成为两个部分，因此压力变化不再同步。驼峰段至下游堵头处管段出现负压，其原因是空气阀排气导致此位置大量气体流出，而缺乏进气口，导致气体压力降低，出现负压；管道进口至凹点处气囊压力则不断升高，管道底部积水导致此下降管段内成为一个封闭体，缺乏排气出口，在不断充水的过程中，这段管道内气体压力骤增。在距管道进口200mm上方、管道驼峰处和第二个下降管段设置压力监测点1，其不同充水速度下压力变化情况如图7-24所示。

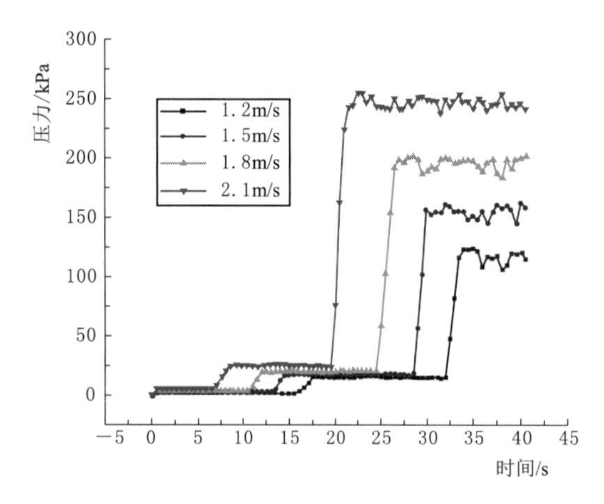

图7-24　监测点1压力随时间变化曲线

如图7-24所示，对于固定充水速度而言，充水过程中监测点1压力变化呈现三个阶段，第一个阶段是充水的初期，这一阶段管道内气体可以顺利排出，管内气体压力很小，基本接近大气压；在5～15s管道内充水进入第二个阶段，这一阶段管道凹点处因积水而将管道内气囊分为两部分，位于进口侧这一部分气囊气体因水体阻隔，无法从空气阀处排出，进入这一阶段时管内压力骤增，压力增量达到1个数量级；在20～33s之间，充水进入第三个阶段，即空气阀关阀后的阶段，这一阶段因为水体浮力推动关闭了空气阀，使得管内气体无法排出，加之进口以不变的速度进入水体，导致管内压力再次突增，又增加了大约1个数量级。监测点2压力随时间变化曲线如图7-25所示。监测点3压力随时间变化曲线如图7-26所示。

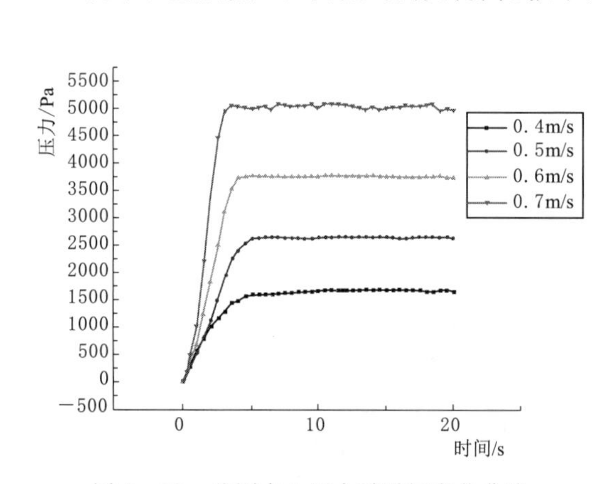

图7-25　监测点2压力随时间变化曲线

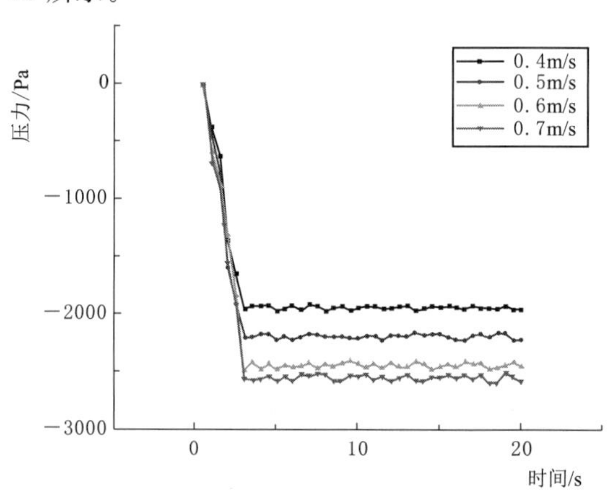

图7-26　监测点3压力随时间变化曲线

如图7-25所示，监测点2位于驼峰段管道出口处，此处通风良好，排气顺畅，不存在气体挤压的现象，因此压力一直趋于稳定，且压力值很小，跟监测点1在充水初期的压力值基本接近，只有几千帕左右；如图7-26所示，监测点3位于驼峰段下游位置，由压力云图可见，此区域是一个负压区，在充水开始后，此处部分空气会从空气阀处排出，在缺乏进气的情况下，压力呈现下降趋势。从图7-26也能够看到，自0时刻开始，压力呈现下降趋势，而后稳定。

六、充水过程管道内两相流流速分析

在管道下倾斜管段取4个剖面，研究剖面中轴线上两相流的轴向流速分布，计算断面示意图如图7-27所示。

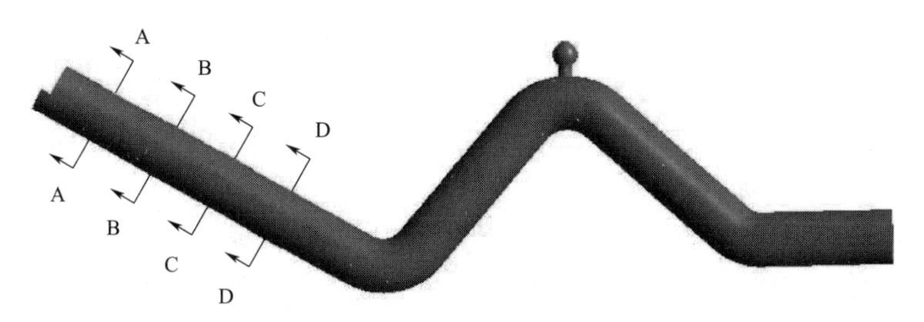

图7-27　计算断面示意图

沿管道中心向管顶和管底每隔0.06m各取10个点，用这10个点沿管轴线方向的速度除以断面的平均速度得到整个断面速度分布情况，如图7-28所示。

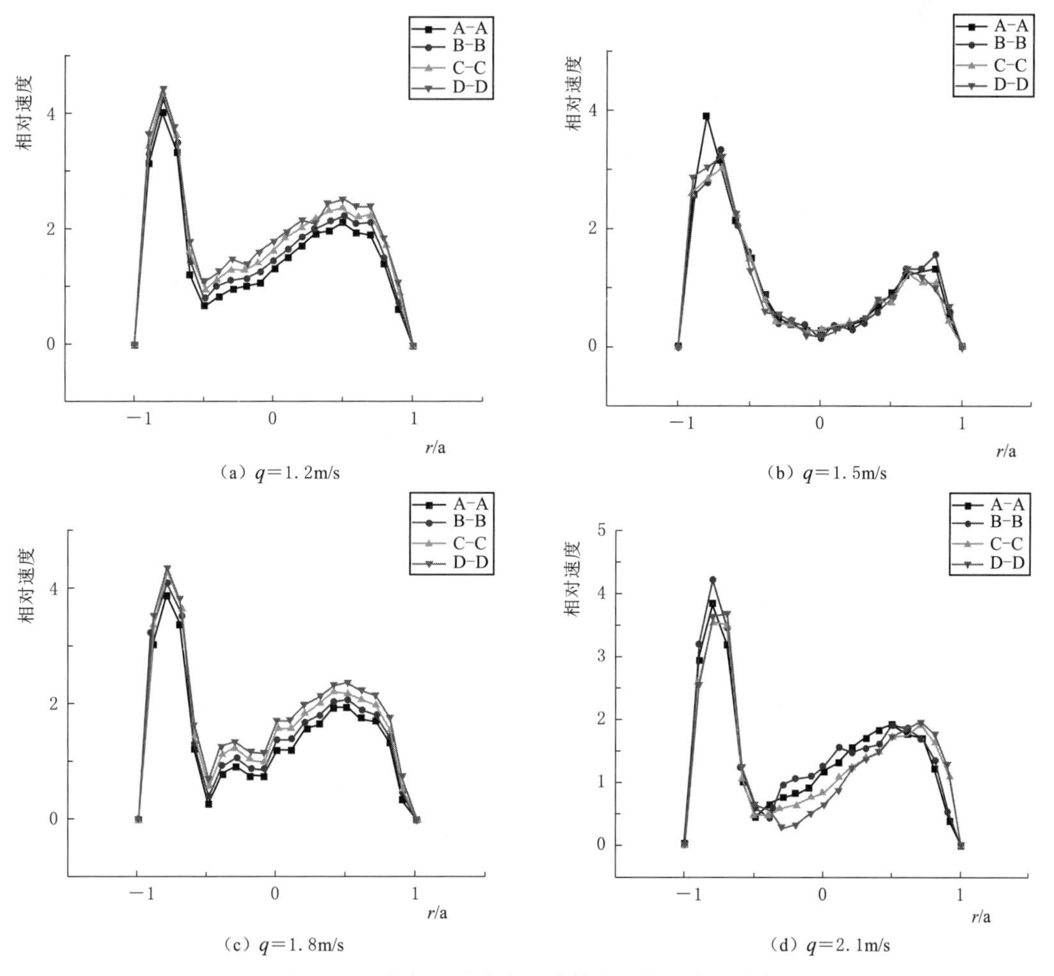

图7-28　各断面竖直中心线轴向两相流流速分布

此处水体和气体流动相对独立，属于分层流。从图 7-28 中能够看到，在断面中心线的速度分布出现两头高、中间低的分布规律，左侧较高的峰值代表的是水流流速；右侧峰值代表的是空气流速。可以看出管壁处气体和水的流速都为零，而流速的峰值都在接近管壁处。由水力学知识可知道，管道中单相流的流速最大位置应该处于管道中心，但此部位气液两相流的流速分布规律却与之相反，管道中间位置的速度反而最低，且最低处正好处于水气交界面位置，这是由于水流和气流的摩阻作用造成的。

第三节 水流冲击管道内截留气团数值模拟

由第二节的模拟可知，管道在进行充水时会发生掺气现象，且充水速度越大，管道型式越复杂，掺气现象越明显，这些存在于水体中的气泡会受浮力作用向上运动，最终聚集在管道的顶部或者驼峰段等位置，形成大的气囊。若是在此种情况下打开阀门，则气囊则会受到高压水流的冲击并发生溃破等现象，产生巨大的压力，其值甚至会高于一般的水锤压力，这种局部的高压对管道运行安全具有极大的威胁，因此很有必要对此进行研究。采用 CFD 手段不仅能对管道内压力进行监测，并且能够直观地看到气团受到冲击时的形状变化，有助于从根本上对此类现象进行研究。本章拟采用 CFD 技术对管道内水流冲击截留气团进行数值模拟。

一、计算前处理

管道中的滞留气团由于受水的浮力作用一般集中于管道的局部高点，如凸起段、驼峰段等部位。仍可采用本章第二节的典型管道模型，在其驼峰段处标记一个区域，初始化时将水的体积分数定义为 1，而此区域水的体积分数定义为 0，使之呈现出驼峰处含有一个截留气团的效果。初始时刻管内水气分布如图 7-29 所示，此时管道中气体体积分数为 0.155。

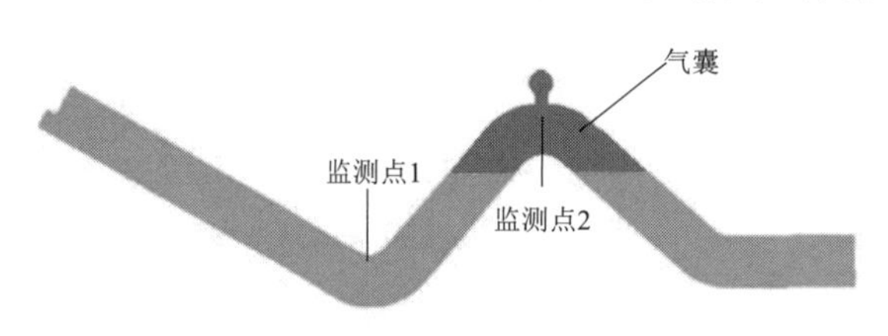

图 7-29 初始时刻管内水气分布

由于研究对象同为气液两相流瞬变过程，因此求解器的设置基本与第二节一致。多相流模型选择 VOF 模型，相的数量为 2，其中主相为空气，次相为液态水。湍流模型设置为 RNG $k-\varepsilon$ 模型。采用时间非稳态计算，时间步长为 0.005s，选择压力基求解器，重力设置为 9.81m/s^2，沿 z 轴方向。但进口边界需要做出更改，由于第二节中充水时管内处于无压状态，只要改变闸门的开度，在一定水头下充水的速度是基本固定的，而工程中发生水流冲击气团现象的时候管道大部分处于有压运行的状态下，因此选择压力进口边界更加符合实际。定义压力进口边界为 0.2MPa，值接近 20.00m 水头。本节内容不涉及空气阀的排气过程，因此将原本的出口边界设置为固定壁面。在气囊处和气囊之前设置两个压力监测点。

二、水流冲击气团时的三维流场变化

有压管道中水流冲击气囊时涉及复杂的气液两相流流态变化，这一过程中气团因受到

高压水流的冲击会发生形状大小的快速变化，其两相流的流型也会相应改变，管内的压力也会因此而产生强烈的波动。因此，对这一过程中管内两相流流态进行分析，探究气囊在受到水流冲击变化的规律以及对应时刻的压力变化，归纳两者的联系，有助于从宏观角度出发深入地探究其变化机理，选择了整个过程中比较具有代表性时刻的气液两相体积分布云图，如图 7-30 所示。

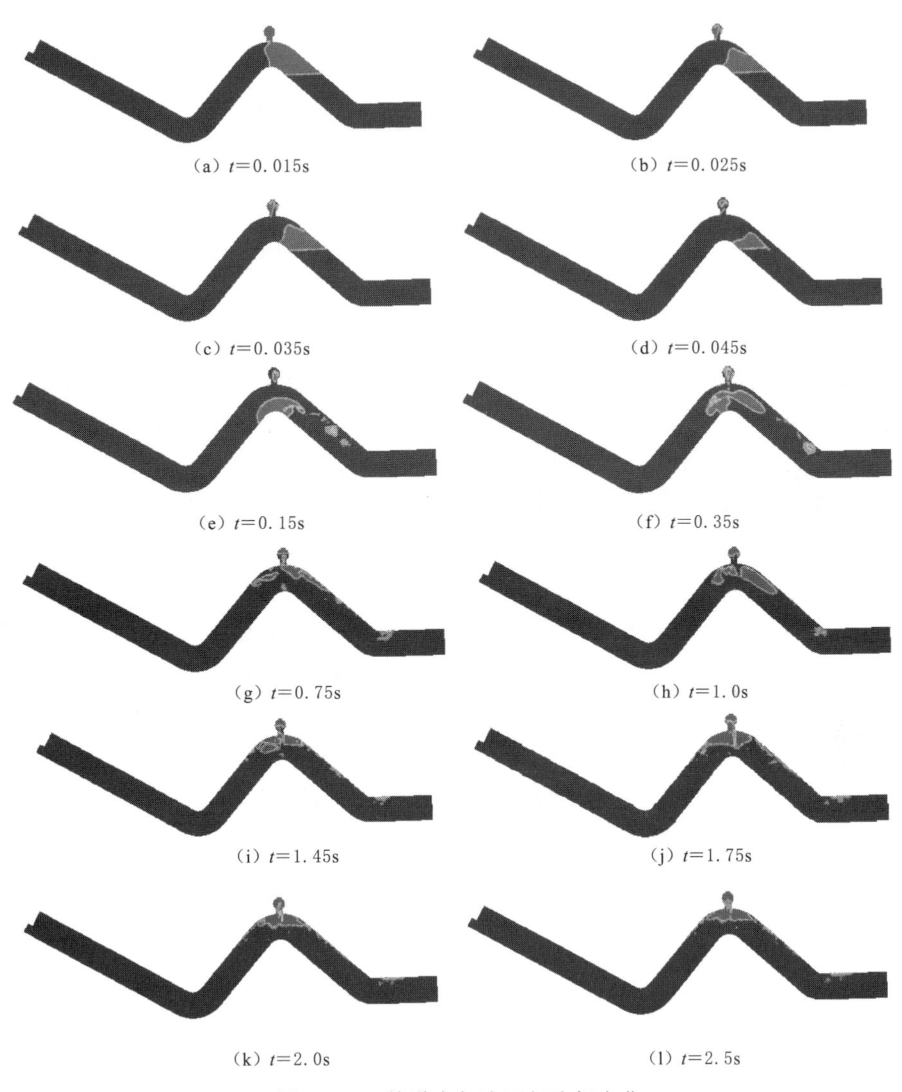

(a) t=0.015s　(b) t=0.025s
(c) t=0.035s　(d) t=0.045s
(e) t=0.15s　(f) t=0.35s
(g) t=0.75s　(h) t=1.0s
(i) t=1.45s　(j) t=1.75s
(k) t=2.0s　(l) t=2.5s

图 7-30　管道内气液两相流场变化

由图 7-30 可知，水流冲击气团流场经历了大致三个阶段的变化。在 0.15s 之前，气囊基本呈现为一个整体，受水流的冲击向下游移动并伴随着体积和形状上的改变，其两相流的流型最早呈现为段塞流，而后向塞状流转化。气团在 0.045s 左右被压缩程度达到最大，而后发生小幅度的膨胀。这一过程中管道内气囊以整体形式运动，其两相流呈现段塞流的流动形式。在 0.15s 之后管内的气团由于水流的震荡作用开始从原本完整的大气团逐步分散成若干个小气团以及一些小气泡，此时管道中两相流呈现出块状流的流动形式。在

0.5s管道内压力峰值减小并逐渐趋于稳定值0.2MPa，此时管内各个小气囊又逐渐汇集在一起形成一个大气囊，在2s左右气囊运动状态趋于稳定。整个过程中压力监测点的压力变化如图7-31所示。前0.1s内管道中气体体积分数如图7-32所示。

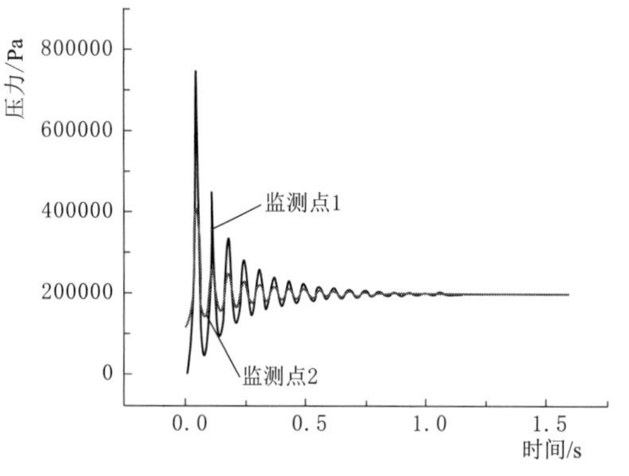

图7-31　管道中压力监测点压力变化

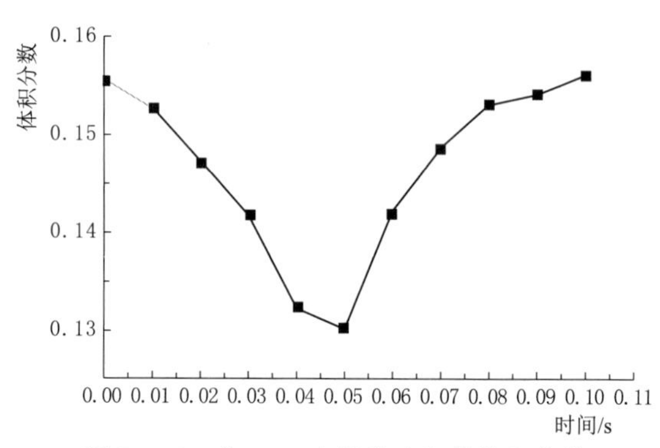

图7-32　前0.1s内管道中气体体积分数

由图7-31及图7-32可以看到，自水流冲击气囊开始管道内的气体压力在0.05s左右到达最大峰值，而后呈现波动但峰值逐渐减小，在0.9s左右达到稳定状态，压力稳定在0.2MPa，与进口压力相同。可以看到，在0.1s内管道中气体的体积分数呈现先减小后增大的变化趋势，这与此时间段内气体压力的变化趋势相反，这说明管道内气体的压力波动是由气体受到水流压力而发生压缩和膨胀所引起的。整个过程类似于简谐运动，在初始时刻，气体的体积较大，压力较小，当受到水流冲击时会被压缩。与此同时伴随着压力的升高，当气体的压力等于进口压力时由于水流仍然具有一定的速度，这个压缩过程会继续进行，直至水流流速为0，此时压力达到最大值。尔后由于气囊压力大于进口压力，气囊会向反方向膨胀，此时气体压力减小，此过程会持续重复，最终压力会稳定在0.2MPa，与进口压力相同，管道内的水和气达到平衡。监测点1由于位于气囊的前方，在受进口端水流压力的同时还会受到来自后面气囊的作用力并产生抵消作用，因此气囊前管段中的压力峰值会小于气囊处的压力峰值。

三、不同进口压力水流对冲击气囊的影响

水流冲击截留气团中两相流流态和管内压力的变化是由水流与空气间压力的相互作用产生的，因此进口压力值的改变势必会影响气囊的压力响应。这里从进口压力值的大小和变化率两个方面来探究其对水流冲击气囊的影响。

(1) 进口压力值对水流冲击气囊的影响。除0.2MPa之外，本节模拟了进口压力为0.25MPa、0.3MPa、0.35MPa三个工况，其管内压力监测点压力值如图7-33～图7-35所示。

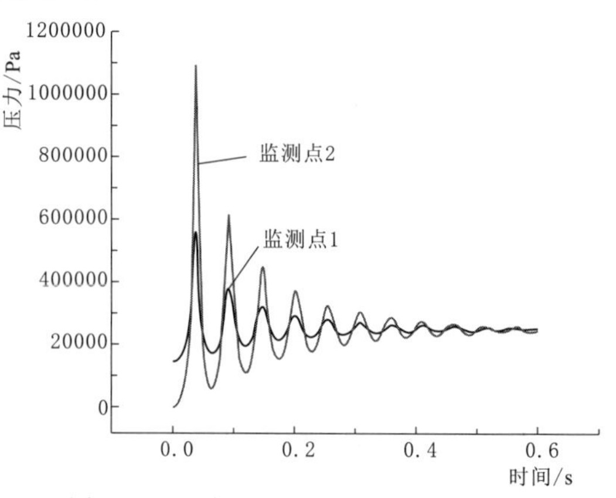

图7-33　进口压力为0.25MPa时管内气体压力变化

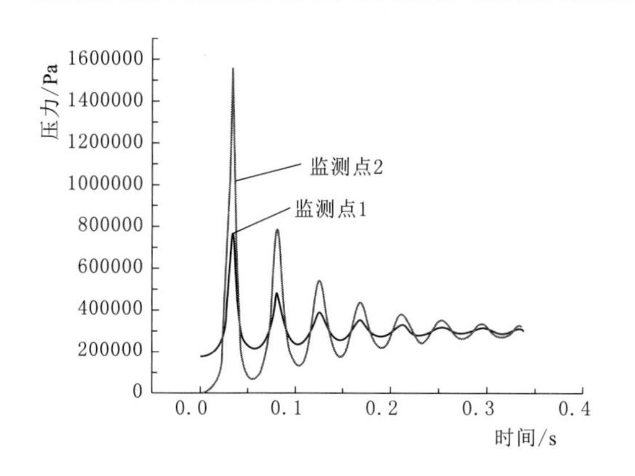

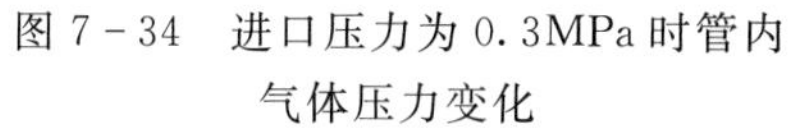
图 7-34　进口压力为 0.3MPa 时管内气体压力变化

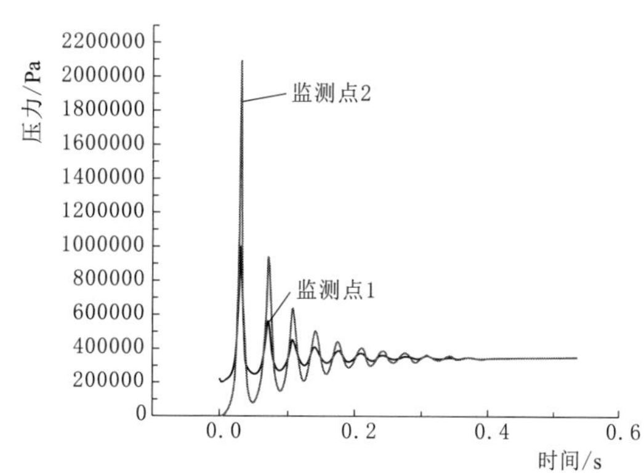

图 7-35　进口压力为 0.35MPa 时管内气体压力变化

不同进口压力下气团处压力峰值见表 7-3。

表 7-3　　不同进口压力下气团处压力峰值

工　况	进口压力/MPa	最大压力值/MPa
1	0.2	0.72827
2	0.25	1.10564
3	0.3	1.58342
4	0.35	2.15423

（2）压力增长率对水流冲击气囊的影响。在实际中，水流冲击截留气团的现象往往伴随着管线中某个阀门的开启，因此压力进口的变化可能不是瞬时的，而是经过一段时间的增长才能到达最大值，为了研究进口压力增长速率对水流冲击气团的影响，可以采用 Fluent 中的 UDF 功能将进口压力定义为动态的压力变化函数，以模拟不同压力变化速率下管道内的压力响应。以进口压力经过 0.1s 由 0 线性增长到 200000Pa 为例，其 UDF 函数如下：

```
#include"udf.h"
DEFINE_PROFILE(unsteady_pressure,thread,position)
{
face_tf;
begin_f_loop(f,thread)
{
realt=RP_Get_Real("flow-time");
if(t<=0.1)
{
F_PROFILE(f,thread,position)=2000000*t;
}
else if(t>0.1)
{
F_PROFILE(f,thread,position)=200000;
```

```
}
}
end_f_loop(f,thread)
}
```

除了前文所模拟的固定进口压力外，还分别模拟了进口压力耗时 0.05s、0.1s、0.2s、0.5s、1s 由 0 增长至最大值 200000Pa 的其余五个工况，将其分别记为 1 号、2 号、3 号、4 号、5 号工况，以 2 号、3 号、4 号工况为例，其管内监测点压力变化如图 7-36～图 7-38 所示。

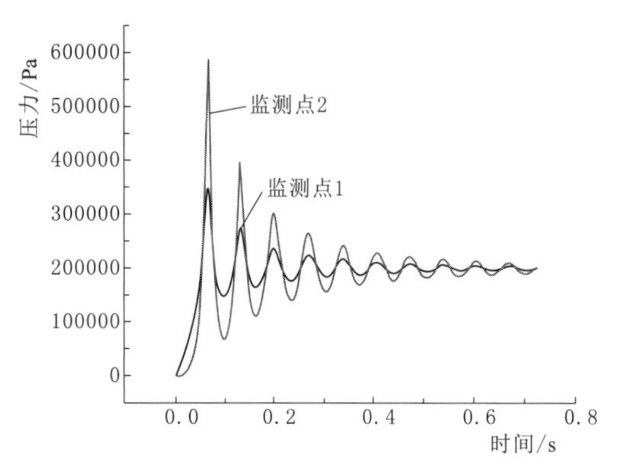

图 7-36　工况 2 监测点压力变化

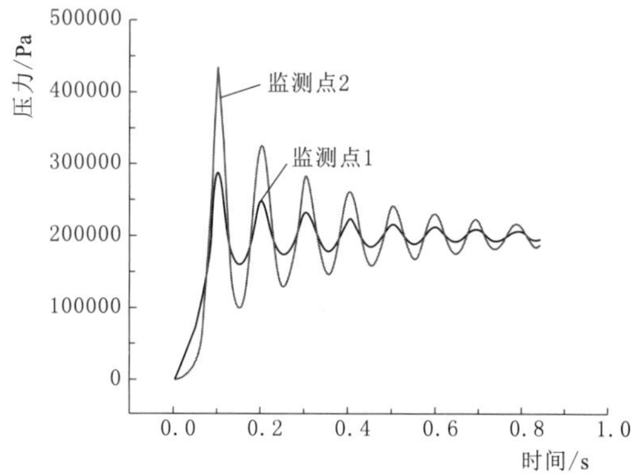

图 7-37　工况 3 监测点压力变化

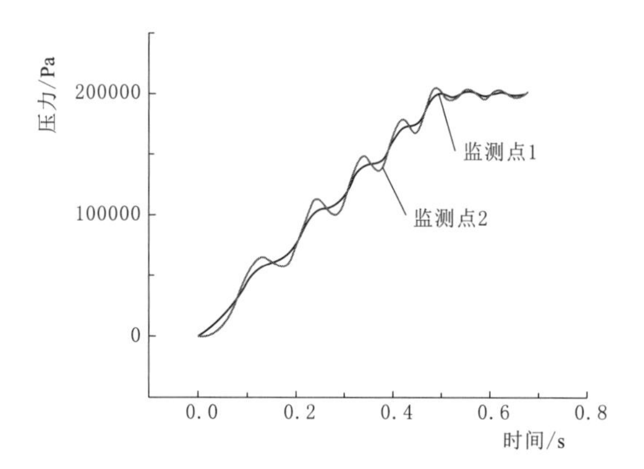

图 7-38　工况 4 管内压力变化

五种工况下气体压力峰值见表 7-4。

表 7-4　　五种工况下气体压力峰值

工　况	压力增长所需时间/s	压力峰值/MPa
1	0.05	0.6339
2	0.1	0.5923
3	0.2	0.4369
4	0.5	0.2057
5	1.0	0.2033

由表 7-4 和图 7-36～图 7-38 可知，在进口最大压力一定的条件下，管道内由水流冲击气团所产生的压力波动峰值与进口压力增长率成正比关系。压力的波动是由管道中气囊的收缩膨胀所引起的，进口压力呈线性增长的过程中，气囊所受到的压力也逐渐上升。由之前分析可知，管内压力的变化是由气囊的收缩膨胀即体积变化所引起的，压力峰值的大小取决于其被压缩的程度。当进口压强为固定值时，气体直接受到一个瞬时的压力，其被压缩的程度能达到最大，因此压力峰值也最大。而当压力逐渐增大时，气囊受较小的压力产生小幅度形变，而当进口压力继续增大时，收缩的气囊开始膨胀，此时产生的压力会有部分与进口处的压力相抵消，从而使得其气囊收缩的最大幅度减小，因此其压力峰值会降低。在 4 号、5 号工况下，由于进口压力增长速率过慢，压力增长为最大值的时间远小于气囊收缩与膨胀的速度，因此出现了管内气体压力在小范围呈现波动而整体呈现上升的变化趋势。

四、气囊体积对冲击气囊的影响

在 FLUENT 中改变初始标记区域的大小，可以改变管道内初始时刻气体的体积分数，下面模拟了不同含气量的工况，其相应的气体体积分数为 0.155、0.124、0.073 和 0.018，压力变化曲线如图 7-39～图 7-42 所示。

不同气体体积分数下气体压力的峰值见表 7-5。

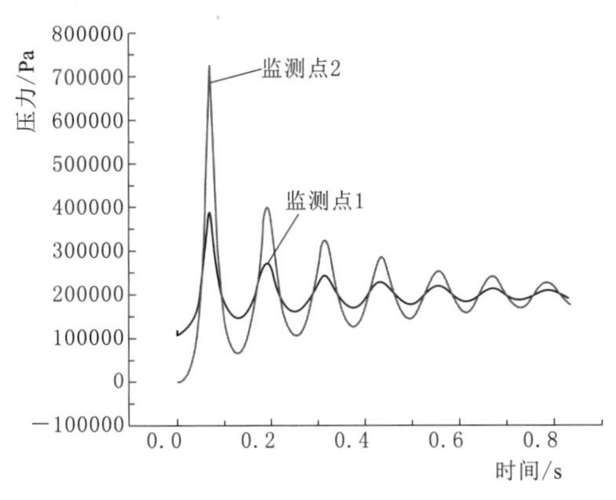

图 7-39　气体体积分数为 0.155 时的压力变化曲线

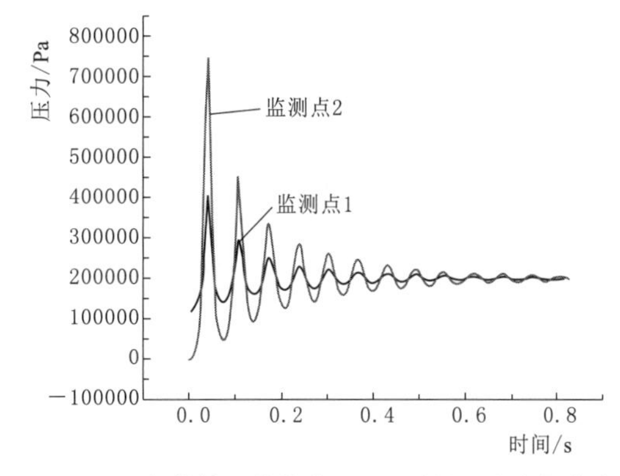

图 7-40　气体体积分数为 0.124 时的压力变化曲线

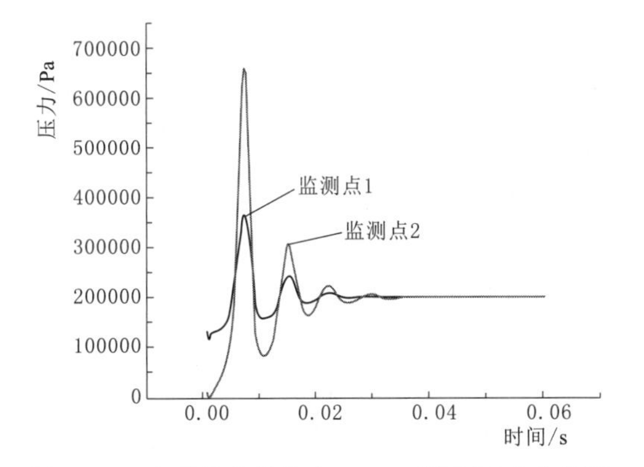

图 7-41　气体体积分数为 0.073 时的压力变化曲线

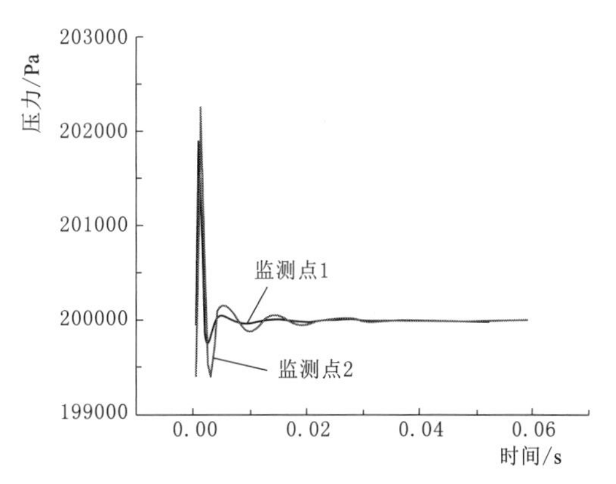

图 7-42　气体体积分数为 0.018 时的压力变化曲线

表 7-5　　不同气体体积分数下气体压力的峰值

工　　况	气体体积分数/%	最大压力/Pa
1	0.155	728272.4
2	0.124	736904.2
3	0.091	751386.6
4	0.073	772339.8
5	0.018	657915.1
6	0.003	202293.8

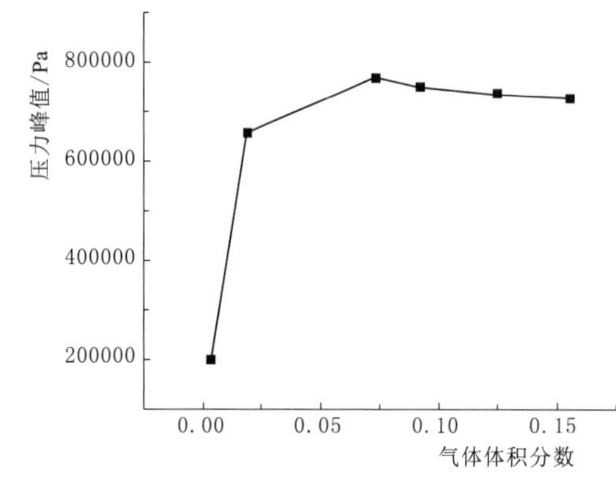

图 7-43　管内压力峰值随气体体积分数的变化

管内压力峰值随气体体积分数的变化如图 7-43 所示。

由表 7-5 和图 7-43 可知，在管内气体体积分数高于某一水平的时候，水流冲击气囊所产生的最大压力值随着气体体积的增大而减小，其原因为气囊体积越大，在受到同等压力情况下产生的收缩形变相对幅度越小，因此其压力的峰值也较小。当气体体积非常小时，管道中的气囊几乎相当于不存在，相当于管内呈现单相流动，此时水流冲击气团的现象不明显，气体的体积变化也很小，对整个管道内的压力变化影响微乎其微。

第四节　本　章　小　结

本章介绍了有压管道充水过程一维计算的工程实例，利用 ANSYS 软件对典型管道的充水过程及水流冲击管道驼峰段截留气团进行了模拟研究。

一、充水过程中管道气液两相流的变化规律

(1) 在平直管道内，其充水过程水流流态良好，流线平稳顺滑，水气交界面明显，两相流流态呈现典型的分层流。在水流到达管壁处时，水流流态受管壁作用力影响开始变得紊乱，原来的水气交界面被打破，水体开始掺杂空气，两相流流态由原本的分层流变成气泡流，水流掺气主要出现在这一过程中。

(2) 充水速度越大，其两相流紊乱程度也越大，掺气现象更明显，且气泡排出状况较差，在关阀时刻充水速度越大的工况，其管道中滞留气体的体积分数越大。

(3) 充水过程初期，在气体能顺利排出的阶段，管道内气体压力很小，就算采用大流量充水，也不会出现压力过大的现象。充水过程中气体压力突增出现在气囊被分割的时候，位于进口侧的管段因气体被水阻挡，无法排出，因此此段气囊压力出现突增；第二个压力突增出现在空气阀关闭时刻，此时整个管段内空气无法排出，压力急剧增加。

(4) 充水时管道下降段分层流两相流流速分布呈现两头高、中间低的分布规律，其速度最低值位于水气交界面之间，这是两相流相互作用的结果。

二、水流冲击气团现象的规律

通过对管道内气液两相流流场的分析，可以总结出在水流冲击截留气团时流场的变化和压力变化之间的关联；探究管道进口初始压力、压力变化率和管道内气体含量对于水流冲击截留气团的影响，其主要结论如下：

(1) 在管内截留气团受到有压水流冲击时，管内的气液两相流会依次呈现出段塞流、团状流的形式，管内的气团会以整体的形式收缩和膨胀，而后会分散为若干个小气团。此时间段内管内压力呈现持续的波动状态并且其波动峰值逐渐减小直至稳定，其稳定压力基本等于管道进口端压力，与此同时管道内气体的运动也趋于稳定，各个小气团和气泡最终重新汇聚为一个大气团聚集于管道顶部。

(2) 管道进口压力值越大，水流冲击截留气团所产生的压力峰值也越大。进口压力增长速度越大，气囊处的压力峰值也越大。

(3) 管道内滞留气囊的大小会影响其受水流冲击所产生的压力值，随着气体体积分数的减小，压力峰值呈现先增加后减小的趋势。

参 考 文 献

[1] 钮新强．实现跨流域和谐调水支撑性技术研究 [J]. 中国水利，2010，662 (20)：29-31，35.

[2] 刘洋．“引温济潮”实现区域性水资源跨流域回补 [J]. 北京规划建设，2010，131 (2)：71-74.

[3] 宋翠翠．山东省水资源储备模式研究 [D]. 泰安：山东农业大学，2012.

[4] 杨立信．降低萨雷兹湖溃决风险国际项目 [J]. 水利水电快报，2008，683 (11)：1-4.

[5] 周爱仙，徐跃通，侯志华，等．南水北调东线工程（山东段）调水区地质灾害分析 [J]. 国土与自然资源研究，2005 (1)：36-37.

[6] 刘悦忆，郑航，刘洪涛，等．典型跨流域调水工程的管理运行模式分析及启示——以南水北调东线工程为例 [J]. 水利发展研究，2018，18 (2)：22-26.

[7] 段红东．规划设计需关注的重点问题 [J]. 中国水利，2022，948 (18)：30-31.

[8] 许明祥，刘克传，林德才，等．引江济汉工程规划设计关键技术研究 [J]. 水利规划与设计，2006 (3)：4-12，64.

[9] 常昊琦．引黄工程耿庄水库水锤数值模拟研究 [J]. 山西建筑，2014，40 (32)：285-286.

[10] 李崇智，周竹．东深供水工程优化运行研究与实践 [J]. 中国农村水利水电，2018，427 (5)：206-210.

[11] 伍文琪，罗贤，黄玮，等．云南省水资源承载力评价与时空分布特征研究 [J]. 长江流域资源与环境，2018，27 (7)：1517-1524.

[12] 李波，曹正浩．滇中引水工程水资源配置方案研究 [J]. 水利水电快报，2020，41 (1)：13-16.

[13] 许君雨．向海湿地常态化生态补水反应机制研究 [D]. 长春：吉林大学，2015.

[14] 杜培文．调水工程绿色设计与绿色评价方法研究 [J]. 山东水利，2017，218 (1)：1-2，14.

[15] 杜培文．调水工程绿色设计与绿色评价方法研究 [J]. 山东水利，2017，218 (1)：1-2，14.

[16] 关志诚．跨流域调水工程的关键技术与建设实践 [J]. 水利水电技术，2009，40 (8)：89-94，107.

[17] 董荔苇．瑞木镍钴红土矿矿浆管道加速流消除技术 [J]. 金属矿山，2012，432 (6)：106-108，112.

[18] 戴之荷，金善功，贺梅棣．长距离输水工程设计中的几个问题 [J]. 中国给水排水，1985 (1)：29-33，37.

[19] 冯小燕．水轮机调节系统小波动过渡过程性能分析 [D]. 郑州：华北水利水电大学，2016.

[20] 宋方略．有压引水式电站过渡过程仿真 [D]. 郑州：华北水利水电大学，2018.

[21] 胡晓阳．基于 Flowmaster 的泵站系统水力过渡过程研究 [D]. 成都：西华大学，2012.

[22] 陈茜．中小型水电站调压阀布置及控制方法研究 [D]. 镇江：江苏大学，2020.

[23] 罗晴．高压水除鳞系统水击防护及喷嘴性能研究 [D]. 重庆：重庆大学，2012.

[24] 吴旭敏，马子恒，李高会，等．空气罐及空气阀联合水锤防护的应用 [J]. 灌溉排水学报，2021，40 (8)：93-98.

[25] 柯勰．缓闭式空气阀在调水工程中的水锤防护效果研究 [D]. 杭州：浙江大学，2010.

[26] 贾乃波，杜培文．长距离大型引水工程全系统水力仿真计算及优化设计 [J]. 山东水利，2007，115 (11)：22-24.

[27] 黄贤荣．水电站过渡过程计算中的若干问题研究 [D]. 南京：河海大学，2006.

[28] 欧传奇，刘德有，周领．气垫式调压室内气体温度变化预测分析 [J]. 人民黄河，2022，44 (2)：

147－152.
[29] 王素英，任少峰．输水管道水力过渡过程计算分析 [J]. 陕西水利，2021，247 (8)：142－145.
[30] 戚兰英，樊红刚，石维新．南水北调中线泵站输水系统水力过渡过程分析研究 [C] //中国电机工程学会水电设备专业委员会，中国水力发电工程学会水力机械专业委员会，中国动力工程学会水轮机专业委员会，水力机械专业委员会水力机械信息网，全国水利水电技术信息网．第十八次中国水电设备学术讨论会论文集．北京：中国水利水电出版社，2011.
[31] 胡纪岭，肖玉鑫，尹和松．荒沟抽水蓄能电站水力过渡过程计算分析 [C] //中国水力发电工程学会电网调峰与抽水蓄能专业委员会．抽水蓄能电站工程建设文集 2018. 北京：中国电力出版社，2018.
[32] 熊小明．长距离管道输水系统水力过渡过程计算及应用 [D]. 北京：清华大学，2015.
[33] 樊红刚，陈乃祥，孔庆蓉，等．冲击式水电站过渡过程数值模拟 [J]. 水力发电学报，2007，103 (2)：133－136.
[34] 白绵绵，赵娟，李轶亮．弓背形高扬程泵站负压水锤防护研究 [J]. 陕西水利，2017，207 (4)：51－53.
[35] 路梦瑶，刘小莲，田雨，等．水泵加压与有压重力混合输水系统泵阀联合优化调度研究 [J]. 中国农村水利水电，2022，479 (9)：1－5.
[36] 倪木子，夏圣骥．输水管线水锤产生及防护研究进展 [J]. 甘肃水利水电技术，2013，49 (10)：11－13.
[37] 林红玉．水锤波速对长距离泵站输水管路中断流水锤的影响与研究 [D]. 西安：长安大学，2010.
[38] 王勇．供水系统水锤数值计算及动态模拟 [D]. 合肥：合肥工业大学，2009.
[39] 朱满林．泵供水系统水锤防护及节能研究 [D]. 西安：西安理工大学，2007.
[40] 陈浩．水电站上下游双调压室引水发电系统水力过渡过程计算研究 [D]. 成都：四川大学，2003.
[41] 毕小剑．水电站有压引水系统水力过渡过程计算研究 [D]. 西安：西安理工大学，2007.
[42] 郑源，刘德有，张健，等．有压输水管道系统气液两相瞬变流研究综述 [J]. 河海大学学报 (自然科学版)，2002 (6)：21－25.
[43] 陈汉宁．消除长距离输水管道水锤压力的措施 [J]. 中国农村水利水电，2009，320 (6)：85－86，89.
[44] 陈利斌，何英，王超．泵站规划设计及其水锤防护问题的探讨 [J]. 城镇供水，2014，175 (1)：73－76.
[45] 张显羽，潘文祥，李高会．大流量长距离供水工程水锤防护研究 [J]. 小水电，2018，200 (2)：17－20.
[46] 许拓，穆祥鹏，蒋序伦，等．核岛重要厂用水系统停泵水锤计算分析 [J]. 中国核电，2012，5 (1)：17－23.
[47] 刘梅清，刘志勇，蒋劲．基于遗传算法的单向调压塔尺寸优化研究 [J]. 中国给水排水，2008，24 (23)：56－60.
[48] 张文胜，孙巍．长距离输水管道工程设计中的水锤分析及应对策略 [J]. 城镇供水，2015，183 (3)：28－30.
[49] 段效坚．管道水锤破坏的消除措施 [J]. 科技与企业，2012，210 (9)：112.
[50] 柯勰，胡云进，万五一．空气阀防护水锤的研究进展 [J]. 人民黄河，2010，32 (12)：229－232.
[51] 严海军，刘竹青，吕娟妃．灌溉工程中空气进排气阀的选型计算 [J]. 节水灌溉，2006 (3)：10－12.
[52] 赖冬根．长距离输水管线空气阀设置的研究 [J]. 科技情报开发与经济，2008，203 (26)：

189 - 191.

[53] 高仁超，马传波．长距离输水工程中管路进排气设计［J］．水科学与工程技术，2005（4）：43 - 45.

[54] 沈金娟．长距离输水管道进排气阀的合理选型及防护效果研究［D］．太原：太原理工大学，2013.

[55] 杨宝奎．长距离泵输水系统水锤分析与防护研究［D］．西安：西安理工大学，2007.

[56] 冯卫民．泵系统最优阀调节策略及水锤控制方法研究［D］．武汉：武汉大学，2004.

[57] 马习贺，王振华，何新林，等．大型灌区自压输水管道水锤防护措施研究进展［J］．山东农业大学学报（自然科学版），2018，49（2）：288 - 294.

[58] 胡卫娟，胡建永，李柏庆．长距离供水工程水锤联合防护研究［J］．给水排水，2022，58（9）：107 - 111.

[59] 范家瑞，王玲花，胡建永．管道充放水过程水气两相瞬变流研究综述［J］．浙江水利水电学院学报，2020，32（2）：13 - 17.

[60] 杨敏，李强，李琳，等．有压管道充水过程数值模拟［J］．水利学报，2007，365（2）：171 - 175.

[61] 赵宪女，焦景辉．引松供水工程总干线充水数值模拟研究［J］．水电能源科学，2018，36（7）：75 - 78.

[62] 王福军，王玲．大型管道输水系统充水过程瞬变流研究进展［J］．水力发电学报，2017，36（11）：1 - 12.

[63] 陈杨，俞国青．明满流过渡及跨临界流一维数值模拟［J］．水利水电科技进展，2010，30（1）：80 - 84，94.

[64] 李占松，师冰雪．一个简洁的圣维南方程组推导过程［J］．高教学刊，2016（18）：97 - 98.

[65] 曾宗耀，阴鑫月，秦豪，等．泵站空管启动充水过渡过程的波追踪计算方法［J］．中国农村水利水电，2023，489（7）：206 - 210，221.

[66] 胡应均，茅泽育．城市雨水管网中明满流与水气两相流研究进展［C］//中国力学学会结构工程专业委员会，山东建筑大学，中国力学学会《工程力学》编委会，清华大学土木工程系，清华大学水沙科学与水利水电工程国家重点实验室．第19届全国结构工程学术会议论文集（第Ⅱ册）．［出版者不详］，2010：4.

[67] 范建强．长距离输配水工程充水方案研究［J］．水利规划与设计，2018，175（5）：132 - 135，150，181.

[68] 米海蓉．长距离压力输水管道排气问题的研究［J］．黑龙江水利科技，2006（4）：67，71.

[69] 孙孝亮．南水北调压力管道的水流特征及进排气措施研究［J］．河南水利与南水北调，2013（18）：9 - 10.

[70] 郭永鑫，杨开林，郭新蕾，等．长输水管道充水的气液两相流数值模拟［J］．水利水电技术，2016，47（9）：61 - 64，69.

[71] 封红燕．蓄热式换热器蓄热体强化传热的研究［D］．广州：华南理工大学，2012.

[72] 洪泽东．偏航工况风力机空气动力特性研究［D］．扬州：扬州大学，2014.

[73] 王同乐．取暖器热场分析技术的研究与应用［D］．广州：广东工业大学，2012.

[74] 雷强萍．半导体冷箱温度场模拟及性能优化［D］．南昌：南昌大学，2012.

[75] 赵捷明．采用冲击式破碎—水力分选法从废旧铅蓄电池中回收铅膏研究［D］．南昌：江西理工大学，2017.

[76] 邬伟，熊鹰，齐万江．基于翼剖面改型的空化抑制［J］．中国舰船研究，2012，7（3）：36 - 40，45.

[77] 米百刚，詹浩．近地、水面时的飞行器动态稳定特性数值模拟［J］．船舶力学，2017，21（11）：1348 - 1355.

[78] 姜俊泽，张伟明，李正阳．管道充气排液工况下气液两相流数值模拟研究 [J]．系统仿真学报，2013，25 (2)：383－388.

[79] 白润英，包建伟，宋蕾，等．市政供水管道充水排气工况下气液两相流瞬态数值模拟分析 [J]．内蒙古工业大学学报（自然科学版），2017，36 (3)：221－229.

[80] 郑智方，朱茂桃．发动机冷却风扇叶片参数化设计及优化 [J]．机械设计与制造，2020，358 (12)：74－77，82.

[81] 罗浩，张健，蒋梦露，等．长距离高落差重力流供水工程的关阀水锤 [J]．南水北调与水利科技，2016，14 (1)：131－135.

[82] 杨春霞，李倩，马经童，等．多分水口长距离输水工程停泵水锤防护措施 [J/OL]．排灌机械工程学报：1－7 [2023－07－16]．http：//kns.cnki.net/kcms/detail/32.1814.TH.20220907.1422.003.html.

[83] 莫旭颖，郑源，阚阚，等．不同关阀规律与出水口形式对管路水锤的影响 [J]．排灌机械工程学报，2021，39 (4)：392－396.

[84] 吴战营．高扬程输水管道水锤防护措施空气罐的应用研究 [J]．吉林水利，2019，440 (1)：1－4，10.

[85] 李玲玲，张迪，张波，等．高扬程大型浮船取水泵站水锤防护措施探讨 [J]．中国农村水利水电，2023，487 (5)：136－140.

[86] 吴亮．双向调压塔和空气罐在停泵水锤防护措施中的应用 [J]．西北水电，2018，168 (1)：92－94.

[87] 李诚．长距离输水无防护抽水断电过渡过程分析 [J]．西北水电，2021，190 (3)：62－65.

[88] 孙一鸣，吴建华，李琨，等．有压输水系统的水锤防护研究 [J]．人民黄河，2021，43 (1)：152－155，164.

[89] 仇为鑫，潘益斌，张健．分布式供水泵群水锤防护计算研究 [J]．水力发电学报，2022，41 (3)：101－112.

[90] 许孝臣，戴春华，邓成发．选择显著因子的 BP 神经网络模型研究 [J]．人民黄河，2011，33 (12)：121－122，125.

[91] 郑源，薛超，周大庆．设有复式空气阀的管道充、放水过程 [J]．排灌机械工程学报，2012，30 (1)：91－96.

[92] 曹命凯，郑源，严继松，等．长距离有压输水管道充水过程的研究 [J]．长江科学院院报，2009，26 (12)：54－57，62.

[93] 袁文麒，刘遂庆．管道充水工况下气液两相流瞬态数值模拟 [J]．同济大学学报（自然科学版），2010，38 (5)：709－715.

[94] WYLIE，E. B．Fundamental Equations of Waterharnmer [J]．Journal of the Hydraulics Division，ASCE，1984，110 (4)：539－542.

[95] MARCHAL M，FLESH G，SUTER. P. The calculation of water hammer problems by means of the digital computer [M]．Chicago：ASCE，1965.